U0190285

湖北篇

挺直中部崛起硬脊梁

主编　彭贤则
副主编　杨倩　李阳

熊文　总主编

长江经济带生态保护与绿色发展研究丛书

长江出版社
CHANGJIANG PRESS

图书在版编目（CIP）数据

长江经济带生态保护与绿色发展研究丛书．湖北篇 ：挺直中部崛起硬脊梁 /
熊文总主编 ；彭贤则主编 ；杨倩，李阳副主编．
—武汉 ：长江出版社，2022.10
ISBN 978-7-5492-6385-1
Ⅰ．①长… Ⅱ．①熊… ②彭… ③杨… ④李… Ⅲ．①长江经济带－生态环境保护－研究
②长江经济带－绿色经济－经济发展－研究③生态环境建设－研究－湖北
④绿色经济－区域经济发展－研究－湖北 Ⅳ．① X321.25 ② F127.5

中国版本图书馆 CIP 数据核字 (2022) 第 200166 号

长江经济带生态保护与绿色发展研究丛书．湖北篇 ：挺直中部崛起硬脊梁
CHANGJIANGJINGJIDAISHENGTAIBAOHUYULÜSEFAZHANYANJIUCONGSHU
HUBEIPIAN：TINGZHIZHONGBUJUEQIYINGJILIANG
总主编 熊文　本书主编 彭贤则　副主编 杨倩 李阳

责任编辑： 张艳艳 梁琰
装帧设计： 刘斯佳
出版发行： 长江出版社
地　　址： 武汉市江岸区解放大道 1863 号
邮　　编： 430010
网　　址： http://www.cjpress.com.cn
电　　话： 027-82926557（总编室）
027-82926806（市场营销部）
经　　销： 各地新华书店
印　　刷： 武汉市首壹印务有限公司
规　　格： 787mm×1092mm
开　　本： 16
印　　张： 16.75
彩　　页： 8
字　　数： 260 千字
版　　次： 2022 年 10 月第 1 版
印　　次： 2022 年 10 月第 1 次
书　　号： ISBN 978-7-5492-6385-1
定　　价： 86.00 元

（版权所有　翻版必究　印装有误　负责调换）

《长江经济带生态保护与绿色发展研究丛书》

编纂委员会

主　　任　熊　文

委　　员　（按姓氏笔画排序）

丁玉梅　李　阳　杨　倩　吴　比　何　艳　姚祖军

黄　羽　黄　涛　萧　毅　彭贤则　蔡慧萍　裴　琴

廖良美　熊芙蓉　黎　明

《湖北篇：挺直中部崛起硬脊梁》

编纂委员会

主　　编　彭贤则

副主编　杨　倩　李　阳

编写人员　（按姓氏笔画排序）

万诗诗　王林忠　冯玫涵　刘　林　李容容　杨庆华

何家华　张丽芳　张良涛　张颖奇　张颢蓝　洪圣来

黄　玥　常可欣　曾　帅　蔡　丽

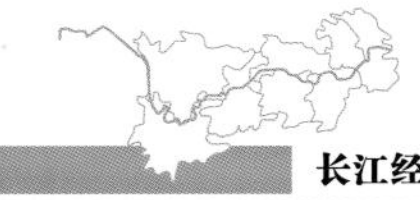

前　言

在中国版图上，有这样一片区域，形似巨龙，日夜奔腾，浩浩荡荡，这就是中国第一大河，也是世界第三长河——长江。

长江全长6300余km，滋养了古老的中华文明；流域面积达180万km^2，哺育着超1/3的中国人口；两岸风光旖旎，江山如画；历史遗迹绵延千年，熠熠生辉。长江是中华民族的自豪，更是中华民族生生不息的象征。

不仅如此，长江以水为纽带，承东启西、接南济北、通江达海，一条黄金水道，串联起沿江11个省（直辖市），支撑起全国超40%的经济总量，是中国经济社会发展的大动脉。

一直以来，习近平总书记深深牵挂着长江，竭力谋划着让长江永葆生机活力的发展之道。

2016年1月5日，重庆，在推动长江经济带发展座谈会上，习近平总书记发出长江大保护的最强音：“当前和今后相当长一个时期，要把修复长江生态环境摆在压倒性位置，共抓大保护、不搞大开发。”从巴山蜀水到江南水乡，生态优先、绿色发展的理念生根发芽。

2018年4月26日，武汉，在深入推动长江经济带发展座谈会上，习近平总书记强调正确把握“五大关系”，以“钉钉子”精神做好生态修复、环境保护、绿色发展“三篇文章”，推动长江经济带科学发展、有序发展、高质量发展，引领全国高质量发展，擘画出新时代中国发展新坐标。

2020年11月14日，南京，在全面推动长江经济带发展座谈会上，习近平总书记指出，要坚定不移地贯彻新发展理念，推动长江经济带高质量发展，谱写生态优先绿色发展新篇章，打造区域协调发展新样板，构筑高水平对外开放新高地，塑造创新驱动发展新优势，绘就山水人城和谐相融新画卷，使长江经济带成为我国生态优先绿色发展主战场、畅通国内国际双循环主动脉、引领经济高质量发展主力军。

伴随着党中央的强力号召，长江经济带的发展从“推动”“深入推动”走向“全面推动”，沿长江11省（直辖市）密集出台了一系列推动经济发展的新政策、新举措。短短几年，一个引领中国经济高质量发展的生力军正在崛起。

可是，与长江经济带蓬勃发展形成鲜明反差的是，全面系统研究长江经济带生态保护与绿色发展的专著却鲜见。为推动长江经济带绿色崛起，我们萌生了编纂“长江经济带生态保护与绿色发展研究”系列丛书的想法。通过该系列丛书的梳理，我们希望完成三个“任务”：

第一，系统梳理、深度展现在长江经济带发展大战略中，沿江11省（直辖市）在新时代绿色崛起中发挥的作用和取得的成绩，总结各省（直辖市）经济发展中的经验和启示，充分发挥领先城市经济发展的示范引领作用，为整个经济带的全面发展提供借鉴。

第二，认真总结、深刻剖析在长江经济带发展过程中，沿江11省（直辖市）经济发展存在的问题，系统梳理长江经济带绿色绩效评价体系，期待为破解长江经济带经济发展的资源环境约束难题、探寻长江经济带绿色经济绩效的提升路径、增强长江经济带发展统筹度和整体性、协调性、可持续性提供全新视角。

第三，有针对性地提出长江经济带未来发展的政策建议和战略对策，助力长江经济带形成生态更优美、交通更顺畅、经济更协调、市场更统一、机制更科学的黄金经济带，为中国经济统筹发展提供新的支撑。

这是我们第一次系统梳理长江经济带的发展，也是我们第一次完整地总结长江沿江11省（直辖市）的发展脉络。

我们欣喜地看到，伴随着三次推动长江经济带发展座谈会的召开，长江沿线11省（直辖市）均有针对性地出台了各省（直辖市）长江经济带发展的具体措施和规划。上海提出，要举全市之力坚定不移推进崇明世界级生态岛建设，努力把崇明岛打造成长三角城市群和长江经济带生态环境大保护的重要标志。湖北强调，要正确把握“五大关系”，用好长江经济带发展“辩证法”，做好生态修复、环境保护、绿色发展“三篇大文章”。地处长江上游的重庆表示，要强化“上游意识”，担起“上游责任”，体现“上游水平”，将重庆打造成内陆开放高地和山清水秀美丽之地。诸如此类，沿江各省都努力争当推动长江经济带高质量发展的排头兵。

我们也欣喜地看到，《长江上游地区省际协商合作机制实施细则》《长三角地区一体化发展三年行动计划（2018—2020年）》等覆盖全域的长江经济带省际协商合作机制逐步建立，共抓大保护的合力正在形成。

我们更欣喜地看到，在以城市群为依托的区域发展战略指引下，在长江三角洲城市群、长江中游城市群、成渝城市群、黔中城市群、滇中城市群等区域城市群的强力带动辐射影响之下，一批城市正迅速崛起。在党中央和沿江各省（直辖市）共同努力下，长江经济带正释放出前所未有的巨大经济活力。虽成效显著，但挑战犹存。在该系列丛书的梳理中，我们也发现了长江经济带发展过程中存在的问题：生态环境保护的形势依然严峻、生态环境压力正持续加大、绿色产业转型压力依旧巨大。为此，我们寻找了德国莱茵河治理、澳大利亚猎人河排污权交易、美国饮用水水源保护区生态补偿、美国“双岸”经济带的产业合作等多个国外绿色发展案例，希望为国内长江经济带城市绿色发展提供借鉴。

编　者

长江黄金水道

前言

本书为《长江经济带生态保护与绿色发展研究丛书》之湖北篇分册，由湖北工业大学流域生态文明研究中心彭贤则教授担任主编，湖北工业大学杨倩、李阳担任副主编。本册共分七章，第一章梳理了湖北省绿色发展基础、机遇与挑战、战略意义、发展成果与政策体系，明确了湖北省在长江经济带绿色发展中的战略定位。第二章全面分析了湖北省经济社会发展状况和生态环境保护现状，展示了湖北省在绿色发展中取得的成果。第三章从主体功能区划空间管控、生态红线限制条件、“三线一单”管控要求和生态系统约束与保护等四个方面剖析了湖北省绿色发展存在的生态环境约束。第四章系统分析了湖北省在绿色发展中的战略举措，从绿色产业主导、宜居环境构建、资源持续发展和绿色金融创新等四个方面展现了湖北作为。第五章针对湖北省区域绿色规划、工业园区规划、重点流域生态规划进行了分析研究。第六章对湖北省绿色发展评价关键指标进行了解读，对湖北省绿色发展绩效进行了评价。第七章提出了湖北省绿色发展政策建议与实施途径。

本书在撰写过程中，湖北工业大学长江经济带大保护研究中心、经济与管理学院、流域生态文明研究中心等单位领导精心组织编撰，同时长江经济带高质量发展智库联盟、湖北省长江水生态保护研究院、水环境污染监测先进技术与装备国家工程研究中心、河湖生态修复及藻类利用湖北省重点实验室、长江水资源保护科学研究所、江苏河海环境科学研究院有限公司、无锡德林海环保科技股份有限公司等单位相关专家大力指导与帮助，长江出版社高水平编辑团队为本书出版付出了辛勤劳动，在此一并致谢。

由于水平有限和时间仓促，书中缺点、错误在所难免，敬请专家和读者批评指正。

编 者

目录

第一章 长江经济带绿色发展战略与湖北探索

长江是中华民族的母亲河，也是中华民族发展的重要支撑。长江经济带覆盖上海、江苏、浙江、安徽、江西、湖北、湖南、重庆、四川、云南、贵州等11省市，面积约205万平方千米，人口和生产总值均超过全国的40%。横跨我国东中西三大区域的长江经济带，具有独特优势和巨大发展潜力。自改革开放以来，其已发展成为我国综合实力最强、战略支撑作用最大的区域之一。

第一节 长江经济带绿色发展战略背景与意义

推动长江经济带发展是以习近平同志为核心的党中央做出的重大决策，是关系国家发展全局的重大战略，对实现“两个一百年”奋斗目标、实现中华民族伟大复兴的中国梦具有重要意义。

呵护中华母亲河，推动长江经济带高质量发展，生态优先、绿色发展是核心理念和战略定位。因此，习近平总书记反复强调，推动长江经济带发展必须从中华民族长远利益考虑，把修复长江生态环境摆在压倒性位置，共抓大保护、不搞大开发。[①]

共抓大保护、不搞大开发，不但要坚决抵制和纠正“环境代价还是得付”的错误观念和做法，还要做好资源环境承载能力评价，把生态环境的欠账补上。

① 习近平．在深入推动长江经济带发展座谈会上的讲话[N]．人民日报，2018-06-14（2）．

一、现状基础

长江流域以 18.8% 的国土面积，承载着全国 33% 的人口和 46.9% 的经济总量，是我国经济发展最具活力和潜力的区域之一。然而，长江的保护与发展正面临复杂、严峻的形势，长江“双肾”洞庭湖、鄱阳湖干旱见底成为常态，污水直排长江的报道频频见诸报端，长江富营养化问题亦比较突出。

（一）水资源保质保量工程艰巨

在社会发展的过程中，充足的水量与优良的水质是长江经济带两岸人民正常工作生活的保障，也是长江经济带实现绿色发展面临的挑战。

就水资源而言，生态流量排在首位。引江济淮，引江济太，南水北调中线工程等都引长江水。在实现水资源联合调度之后，如何保证中下游的生态水量是长江经济带实现绿色发展面临的重大挑战。同时，在基本水量确保充足之后，水质也是值得关注的问题。其中，氮磷污染严重是长江亟待解决的问题。数据显示，长江接近 30% 的重要湖库仍处于富营养化状态。沿江产业发展惯性较大，污染物排放基数大，废水、化学需氧量、氨氮排放量分别占全国的 43%、37%、43%。①

（二）工业发展与生态保护矛盾突出

“长江经济带的工业化、城镇化处于快速推进的过程中，资源能源消耗比较多，环境污染的压力比较大，所以绿色发展的任务是比较艰巨的。”②

我国是全球最大的钢铁生产国，占全球粗钢总产量的 51.3%，其中长江经济带钢铁产量占全国总产量 36%。目前，长江沿岸分布着 40 余万家化工企业、五大钢铁基地、七大炼油厂，在上海、南京、仪征等地还建有大型石油化工基地。自 2007 年以来，长江流域废污水排放量突破 300 亿吨，相当于每年有一条黄河水量的污水被排入长江，长江经济带的环境承载力已接近上限。2017 年，钢铁行业主要污染物排放量已超过电力行业，成为工业部门

---

① 曾凡银，焦德武．早日重现“一江碧水向东流”胜景 [N]. 安徽日报，2020-9-8.

② 平衡生态保护与经济发展，长江经济带面临这些挑战 [EB/OL].（2018-7-27）[2022-6-20]. https://baijiahao.baidu.com/s?id=1607096211611589375&wfr=spider&for=pc.

最大的污染物排放源[①]。如果不坚决果断采取措施破解长江经济带日益严峻的“重化工围江”难题，势必影响长江经济带的可持续发展，损害子孙后代的利益。

（三）市场化进程与产业同质矛盾显著

由于历史和体制的原因，尽管长江经济带上中下游之间存在显著的产业梯度和要素禀赋差异，但以省级为单位的行政区划形成了市场格局。然而，多年来各省市突出地方经济发展，产业发展具有较高的同质性和攀比性，地方保护主义突出，导致产业竞争过度，市场相互割据，影响了生产要素的自由流动。致使产业协同性和经济互补性表现得不明显。同一水道，各管一段，经济负外部性特征明显。

（四）城市化扩围与资源耗散的矛盾加剧

近年来，城市化发展促进地域城市群兴起，劳动力等生产要素向中心城市集聚，但由于社会公共服务目前还存在较大短板，造成沿江中心城市资源过度集中，城市承载力下降、发展负荷过重，而其他中小城市和农村地区形成发展“漏斗”和资源耗散，造成区域内和区域间发展严重不平衡，既不利于现代化经济体系的形成。这种状况也不利于发挥产业梯度转移的扩散机制。

二、机遇与挑战

2016 年 1 月，习近平总书记在推动长江经济带发展的座谈会指出，当前和今后相当长一个时期，要把修复长江生态环境摆在压倒性位置，共抓大保护、不搞大开发。3 月 25 日，中共中央政治局审议通过《长江经济带发展规划纲要》，再次强调长江经济带发展的战略定位必须坚持生态优先、绿色发展，共抓大保护、不搞大开发。

长江经济带作为流域经济，涉及水、路、港、岸、产、城和生物、湿地、环境等多个方面，是一个整体，必须全面把握、统筹谋划。

（一）长江经济带发展动力来自于对经济发展规律的战略运用

纵观世界主要经济体的发展规律，经济发展总是由点到（轴）线，由线

① 洪水峰，张亚．长江经济带钢铁工业—生态环境—区域经济耦合协调发展研究 [J]. 华中师范大学学报（自然科学版），2019，53（05）：703-714.

到带、由带到面，以极化发展开始，是以区域均衡协调或一体化为终。早在20世纪80年代，国内经济学界就已经认识到这种经济规律，并提出了符合中国国情的点——轴——带发展构想，沿海经济带和长江经济带共同构成了中国经济发展的T形格局，改革开放40年来逐步成为中国最重要的经济带。长江经济带成为继沿海经济带之后的经济发展先行区，将是支撑21世纪中国经济成长的轴线和经济增长潜力最大的区域。

如今，长江经济带的发展更被赋予了新时代的新内涵。习近平总书记在深入推动长江经济带发展座谈会上发表重要讲话，再次强调推动长江经济带发展是党中央做出的重大决策，是关系国家发展全局的重大战略。

新形势下推动长江经济带发展，关键是要正确把握整体推进和重点突破、生态环境保护和经济发展、总体谋划和久久为功、破除旧动能和培育新动能、自我发展和协同发展的关系，坚持新发展理念，坚持稳中求进工作总基调，坚持共抓大保护、不搞大开发，加强改革创新、战略统筹、规划引导，以长江经济带发展推动经济高质量发展。①

长江经济带是中国流域经济之首，区域均衡的内在动力强劲。中国有黄河、长江、珠江、淮河、海河、辽河和松花江七大流域经济带，人均GDP均突破6000美元，处于中等发达水平以上，GDP总量占到全国的98%，其中长江经济带占到40%以上，具有强大的经济腹地和内部经济联系。但长江经济带人均GDP仅排第6位，发展不均衡不充分的问题较为突出，未来还有巨大的流域经济均衡发展的空间和动力。加快长江经济带高质量发展绝不是拔苗助长，而是顺势引导。

（二）长江经济带发展动力来自对世界形势变化的长远布局

当前，传统国际贸易规则和秩序风雨飘摇，极容易发生剧烈变化，沿海沿江开放经济区需要未来新规则新目标的指引。

虽然中国经济已经习惯于上一波全球化浪潮，但当前逆全球化潮流汹涌，中美贸易战激烈，传统出口拉动经济增长的路径已经难以为继，打造全方位多层次开放体系，促进对内的纵深发展恰逢其时。

---

① 习近平：加强改革创新战略统筹规划引导 以长江经济带发展推动高质量发展[N].人民日报，2018-4-27（001）.

推动长江经济带的高质量发展不是心血来潮、一时之需，而是全面布局、未雨绸缪、不断完善，不断加码升级。事实证明，长江经济带强动力高质量发展是高瞻远瞩的，是应对世界形势急剧变化的长远布局和高明的招数。

早在2008年全球金融危机之后，中国就在谋篇布局，以内陆开放，沿边沿路沿江沿海开放应对世界格局的重大变化，思路和政策逐步定型，日益明确。2013年，党中央就开始调研布局长江，2014年国务院发布发《关于依托黄金水道推动长江经济带发展的指导意见》，正式确立长江经济带的区域规划和发展战略，2016年通过《长江经济带发展规划纲要》，将长江经济带定位为生态文明建设的先行示范带、引领全国转型发展的创新驱动带、具有全球影响力的内河经济带、东中西互动合作的协调发展带。

经过2年紧锣密鼓的建设，打通了交通等基础设施和区域统一通关等制度环节，基本具备了承载进一步高质量发展的条件。由沿海向内陆纵深发展，向经济腹地和纵深发展。这也是新时代新要求、新内涵新格局。

（三）长江经济带的发展动力还来自新旧动能转换目标的高度契合①

长江经济带的发展动力还来自发展目标与中央新旧动能转换的目标高度契合，率先消除区域发展的不平衡不充分。

一是空间的整合。这里既是东中西三大区域梯度衔接，也是长三角城市群、长江中游城市群、成渝城市群合理布局分工，还是大城市带大区域。加快发展一批区域性大城市、卫星城市和特色城镇，必将形成多层次城市发展格局，实现长江流域深度整合。

二是产业整合。利用便捷的水陆交通联系网络，促进东西部产业承接转移。重点在改善欠发达地区基础设施，促进更高的投资增长速度和更优惠的政策措施等，持续向这些地区转移劳动密集型产业和部分资本密集型产业。

三是投资消费整合、发展和生活整合，以民生为发展目标。比如建设优美的生态环境和居住环境，既是重大基础设施投资又是居民长远的消费福利。促进后发地区的平衡充分发展，实现发展目标和过程的统一，在长江经济带高质量发展的进程中满足人民群众日益增长的多样化、多层次、多方面需求，

---

① 李伟：习近平为何如此重视长江经济带[EB/OL].（2019-9-10）[2020-12-28] http：//www.qstheory.cn/zhuanqu/bkjx/2019-09/10/c_1124982148.htm.2019-9-10.

进一步提供更好更均衡的教育、更稳定的工作、更满意的收入、更可靠的社会保障、更高水平的医疗卫生服务、更舒适的居住环境、更优美的生态环境、更丰富的精神文化生活等。

四是高质量替换。质量第一，效率优先。以发展带动的增长，更高质量的发展，高质量替换低质量，包括微观产品质量，工程和服务质量，以及宏观经济发展质量，全长江流域通行的高质量制度。做到精准供需，智能柔性。高质量发展必然也要求高效率、高附加值、可持续性、包容性的发展。从不平衡不充分发展转向共享发展、充分发展和协同发展。

在空间整合、产业整合、投资消费整合、体制整合目标的过程中，长江经济带必将进一步释放发展动力。

三、重要意义

（一）连接“一带一路”的重要纽带

千百年来，长江流域以水为纽带，连接上下游、左右岸、干支流，形成经济社会大系统，如今仍然是连接丝绸之路经济带和21世纪海上丝绸之路的重要纽带。

（二）先行示范带、创新驱动带、协调发展带

要增强系统思维，统筹各地改革发展、各项区际政策、各领域建设、各种资源要素，使沿江各省市协同作用更明显，促进长江经济带实现上中下游协同发展、东中西部互动合作，把长江经济带建设成为我国生态文明建设的先行示范带、创新驱动带、协调发展带。

（三）黄金经济带

2016年1月5日，习近平在重庆召开的推动长江经济带发展座谈会上强调：沿江省市和国家相关部门要在思想认识上形成一条心，在实际行动中形成一盘棋，共同努力把长江经济带建成生态更优美、交通更顺畅、经济更协调、市场更统一、机制更科学的黄金经济带[①]。

---

① 习近平．走生态优先绿色发展之路 让中华民族母亲河永葆生机活力[N].人民日报，2016-1-8（001）.

第二节　湖北省在长江经济带绿色发展中的战略定位

湖北省地处“长江之腰”，境内长江干流长达1062千米，约占长江干线通航里程1/3。作为拥有长江干线最长的省份、三峡工程库坝区和南水北调中线工程核心水源区，湖北省承担长江生态保护与修复的责任重大，任务艰巨。

湖北地处“长江之腰”，是南水北调中线工程水源区和三峡坝区所在地。确保一江清水东流、一库净水北送，挺起长江经济带高质量发展的脊梁，是湖北肩负的特殊责任。

一、湖北省绿色发展成果

作为长江干流流经里程最长的省份，湖北把修复长江生态摆在压倒性位置，实施沿江化工企业专项整治等长江大保护十大标志性战役，推出覆盖产业、城镇、交通等领域的长江经济带绿色发展十大战略性举措，着力让天更蓝、地更绿、水更清。

近年来，湖北省以“拆、堵、关、停、限、治、补”为主要手段，着力提升水质，大力推进水污染防治攻坚。2018年，全省地表水环境质量状况稳中趋好，全省179个河流监测断面，水质优良断面比例为89.4%，同比提高2.8%，较2015年提高5.2%；劣Ⅴ类断面比例为1.1%，同比下降2.8%[①]。

为了保护好长江母亲河，2017年以来，湖北省先后制定了《湖北长江经济带生态保护和绿色发展总体规划》《湖北长江经济带生态环境保护规划》等5个专项规划，为长江生态保护和绿色发展提供指导和支撑。2019年6月以来，湖北省扎实开展了长江保护修复攻坚战八大专项行动，持续改善长江生态环境质量。2021年修改了《清江流域水生态环境保护条例》《汉江流域水环境保护条例》等地方性法规，启动了保护长江的“6+4”攻坚提升行动。

同时，加强工业源治理，开展燃煤小锅炉专项整治，强化移动源污染防治。

---

① 湖北省生态环境厅[EB/OL]（2019-6-6）[2020-11-20]https：//sthjt.hubei.gov.cn/fbjd/xxgkml/qtzdgknr/xwfbh/201911/t20191126_1443099.shtml2019-6-6.

2013 年以来，全省完成燃煤火电机组超低排放改造 45 台、淘汰黄标车 39.9 万辆，淘汰或改造 20 蒸吨及以下燃煤小锅炉 7176 台。2018 年，纳入国家考核的 13 个地级城市平均优良天数比例为 76.7%，较 2017 年同期上升 0.6%，较 2015 年同期上升 11.8%。

在土壤污染调查和土地修复整治项目上，稳步推进土壤污染防治攻坚，完成湖北省农用地土壤污染详查成果集成。累计争取中央土壤污染防治专项资金 7.95 亿元。开展黄石国家土壤污染防治先行区建设试点，推进蕲春县、竹溪县耕地土壤修复试点。

党的十八大以来，湖北省生态文明体制改革稳步推进，生态红线管控制度、神农架国家公园体制改革、排污权交易等一批国家试点项目进展顺利，河湖长制全面推开，耕地草原河湖休养生息制度初步建立，全省环境空气质量生态补偿机制落地见效，环保督察、自然资源资产负债表编制、领导干部自然资源资产离任审计、党政领导干部生态文明建设目标评价考核和生态环境损害责任追究的闭环逐步形成。下一步，湖北省生态环境系统将继续抓好长江保护修复，让“绿水青山就是金山银山”理念更加深入人心，努力为湖北的生态文明建设做出新的贡献。

二、湖北省绿色发展战略意义

（一）肩负起了长江经济带生态保护和绿色发展的湖北责任

湖北地处“长江之腰”，是长江干线流经最长的省份，是三峡工程库坝区和南水北调中线工程核心水源区，是长江流域重要的水源涵养地和国家重要的生态屏障，生态安全地位举足轻重。

推进长江经济带生态保护和绿色发展，是湖北的历史使命和政治担当。全省人民牢固树立“良好生态环境是最公平的公共产品，是最普惠的民生福祉”的理念，牢固树立“保护生态环境就是保护生产力、改善生态环境就是发展生产力”的理念，主动肩负起长江经济带生态保护和绿色发展的湖北责任。把长江生态保护放在更加突出的位置，像对待生命一样对待长江生态环境，像保护眼睛一样保护长江生态环境，确保一江清水东流、一库清水北送，让母亲河永葆生机活力。

（二）积极顺应全省人民群众对美好生活的追求

绿色是永续发展的必要条件和人民对美好生活追求的重要体现，必须实现经济社会发展和生态环境保护协同共进，为人民群众创造良好生产生活环境。绿色发展这一新型生产方式要求人们提升生产技能、由衷敬畏与呵护自然生态系统，在生产生活过程中自觉而负责任地降低资源消耗量、减少废弃物排放量，最终消除对生态环境的人为污染，使人类的生产、生活方式都控制在自然资源、生态环境可承受范围内，真正实现新发展理念要达到的人民美好生活境界[①]。

三、湖北省绿色发展政策体系

湖北在沿江省市率先编制实施长江经济带生态保护和绿色发展总体规划，出台《关于大力推进长江经济带生态保护和绿色发展的决定》等多部地方性法规，建立健全自然资源资产负债表、生态补偿、环保督察等长效机制，构建了一个源头严控、过程严管、末端严治、后果严惩的生态环境硬约束闭环。

（一）“1+5+N”规划体系

在沿江省市中，湖北率先编制实施《湖北长江经济带生态保护和绿色发展总体规划》，构建“1+5+N”规划体系，谋划生态长江大方略。“1”为一个总体规划，即《湖北长江经济带生态保护和绿色发展总体规划》；“5”为五个支撑性专项规划，包括长江经济带绿色生态廊道、综合立体交通走廊、现代产业走廊、绿色宜居城镇建设及文化建设；“N”为修改调整已出台的湖泊、湿地、饮用水水源地等保护规划。

启动森林生态修复、湖泊湿地生态修复、生物多样性保护等长江大保护九大行动；推出发展绿色产业、构建综合立体绿色交通走廊等十大战略性举措；打响沿江化工企业污染专项整治、岸线资源管控和生态复绿等十大标志性战役。

---

① “人民美好生活境界”

（二）立法护江

在省级地方性法规层面，继《湖泊保护条例》《水污染防治条例》等法规出台后，又陆续推出《土壤污染防治条例》和《关于大力推进长江经济带生态保护和绿色发展的决定》等地方法规，对破坏生态实施终身追责。

在具体措施层面，划定生态保护红线，建立绿色 GDP 考评体系，将生态保护等列入核心指标，考评结果作为领导干部选拔任用重要依据。一份终身追责的“负债表”，督促领导干部作答“绿色考卷”。

（三）创新江河湖泊管理制度

2017 年 1 月，湖北在全国率先出台《关于全面推行河湖长制的实施意见》，针对“千湖之省”的省情水情，率先统筹“河长制 + 湖长制”，实行“河湖长制”。2017 年 11 月底，省市县乡村五级 37331 名河长、湖长全部上岗履职。

建立健全长效监管机制。如宜昌、恩施健全流域生态环保责任机制，创新出“跨县市水质交接”制度；荆州投入 1000 余万元组建长江岸线管理员队伍，统一备案、统一标识、统一监管，实现长江岸线管理全覆盖。

牵头推进长江中游省际协商合作。2018 年 4 月 19 日，在武汉顺利召开长江中游三省省际会商，签署行动宣言，明确联合办理共同建立跨界生态保护与修复机制等 13 件实事。

第二章　湖北省生态环境保护与绿色发展现状

湖北是长江干流径流里程最长的省份，是三峡库坝区和南水北调中线工程核心水源区所在地，是长江流域重要的水源涵养地和国家的重要生态屏障。守护一江清水东流，一库净水北送，是湖北必须担起的历史责任。为了保护好长江母亲河，湖北省深入实施长江大保护和绿色发展“双十工程”，持续做好生态修复、环境保护、绿色发展“三篇文章”，统筹打好蓝天、碧水、净土保卫战，取缔各类码头1211个，清退岸线150千米，岸滩复绿1.2万余亩，关改搬转沿江化工企业115家。通过这些工作，实现了生态环境的明显好转，曾经满目疮痍的长江岸线，再现一江碧水、两岸青山的美丽画卷，人与自然和谐共生、绿色发展的新生态正在形成。

第一节　日新月异的湖北省

一、湖北科技实力

基础研究既是知识生产的主要源泉和科技发展的先导与动力，同时也是一个国家或地区科技发展水平的标志，代表着国家或地区的科技实力。

《中国基础研究竞争力报告2017》报告显示，湖北基础研究竞争力排名第5，优势学科为工程与材料科学、生命科学和医学科学。湖北2021年常住人口为5830万人，全省人才资源总量911.5万，有两院院士81人[①]，高层次人才居全国第一方阵，共有各类高校129所，科研机构3687家，国家重点实验室30个，高新技术企业14560家。

① 湖北高层次人才总量居全国第一方阵[N]. 湖北日报，2022.05.25.

截至2019年末，湖北省共建有225家省级工程研究中心（工程实验室）、528家省级企业技术中心。共登记重大科技成果1597项。其中，基础理论成果136项，应用技术成果1401项，软科学成果60项。全年共签订技术合同39511项，技术合同成交金额1449.6亿元，合同金额比2018年增长17.2%。共有国家级检验检测中心35个，累计有14101家企业通过ISO9000体系认证，企业获得强制性认证证书14873张。法定计量技术机构有91个，强制检定计量器具234万台件。天气雷达观测站点有14个，卫星云图接收站点17个。地震遥测台网3个，地震台站47个。

二、湖北工业

湖北是重要的工业省份，装备制造业是湖北的重要支柱产业。

清末（1889—1911）是湖北早期工业化的启动及其快速发展时期。自1889年张之洞督鄂起，以芦汉铁路的修筑为契机，大力推行“湖北新政”。以武汉为中心，先后创办了汉阳铁厂、湖北枪炮厂、大冶铁矿、汉阳铁厂、钢轨厂、湖北织布局、缫丝局、纺纱局、制麻局、制革厂等一批近代化企业。汉阳铁厂成为当时亚洲最大的钢铁联合企业，并形成了以重工业尤其是军事工业为龙头的湖北工业结构，武汉也一跃而成为全国的重工业基地。截至2019年末，湖北省规模以上工业企业达到15589家。规模以上工业增加值增长7.8%。其中，国有及国有控股企业增长4.4%，集体企业下降6.7%，股份制企业增长8.5%，外商及港澳台投资企业增长3.4%，其他经济类型企业增长4.3%。轻工业增长6.8%，重工业增长8.2%。制造业增长7.9%，高于规模以上工业0.1%。高技术制造业增长14.4%，占规模以上工业增加值的比重达9.5%，对规模以上工业增长的贡献率达17.0%。其中，计算机、通信和其他电子设备制造业增长19.0%，电气机械和器材制造业增长11.0%。全年规模以上工业销售产值增长7.8%，产品销售率为97.2%，出口交货值下降0.4%。全年规模以上工业企业实现利润2867.8亿元，增长4.0%。

三、湖北自贸区

湖北自由贸易试验区，是党中央、国务院在新形势下推进改革开放、加快长江经济带发展，促进中部崛起的重大战略举措。自贸试验区的实施范围119.96平方公里，涵盖三个片区：武汉片区70平方公里，襄阳片区21.99平方公里，宜昌片区27.97平方公里。根据《中国（湖北）自由贸易试验区总体方案》，湖北自贸区要以制度创新为核心，以可复制推广为基本要求，立足中部，辐射全国，走向世界，努力成为中部有序承接产业转移示范区、战略性新兴产业和高技术产业集聚区、全面改革开放试验田和内陆对外开放新高地。①

四、湖北高校

湖北，历史悠久，高等教育发达，共有高校128所，其中本科68所，专科60所。为国家和区域高等人才储备发挥了巨大的作用。

2019年，湖北省普通高等教育本专科招生46.0万人，在校生150.1万人，毕业生38.4万人；研究生招生5.5万人，在校研究生16.0万人，毕业生3.9万人。

第二节　天蓝水清的湖北省

2018年，湖北省的天更蓝、水更绿，国家考核重点城市空气质量优良天数比例为76.7%，PM2.5年均值47微克/立方米，同比下降9.6%；国家考核的114个地表水水质断面优良比例为86.0%，长江、汉江干流水质保持为优，全省生态环境质量持续改善。

宜昌、黄石、鄂州、咸宁积极作为、注重实效，在全省污染防治攻坚战实施情况年度综合评价考核中被评为优秀等次，受到了省政府奖励。

2019年，全省生态环境质量总体保持巩固改善，生态环境风险得到有效管控，生态环境功能得到恢复加强，为全省高质量发展奠定了较好的生态环境基础。全省国家考核地表水水质优良比例86%，劣V类比例1.8%。全省13个国考城市PM2.5累计平均浓度44微克/立方米，平均优良天数比例76.1%；主要污染物排放量和单位GDP二氧化碳排放量持续下降。恩施州首次达到环境空气质量二级标准，实现省地级城市达标零的突破。十堰、恩施

---

① 《国务院关于印发中国（湖北）自由贸易试验区总体方案的通知 国发〔2017〕18号》。

等六地成功创建国家生态文明建设示范市县。

一、“十三五”环境保护规划任务

2020年，全省以改善环境质量为核心，以全面完成“十三五”环境保护规划任务为目标，以大气、水、土壤污染防治攻坚收官结账为重点，坚定不移打赢污染防治攻坚战、抓好长江大保护、推进生态环保督察问题整改、实施生态文明体制改革，协同推进经济高质量发展和生态环境高水平保护，不断增强人民群众的获得感、幸福感、安全感，为全面建成小康社会提供优良的生态环境支撑。

全省生态环境系统坚持思想再武装、责任再落实，力量再聚焦、措施再加强，为“十三五”规划蓝图的绘就打好收官之战。

（一）坚决打赢蓝天保卫战

高度重视大气污染防治工作，湖北坚决打赢蓝天保卫战。2020年，13个国考城市平均优良天数比例达到87.5%，PM2.5累计平均浓度37微克/立方米，大气污染联防联控进一步加强，圆满完成第七届世界军人运动会环境空气质量保障任务。[①]从调整能源消费结构入手。产业结构上，积极推进传统产业优化升级；能源消费结构上，严格落实能耗强度、总量“双控”制度和高污染燃料禁燃区管控要求；交通运输结构上，加快发展多式联运。更高标准深化治理管控。在武汉、襄阳、宜昌、黄石、荆门、荆州、鄂州7个重点城市落实大气污染物特别排放限值。精准落实政策做好重污染应对。完善应急减排清单，以优先控制重污染行业主要涉气排污工序为主，分类施策、精准减排。更强基础突出精准治霾。进一步完善源解析和源清单编制。完善机动车遥感监测网络，提升移动源排放监管能力。加密空气质量监测站点建设。

（二）着力打好碧水保卫战

“十三五”以来，湖北以持续改善提升水环境质量为目标，着力打好碧水保卫战。省控河流、湖库消除劣V类，优良比例较2016年分别提升7.3%、

① 奋进支点路绿色新征程——湖北生态环境保护事业发展纪实[N].湖北日报，2021-07-05.

3.1%；丹江口水库水质常年保持在国家地表水Ⅱ类以上标准。”[①] 突出重点净湖水。协同完善河湖长制工作机制。积极探索湖泊生态保护修复。注重组织开展湖泊生态环境监管系统研究开发。提高标准保饮水。深入推进集中式饮用水水源地规范化建设。选取丹江口水库等一批重点水源地，大力探索建设饮用水水源地综合保护机制。年底前建成覆盖全省县级以上饮用水水源地监测预警系统。严查源头管污水。紧盯生活污水直排等突出问题，配合推动地级及以上城市建成区基本无生活污水直排口，督促组织实施污水应急性处理。协同推进调供水。推进水质水量协同管控，以水质要求明确重点河流、湖泊生态流量底线。

（三）扎实推进净土保卫战

湖北圆满完成农用地土壤污染状况详查和重点行业企业用地土壤污染状况调查。完成农用地土壤环境质量类别划定，实施农用地分类管理，严格建设用地准入，省级核算受污染耕地安全利用率达到 90% 以上，污染地块安全利用率不低于 90%[②]。全面摸清土壤污染现状。推进耕地土壤污染成因排查和分析试点，加快建立全省土壤分级分类管控体系。推进重点行业企业用地调查。加快推进两大试点工程。加快推进黄石土壤污染综合防治先行区建设。完成重金属污染物排放总量削减 10% 考核指标，完成 5000 个行政村农村环境综合整治任务。补齐污染源头管控短板。有序实施农用地分类管理。落实土壤环境管理工作考核。

（四）全力实施长江大保护

为贯彻落实党中央关于“共抓大保护、不搞大开发”的重要指示，湖北坚决扛起长江大保护政治责任，将修复长江生态摆在压倒性位置。省委、省政府主要领导多次沿江巡查环境整治、岸线复绿、非法砂石码头整治等工作推进落实情况。

长江大保护十大标志性战役、长江经济带绿色发展十大战略性举措等众多战略决策的实施，让长江重焕新颜。

壮士断腕“关”。实施沿江 1 公里和 15 公里范围内的化工企业关改搬转，

① 奋进支点路绿色新征程——湖北生态环境保护事业发展纪实 [N]. 湖北日报，2021-07-05.
② 奋进支点路绿色新征程——湖北生态环境保护事业发展纪实 [N]. 湖北日报，2021-07-05.

完成405家沿江化工企业关改搬转，取缔长江干线各类非法码头1211个。

坚决果断"禁"。依法实施禁采、禁捕、禁养，建成河道采砂管理执法基地33个，2020年移送非法采砂入刑案件22起，关停搬迁禁养区畜禽养殖场（户）12838家，拆除围栏围网养殖127.6万亩。

不留空白"查"。完成流域面积11212平方公里、岸线总长度4808公里的长江排污口排查。排查整治"千吨万人"水源地问题950个、清废问题点位666个。

竭尽全力"复"。实行留白增绿，修复岸线生态，腾退岸线149.8公里，生态复绿面积856万平方米，长江两岸完成造林绿化75.4万亩①。

抓好八大攻坚行动。国控断面全面消除劣Ⅴ类，力争基本消除省控劣Ⅴ类断面（水域）。落实"查、测、溯、治"四项重点任务，"一口一策"推进入河排污口分类规范整治。继续排查各级自然保护区存在的采矿（石）、采砂等8类问题，实行整改销号管理。推实生态修复工程。大力保护修复沿河环湖湿地生态系统，提高水环境承载能力。守牢环境风险底线。加快推动勘界定标工作，推进生态保护红线尽快精准落地。加快推进长江沿线工业园区有毒有害气体预警体系建设。

（五）深入推进督察问题大整改

高位落实工作部署。把督察整改作为生态环境领域最大政治任务抓紧抓实，继续实行领导挂帅督办，大员上阵主抓。强力推进问题整改。把中央生态环境保护督察问题整改作为重中之重，咬住问题不放，全面提速加力，分项目、分区域、分时段落实精细化管理。着力健全长效机制。坚持系统、法治思维，统筹兼顾，综合施策，不断提升督察及整改工作质效。切实增强生态环境保护督察工作的规范性和权威性。结合全省5个区域生态环境监察专员办公室设立，加快推进新的生态环境监察体系和制度建设。

（六）聚力服务经济高质量发展

落实精准管控措施。抓好"三线一单"成果发布及落地应用。探索建立生态环境监管正面清单制度。助推产业生态转型。充分发挥生态环境保护倒

---

① 奋进支点路绿色新征程——湖北生态环境保护事业发展纪实[N]. 湖北日报，2021-07-05.

逼、引领、服务作用，紧紧围绕省委“一芯两带三区”发展战略，协同推进生态工业、生态农业、生态服务业发展。服务企业绿色发展。持续深化“放管服”改革，进一步精简事项，优化流程，提升效率，切实帮助解决企业实际困难。拓展生态建设路径。深入践行绿色发展理念，以生态文明建设示范区和“两山”实践创新基地建设为重点，持续组织指导各地深入开展生态文明示范创建活动。积极应对气候变化。全面完成“十三五”控制温室气体排放目标。用好污染源普查成果。全面总结湖北省第二次全国污染源普查工作。

二、持续改善的湖北生态环境质量

（一）蓝天

打赢蓝天保卫战，是党的十九大做出的重大决策部署，事关满足人民日益增长的美好生活需要，事关经济高质量发展和美丽中国建设。湖北省政府按照党中央、国务院关于打好污染防治攻坚战的决策部署，坚持以习近平生态文明思想为指导，全面对标国家蓝天保卫战工作要求，出台了《湖北省打赢蓝天保卫战行动计划（2018—2020 年）》。计划经过 3 年努力，大幅减少主要大气污染物排放总量，进一步明显降低细颗粒物（PM2.5）浓度，减少重污染天数，明显改善环境空气质量，明显增强人民的蓝天幸福感。到 2020 年，全省二氧化硫、氮氧化物、挥发性有机物排放量较 2015 年分别下降 20%、20% 和 10% 以上，全省 17 个重点城市细颗粒物（PM2.5）年平均浓度低于 47 微克 / 立方米，环境空气质量优良天数比例达到 80% 以上。

经过全省上下一致努力，2018 年，湖北省 17 个重点城市平均空气质量优良天数较 2015 年提高 12.3%，细微颗粒物 PM2.5 和可吸入颗粒物 PM10 年均浓度较 2015 年分别下降 12.3% 和 27.3%。

（二）碧水

从“见河长”“见行动”到“见成效”，湖北省河湖长制一直走在全国前列。

2017 年 12 月，发布第 1 号省河湖长令，开展碧水保卫战“迎春行动”；2018 年 5 月，发布第 2 号省河湖长令，开展碧水保卫战“清流行动”；今年发布第3号省河湖长令，开展碧水保卫战“示范建设行动”。从1号令到3号令，湖北省河湖管护逐步实现提档升级，1号令发布时，省五级河湖长制刚刚建立，部分河湖存在着乱占乱建、乱围乱堵、乱采乱挖、乱倒乱排、乱捕滥捞等现象，直接威胁河湖生态环境，必须及时整治。通过碧水保卫战“迎春行动”，长期积累的河湖垃圾被基本清除，河湖岸边违章和阻水建筑被拆除，覆盖河湖水面的水葫芦、水花生得到整治，直接侵害河湖生态的行为得到有效遏制，荆楚河湖面貌显著改善。

“清流行动”重点提高河湖管控能力，持续提升水质。通过划界确权、河湖跨界断面水质监测、生态流量泄放等，建立河湖管护技术标准，实施综合治理。“清流行动”实施后，一大批排污口被取缔，城市黑臭水体得到整治，全省河湖水质得到明显提升，国考断面水质优良比例达到86%，通顺河、东湖等河湖水质达到近30年来最高水平。

省河湖长3号令“示范建设行动”，重点着眼于体制机制建设，目标在全省范围内创建示范河湖200个（条），示范单位500个，示范人物1000人。通过不断探索，湖北省河湖长制在体制创新、制度设计、机制建设等方面，已初具特色，并在全国占有一席之地。通过示范建设行动，落实责任链条，完善管护标准、监测体系和考核机制，提升河湖管护成效，打造一批全国示范典型。

1号令到3号令，从整治脏乱差到全面提升水质，再到示范建设、完善机制标准，从治表到治根，打造河湖长制“湖北样本”又前进了一大步。

（三）净土

在土壤保护方面，湖北以土壤污染调查和土地修复整治项目为重点，稳步推进土壤污染防治攻坚，完成全省农用地土壤污染详查成果集成。重点行业企业用地土壤污染状况详查有序推进，土壤污染治理与修复试点示范力度不断加大。累计争取中央土壤污染防治专项资金7.95亿元。

第三节 生态优先绿色发展中的湖北

一、顺应长江经济带绿色发展的新举措

推进长江经济带生态保护和绿色发展是一项长期、艰巨的系统工程，必须立足当前、着眼长远，持续发力、久久为功，必须突出问题导向，强化统筹协调，创新体制机制，狠抓工作落实。

近年来，湖北省加快发展绿色产业，构建综合立体绿色交通走廊，推进绿色宜居城镇建设，实施园区循环发展引领行动，开展绿色发展示范，探索“两山”理念实现路径，建设长江国际黄金旅游带核心区，大力发展绿色金融，支持绿色交易平台发展，倡导绿色生活方式和消费模式，为顺应长江经济带绿色发展拟定了一系列新举措。

（一）切实保护和科学利用长江水资源

落实最严格水资源管理制度，坚守长江流域水资源开发利用红线、用水效率红线、水功能区纳污红线。加强全省水资源的科学合理调度，优化沿江取水口和排污口布局。加强饮用水水源地保护，坚决取缔饮用水水源保护区内的所有排污口，保障生活、生产和生态用水安全。强化三峡库区、丹江口库区、清江库区、漳河库区以及洪湖、梁子湖、龙感湖等重点湖库的保护，加大沿江、沿河、沿湖水资源保护带及生态隔离带建设。健全完善城乡供水保障体系、防洪排涝减灾体系、水生态保护体系，打造自然积存、自然渗透、自然净化的“海绵城市”及河畅水清、岸绿景美的“美丽乡村”。

（二）严格预防和治理水污染

严格治理工业污染，强化重点企业污染防治，严格控制污染增量，削减污染存量，严格排放标准。限制在长江干流沿线新建石油化工、煤化工等化工项目，禁止新增长江水污染物排放的建设项目，坚决关停沿江排污不达标企业。严格控制入江河湖库排污总量，加强三峡库区、丹江口库区等重点水域水质监测和综合治理，加强重点河段总磷污染防治，强化跨界断面水质考核，确保流域水质稳步改善。严格处置城镇污水，提高污水处理厂建设标准，加强城镇污水设施运行有效监管。实施城乡生活垃圾分类收集制度，实现沿

江城镇污水和垃圾全收集全处理。采取严格控制污染源、截留污水、清理垃圾、清淤疏浚、修复生态等措施，切实加大黑臭水体治理。严格防控、综合治理、联合治理船舶污染，加快推广应用低排放、高能效、标准化的节能环保型船舶，加快建立船舶污染物处理物接收、转运、处置、监管机制，提升船舶污染处置能力。加强港口码头污染治理。

（三）加强流域环境综合治理

突出源头治理，推行主要污染物排放总量控制制度，建立统一公平、覆盖所有固定污染源的企业排放许可制。严格大气污染物总量控制，加强主要大气污染物综合防治和挥发性有机物排放重点行业整治，强化机动车尾气治理，深入推进农作物秸秆露天禁烧和综合利用。严格控制和有效治理农村面源污染，实施种植业节肥减药工程，推进农业畜禽、水产养殖污染整治工程。加强土壤污染预防、治理与修复，强化重点区域重金属污染综合防治。加强固体废弃物污染防治。以流域重点防控区域和工业园区为重点，全面推进危险废弃物环境管理、化学品环境管理和污染场地修复。建立完善环境风险预测预警体系和重大污染应急处置机制，提高环境监测、环境风险防范和应对能力。全面推进空气质量、水环境质量、土壤环境质量、污染物排放、污染源、排污单位环境信息公开。加强城乡环境整治，完善城乡环境保护基础设施，提升城乡绿色宜居水平和幸福指数。

（四）强化生态保护和修复

全面落实主体功能区战略，优化国土空间开发格局，严格水源涵养生态保护红线区、生物多样性维护生态红线区、土壤保持生态红线区、长江中游湖泊湿地洪水调蓄生态保护红线区建设与管理，构建人与自然和谐相处的生态保护空间格局。深入实施“绿满荆楚”行动，加快长江防护林体系建设，扩大公益林保护范围，将所有天然林纳入保护范围，全面禁止天然林商业性采伐。加大对大别山区、武陵山区、秦巴山区、幕阜山区等重要生态安全屏障的保护力度，开展神农架国家公园体制试点工作。推进绿色矿山生态开发，加强流域矿山生态环境修复与综合治理，坚决关闭不符合环境保护要求的矿山。实施流域石漠化地区生态修复、退耕还林还草等重大工程，加强绿色通道和农田林网建设，增强水源涵养和水土保持等生态功能。实施水生态修复，继续实施退田还湖、退耕还湿、退垸还湿、退渔还湿等工程，开展耕地草原河湖休养生息试点，加强重点湖泊生态安全体系建设，推进生态小流域建设，加强重点湿地保护与建设，把所有湿地纳入保护范围，提升长江湿地生态系统稳定性和生态服务功能。加大南水北调、引江济汉工程实施后的汉江中下游生态修复工作力度。划定全省生物多样性保护优先区域，保护长江流域生物多样性。

（五）促进岸线资源有效保护有序利用

坚持“深水深用、集约使用、有效保护、持续利用”的原则，合理划分岸线功能，完善岸线资源开发、利用及管理制度，严格分区管理和用途管制，加大生态和生活岸线保护力度，做到岸线开发利用与治理保护有机结合。整合港口资源，优化码头布局，关闭非法码头。严厉打击非法侵占、少批多占岸线和非法采砂、倒渣等违法违规行为。将目前尚不具备开发条件的岸线资源划为“保留区”，严禁擅自开发，为子孙后代留下更多的发展空间。

（六）促进绿色低碳生态环保产业发展

积极推进供给侧结构性改革，实施创新驱动战略，着力调整产业结构，优化长江沿岸产业布局，加快传统产业和重点行业转型升级，大力发展战略性新兴产业，淘汰落后产能。大力发展生态农业和循环农业，积极培育生态文化旅游业，加快发展低碳服务业，在长江经济带率先形成节约能源资源和保护生态环境的产业结构，加快推动生产方式绿色化。按照减量化、再利用、资源化的原则，大力发展循环经济，推进水、土地、矿产、能源等资源高效利用。

二、城市建设绿色发展现状

为贯彻落实党的十九大精神和中央城市工作会议精神，顺应新时代城市建设工作要求和人民群众日益增长的美好生活需要，集中力量、突出重点，扎扎实实办一批贴近人民群众需求的大事、实事，补上城市建设绿色发展中的“短板”，推动解决城市建设绿色发展不平衡不充分的问题，湖北省政府决定在全省开展城市建设绿色发展补“短板”三年行动，并出台了《湖北省城市建设绿色发展三年行动方案》。拟通过三年努力，以 10 个方面的任务为重要抓手。全省城市（含各市州城区、直管市城区、神农架林区松柏县城、镇，下同）复杂水环境得到有效治理，大气环境质量得到有效改善，各类废弃物得到收集和处置，海绵城市理念和综合管廊建设在新区建设和老城改造中得到广泛应用，所有城市人均绿地面积全部达标，公共厕所按标准全部布局到位且管理规范，公共文化设施按标准配套并得到合理利用，所有城市历史文化建筑全部实行清单管理，绿色建筑和装配式建筑得到较大面积推广，城市面貌发生重大改观，城市建设走上集约、节约、生态发展的轨道。

第三章 湖北省绿色发展生态环境约束

绿色发展关乎经济社会发展的正确取向，关系人民福祉和民族未来。湖北作为生态大省，拥有大江、大湖、大山、大库，又是三峡工程库坝区所在地和南水北调中线工程水源区，生态优势明显，生态地位重要，生态文明建设责任重大。当前，湖北正处在新型工业化、信息化、城镇化、农业现代化加快发展的关键时期，资源环境约束趋紧，节能减排任务艰巨。一些地方生态系统退化，水体、大气、土壤等污染加重，环境保护形势严峻，传统粗放发展模式难以为继。加快转变发展方式、调整优化经济结构、促进经济转型升级，着力推进绿色发展、循环发展、低碳发展，已成为全省上下刻不容缓的战略任务。

绿色发展是以绿色为标志的生产生活方式、生态文明建设和经济社会可持续发展。绿水青山既是自然财富，又是社会财富、经济财富，绿水青山就是金山银山。推进绿色发展，是转变发展方式、化解资源环境承载压力、打造湖北经济升级版的战略抉择，是实现人与自然和谐相处、提高人民生活质量和幸福指数的必由之路。全省各级国家机关、社会团体、企业事业单位和广大人民群众，要牢固树立绿色发展理念，树立正确的资源观和绿色的财富观，以强烈的责任感和使命感，坚决向污染宣战；要以奋发有为、改革创新的精神，大力推进绿色发展，努力把荆楚大地建设成为发展空间集约高效、生态空间山清水秀、生活空间宜居舒适、社会空间和谐相处的美好家园。

湖北省，位于中国中部偏南、长江中游，洞庭湖以北，故名湖北，简称“鄂”，省会武汉。东连安徽，南邻江西、湖南，西连重庆，西北与陕西为邻，北接河南。湖北东、西、北三面环山，中部为“鱼米之乡”的江汉平原。湖北是承东启西、连南接北的交通枢纽，武汉天河国际机场是中国内陆重要的空港。长江自西向东，横贯全省 1062 千米。长江及其最大支流汉江，润泽楚天，水网纵横，湖泊密布，湖北省因此又称“千湖之省”。共抓大保护、不搞大开发，走生态优先、绿色发展之路，建设绿色发展生态廊道，这是湖北省委、省政府一项长期且艰巨的任务。生态文明建设功在当代、利在千秋。我们要牢固树立社会主义生态文明观，推动形成人与自然和谐发展现代化建设新格局，为保护生态环境做出我们这代人的努力。

第一节 主体功能区规划

一、主体功能区规划空间管控

（一）国家生态安全空间格局要求

在国家现有环境保护和资源管理的框架下，针对今后一个时期对生态环境保护的基本观点和基本要求，国家首次明确提出了“维护国家生态环境安全”的目标。同时，《全国生态环境保护纲要》（以下简称《纲要》）力求在生态环境保护的对策上有所突破，对重点地区的重点生态问题，实行更加严格的监控、防范措施[①]。主要为：

第一，生态功能保护区的建设。根据国内重要生态功能区生态环境退化带来的危害和急需加强保护的需要，参考国际上日益强调对完整生态系统和重要生态功能区域、流域实施系统的、全方位保护的发展趋势，《纲要》提出了生态功能保护区建设的新任务，这是对重要生态功能区实施抢救性保护的根本措施。同时，鉴于我国人口、资源和环境的双重压力，生态功能保护区采取的是主动、开放的保护措施，对保护区内的资源允许在严格保护下进行合理、适度的开发利用，特别强调通过规范监督管理，限制破坏生态功能的开发建设活动，积极推进自然与人工相结合的科学生态恢复，遏制或防止生态功能区生态功能的退化。

第二，资源开发的生态保护。本着禁、倡并举的原则，《纲要》从维护系统的、区域的和流域的生态平衡出发，提出了控制要求，并根据自然生态

---

① 国务院关于印发全国生态环境保护纲要的通知 [EB/OL]. http：//www.gov.cn/gongbao/content/2001/content_61225.html，2000-11-26/2022-6-22.

的特点对主要自然资源开发的时间、地点和方式提出了限制性要求。例如对水资源开发，强调经济发展要以水定规模，建立缺水地区高耗水项目管制制度；对严重断流的河流和严重萎缩的湖泊，在流域内停上或缓上不利于缓解断流与湖泊萎缩的蓄水、引水和调水工程。对土地资源开发，要强化土地用途管制中的生态用地管制，特别是加强对林区、草原、湿地、湖泊等具有重要生态功能区域的保护和使用的监管。对草原资源开发，要严格实行草场禁牧期、禁牧区和轮牧制度。对生物物种资源的开发，要加强生物安全管理，建立风险评估制度。对矿产资源的开发，严禁在崩塌滑坡危险区、泥石流易发区和易导致自然景观破坏的区域采石、采砂、取土，严格沿江、沿河、沿湖、沿库、沿海地区矿产资源开发的管理。

第三，在生态环境保护对策和措施上。针对我国生态环境保护监督管理方面的一些薄弱环节，《纲要》提出了一些新的制度和措施：如要建立和完善各级政府、部门、单位法人生态环境保护责任制；建立生态环境保护审计制度，确保国家生态环境保护和建设投入与生态效益的产出相匹配；加快生态环境保护立法步伐，抓紧制定重点资源开发生态环境保护和生态功能保护区管理条例；抓紧编制生态环境功能区划，指导自然资源开发和产业合理布局；建立经济社会发展与生态保护综合决策机制，重视重大经济技术政策、社会发展规划、经济发展计划所产生的生态影响；建立国家防止生态恶化与自然灾害的早期预警系统等。而湖北省主体功能区的规划依据中国共产党第十七次、十八次、十九次全国代表大会报告、《中华人民共和国国民经济和社会发展第十一个五年规划纲要》《全国主体功能区规划》、确立美丽中国“四大举措”：一是要推进绿色发展，二是要着力解决突出环境问题，三是要加大生态系统保护力度，四是要改革生态环境监管体制，明确必须坚持节约优先、保护优先、自然恢复为主的方针，形成节约资源和保护环境的空间格局、产业结构、生产方式、生活方式，还自然以宁静、和谐、美丽等，为科学开发湖北省国土空间的行动纲领和远景蓝图，更为国土空间开发的战略性、基础性和约束性进行了规划。

（二）湖北省主要生态环境背景

湖北省位于中华人民共和国的中部，简称鄂。地跨北纬 29° 01′ 53″ ~

33° 6′ 47″、东经 108° 21′ 42″ ~ 116° 07′ 50″。东邻安徽，南界江西、湖南，西连重庆，西北与陕西接壤，北与河南毗邻。东西长约 740 千米，南北宽约 470 千米。全省总面积 18.59 万平方千米，占全国土地总面积的 1.94%。最东端是黄梅县，最西端是利川市，最南端是来凤县，最北端是郧西县。湖北省下辖 12 个地级市（其中一个副省级市）、1 个自治州、4 个省直辖县级行政单位，共有 25 个县级市、36 个县、2 个自治县、1 个林区。2021 年末，全省常住人口 5830 万人，其中，城镇 3736.45 万人，乡村 2093.55 万人。2021 年，全省生产总值为 50012.94 亿元，按可比价格计算，比上年增长 12.9%。其中，第一产业增加值 4661.67 亿元，增长 11.1%；第二产业增加值 18952.90 亿元，增长 13.6%；第三产业增加值 26398.37 亿元，增长 12.6%，三次产业结构 9.3 ∶ 37.9 ∶ 52.8[①]。

土地资源。湖北省以林地和耕地占主导，城乡建设用地和水域也有较大分布，呈现“五分林地三分田，一分城乡一分水”的格局。根据湖北省第三次国土调查数据显示，全省耕地 7152.88 万亩，主要分布在平原湖区和低丘岗地区，荆州市、襄阳市、荆门市、黄冈市和孝感市等地耕地面积较大。种植园用地 730.50 万亩，主要分布在宜昌市、黄冈市、恩施土家族苗族自治州等地。林地 13920.20 万亩，主要分布在十堰市、恩施土家族苗族自治州、宜昌市、襄阳市和黄冈市等地。草地 134.08 万亩，主要分布在咸宁市、随州市、黄冈市、孝感市、襄阳市等地。湿地 91.86 万亩，主要分布在荆州市、武汉市、黄冈市、襄阳市等地。城镇村及工矿用地 2117.29 万亩，城镇村及工矿用地面积较大的是武汉市、黄冈市、荆州市、襄阳市、宜昌市等地。交通运输用地 494.90 万亩，交通运输用地面积较大的是襄阳市、黄冈市、恩施土家族苗族自治州、宜昌市、荆州市等地。水域及水利设施用地 2975.54 万亩，主要分布在荆州市、武汉市、黄冈市、孝感市、荆门市等地[②]。

河流域湖泊。湖北素有“千湖之省”之称。境内湖泊主要分布在江汉平

① 湖北省人民政府.2021 年湖北省国民经济和社会发展统计公报 [EB/OL].（2022-03-18）[2022-09-23].http：//www.hubei.gov.cn/zwgk/hbyw/hbywqb/202203/t20220318_4046573.shtml.

② 省自然资源厅、省水利厅、省气象局、省生态环境厅.湖北省情概况 [EB/OL].http：//www.hubei.gov.cn/jmct/hbgk/202203/t20220325_4055829.shtml.2022-03-25/2022-6-22.

原上。有纳入全省湖泊保护名录的湖泊 755 个，湖泊水面面积合计 2706.851 平方千米。水面面积 100 平方千米以上的湖泊有洪湖、长湖、梁子湖、斧头湖。水面面积 1 平方千米以上的湖泊有 231 个。湖北省境内除长江、汉江干流外，省内各级河流河长 5 千米以上的有 4229 条，河流总长 6.1 万千米，其中，流域面积 50 平方千米以上河流 1232 条，长约 4 万千米。长江自西向东，流贯省内 8 个市（州）、41 个县（市、区），西起巴东县鳊鱼溪河口入境，东至黄梅滨江出境，流程 1061 千米。境内的长江支流有汉水、沮水、漳水、清江、东荆河、陆水、滠水、倒水、举水、巴水、浠水、富水等。其中，汉水为长江中游最大支流，在湖北省境内由西北趋东南，流经省内 8 个市、20 个县（市、区），由陕西白河县将军河进入湖北省郧西县，至武汉汇入长江，流程 858 千米[①]。

气候。湖北地处南北气候过渡带，属亚热带季风气候，四季分明，冬冷夏热，春暖秋爽，雨热同季，时空不均。年平均气温 16.7℃，1 月最冷，大部地区平均气温 3℃ ~ 5℃；7 月最热，大部地区平均气温 27℃ ~ 29.5℃。年平均降水量 1200.7 毫米，呈由南向北递减式分布，鄂西南大部、鄂东南最多达 1300 ~ 1690 毫米，鄂西北最少为 770 ~ 935 毫米。降水量年际变化大，最多年（2020 年，1708 毫米）降水量约为最少年（1966 年，862 毫米）的 2 倍；降水量季节变化明显，夏季多，冬季少，主要集中在 5—9 月，降水量约占全年总量的 63%，梅雨期（6 月中旬至 7 月中旬）雨量最多、强度最大。年平均日照时数 1100 ~ 2075 小时，自南向北增加。年平均无霜期为 220 ~ 310 天[②]。

资源。湖北省是水利、湖泊大省，境内除长江、汉江干流外，各级河流河长 5 公里以上的有 4228 条，河流总长 5.92 万公里。现有 1 平方公里以上的湖泊 213 个，100 平方公里以上的有 4 个。据初步统计，全省主要河流 55 条，其中省管河流 11 条，分别是长江、府澴河、汉江、汉北河、沮漳河、清江、

① 省自然资源厅、省水利厅、省气象局、省生态环境厅．湖北省情概况 [EB/OL].http：//www.hubei.gov.cn/jmct/hbgk/202203/t20220325_4055829.shtml.2022-03-25/2022-6-22.

② 气候状况 [EB/OL].http：//www.hubei.gov.cn/jmct/hbgk/202203/t20220325_4055939. shtml.2022-03-25/2022-5-22.

富水、南河、通顺河、陆水、举水。主要湖泊5个，分别是洪湖、长湖、梁子湖、斧头湖、汈汊湖，跨省湖泊2个，为龙感湖和黄盖湖。全省自然保护地有344个，其中国家级108个，类型有国家公园、自然保护区、地质公园、风景名胜区、湿地公园等[①]湖北地处中国地势第二阶梯向第三阶梯过渡地带，气候温和湿润，雨量充沛，山地广袤，河流纵横，湖泊密布。独特的地理位置、优越的自然条件孕育保存了丰富的野生动植物资源。全省天然分布维管植物6292种，占全国种类总数的18%，其中苔藓植物216种，蕨类植物426种，裸子植物100种，被子植物5550种。全省有陆生野生脊椎动物875种，其中兽类128种，鸟类577种，爬行类82种，两栖类88种。湖北省天然分布的国家重点保护野生植物162种，其中国家一级保护野生植物11种，国家二级保护野生植物151种。《濒危野生动植物种国际贸易公约》附录物种191种。湖北在地理上具有东西、南北过渡的特点，因此这里的两栖类动物具有复杂性和过渡性，多为东洋种或古北中种。湖北的兽类以东洋种和南方的种类为主，主要分布在以神农架、武当山为核心的鄂西北地区。属于国家重点保护陆生野生动物有186种，其中国家一级保护动物44种，国家二级保护动物142种。金丝猴、麋鹿、白头鹤、青头潜鸭等都是闻名世界的珍稀保护动物[②]。

环境状况。2021年，全省水环境质量持续改善，长江、汉江、清江等主要河流水质总体为优，纳入国家考核的地表水断面中，水质达到或优于Ⅲ类断面占比93.7%，无劣Ⅴ类断面，全省县级以上集中式饮用水水源地水质达标率持续为100%。全省环境空气质量总体稳中趋好，全省17个重点城市优良天数比例为86.7%，PM2.5、PM10年均浓度分别为34微克/立方米、58微克/立方米，黄石市、十堰市、孝感市、荆州市、咸宁市、恩施州、仙桃市、天门市、潜江市、神农架林区等10个地市空气质量达到国家空气质量二级标准。全省土壤环境质量总体保持稳定，受污染耕地安全利用率达到94%以

① 数说湖北省自然资源"家底"[EB/OL]. http：//news.cnhubei.com/content /2020-7/28 /content_13236562.html，2020-7-28/2022-5-22.

② 2022年世界野生动植物日——大美湖北，"你"最珍贵[EB/OL].http：//lyj.hubei.gov.cn /bmdt/hblx/202203/t20220303_4020666.shtml，2022-3-3/2022-9-22.

上，重点建设用地安全利用得到有效保障。全省生态环境状况指数（EI）为73.9，生态环境状况为“良”。全省17个重点城市区域环境噪声平均等效声级为53.5分贝，总体质量等级为“较好”；道路交通噪声等效声级平均值为67.8分贝，总体质量等级为“好”①。

结合以上分析，依据《湖北省自然资源保护与开发“十四五”规划》②，现阶段湖北省存在以下基础优势：

耕地资源优越，粮食安全基础厚实。耕地资源数量较多，2019年耕地面积为4.77万平方公里，居全国第11位，其中水田2.55万平方公里（占53.40%），水浇地0.37万平方公里（占7.87%），旱地1.85万平方公里（占38.73%）。耕地质量整体较高，平均质量等别为5.4等，永久基本农田占全省耕地面积80%以上。耕地产出效益较高，2020年粮食产量占全国总产量的4.07%，居全国第11位，连续8年稳定在500亿斤以上，为国家粮食安全作出了“湖北贡献”。

生态资源富集，美丽湖北建设支撑好。生态资源总量丰富，近40%国土为生态保护空间，约20%国土为生态保护极重要区；水资源总量丰沛，占全国水资源总量的3.61%；森林资源较为丰富，森林覆盖率42%、森林蓄积量4.2亿立方米；湿地资源十分富足，第二次湿地资源调查结果显示，全省湿地面积占全国湿地面积的2.7%。生态空间格局特征明显，具有“山体屏障四周环抱、江湖水网纵横交错”的特征，维系着长江流域乃至全国的生态安全和生物多样性。

城镇空间相对集聚，区域整体开发潜力大。城镇用地相对集聚，集中分布于长江、汉江及其主要支流沿线城市，武汉、襄阳和宜昌建设用地规模占全省建设用地总规模比重达30.60%，与湖北省区域发展布局高度匹配。城镇开发空间潜力较大，全省适宜城镇建设空间4.6万平方公里，是现状建设用地的2.79倍；国土开发强度为8.87%，在中部六省排名居中。

---

① 省生态环境厅．环境状况[EB/OL]. http：//www.hubei.gov.cn /jmct/hbgk/202203/ t20220325_4055923.shtml.2022-03-25/2022-5-22.

② 人民政府办公厅关于印发湖北省自然资源保护与开发“十四五”规划的通知.[EB/OL]. http：//zwgk.yingcheng.gov.cn/c/ycszrzyhghj/gfxwj/228346.jhtml.http：//lyj.hubei.gov.cn/bmdt/hblx/202203/t20220303_4020666.shtml，2022-3-4/2022-5-22.

矿产资源种类丰富，资源保障和能源转型前景好。截至2019年底，全省已发现矿产种类、已查明资源储量矿产种类分别占全国的86.7%和56.2%，全省矿产采选业及相关制造业产值1.38万亿元，占全省工业总产值（4.76万亿元）的28.99%。页岩气资源丰富，鄂西地区页岩气地质资源潜力达11.68万亿立方米，居全国前列，鄂西页岩气勘探开发综合示范区建设获国家批准，具有年产能100亿立方米的开发潜力。

自然资源职能重构，系统治理格局成形。省、市、县三级自然资源机构改革顺利完成，原国土资源部门的职责，以及编制主体功能区规划职责，城乡规划管理职责，水、草地、森林、湿地等资源调查和确权登记管理职责，原测绘地理信息局的职责实现有机整合，统一行使全民所有自然资源资产所有者职责，统一行使所有国土空间用途管制和生态保护修复职责，"四梁八柱"的统一管理制度基本形成并不断完善。

二、湖北省主体功能区的内涵

生态文明建设的首要任务是优化国土空间开发格局，实施主体功能区战略、形成主体功能区布局是优化空间格局的战略重点。《全国主体功能区规划》的副标题是"构建高效、协调、可持续的国土空间开发格局"。主体功能区规划确定了我国农业战略格局、城市化战略格局与生态安全战略格局，成为我国国土空间开发格局的战略部署及总体方案。主体功能区规划以如何进行或是否适宜大规模高强度城镇化工业化开发为基准，基于不同区域的资源环境现有开发强度、承载能力和未来发展潜力，划分了重点开发区域、优化开发区域、禁止开发区域以及限制开发区域。主体功能区规划的创新高度集中体现在开发理念上，符合生态文明建设的要求。

主体功能区是根据现存经济技术条件下各空间单元的开发潜力，为了规范空间开发秩序，推进区域协调发展，形成合理的空间开发结构，对国土空间按发展方向与发展定位进行空间划分，按照各空间单元协调发展与国土空间整体功能最大化的原则，而形成的借以实行分类管理的区域政策的特定空间单元。主体功能区区划需要根据其不同的功能定位进行不同安排，运用并强化各功能区的相关优势，使各主体功能区在有限的条件下获得最大发展。

随着2010年《全国主体功能区规划》的出台，2012年，湖北省出台了《湖北省主体功能区规划》（以下简称《规划》），《规划》是科学开发国土空间的行动纲领和远景蓝图，是国土空间开发的基础性、战略性和约束性的规划，是其他空间性规划在国土空间开发和布局方面的基本依据。《规划》根据《国务院关于编制全国主体功能区规划的意见》（国发〔2007〕21号）、《全国主体功能区规划》《湖北省国民经济和社会发展第十二个五年规划纲要》编制，规划范围涵盖全省所有的国土空间，提出的推进形成主体功能区的主要目标到2020年，其他规划内容则更为长远，实施中将根据形势变化和评估结果适时调整修订。《湖北省国民经济和社会发展第十三个五年规划纲要》提出拓展协调发展新空间，提出要加快建设主体功能区。《湖北省自然资源保护与开发"十四五"规划》提出要细化完善主体功能分区。统筹划定三条控制线，完成勘界定标，建立分区管控、论证补划、准入退出等制度体系。以乡镇行政区为基本单元，优化调整国家级主体功能区名录，划分城市化发展区、农产品主产区、重点生态功能区三大主体功能区，细化确定水资源过度利用区、战略性矿产资源保障区、自然遗产与历史文化遗产保护区等开发保护重点区域或特定功能区，形成"3+N"主体功能分区体系。分类制定正面和负面准入清单，制定实施差异化的主体功能区政策，促进主体功能区战略和制度精准落地[①]。

三、湖北省主体功能区规划的开发理念以及目标

随着国家大力实施"促进中部地区崛起"战略和湖北省深入实施"一元多层次战略体系"，湖北省将迎来一个全新的发展时期。至2020年，是湖北省国土开发空间结构快速变化的时期。全省要以科学发展观为指导，立足省域国土空间开发现状，解决突出问题，化解潜在风险，明确优化国土开发空间结构的基本导向，积极推进全省主体功能区建设。

深入实施"一元多层次"战略体系。立足全省经济社会发展和国土开发

① 省人民政府办公厅关于印发湖北省自然资源保护与开发"十四五"规划的通知.[EB/OL]. http：//zwgk.yingcheng.gov.cn/c/ycszrzyhghj/gfxwj/228346.jhtml.http：//lyj.hubei.gov.cn/bmdt/hblx/202203/t20220303_4020666.shtml，2022-3-4/2022-5-22.

的实际，树立新推进形成主体功能区。要以邓小平理论、“三个代表”重要思想、科学发展的开发理念，创新开发方式，规范开发秩序，调整开发内容，提高开发效率，打造高效、协调和可持续的省域国土开发空间结构。

本规划的重点开发、限制开发、禁止开发中的“开发”，特指大规模高强度的工业化、城镇化开发。限制开发，特指限制大规模高强度的工业化、城镇化开发，并不是限制所有的开发活动。对农产品主产区，要限制大规模高强度的工业化、城镇化开发，但仍要鼓励农业开发；对重点生态功能区，要限制大规模高强度的工业化、城镇化开发，但仍允许一定程度的能源和矿产资源开发。将一些区域确定为限制开发区域，并不是限制发展，而是更好地保护这类区域的农业生产力和生态产品生产力，实现科学发展。

依据指导思想，全省必须树立新的开发理念①：

明确功能、主次分明。湖北省大部分国土空间都具有多种开发适宜性，具备承担多样性功能的特征。从国家战略和湖北省发展实际出发，依据区域空间发展基本规律，明确区域主体功能，或以提供工业品和服务产品为主体功能，或以提供农产品和生态产品为主体功能。在优先发展主体功能的同时，适度发展其他辅助功能，构成主辅分明的区域分工体系。主体功能是区域开发的导向，辅助功能是区域开发的必要补充。

承载许可、加快发展。在明确区域主体功能和科学测定资源环境承载力阈值的前提下，以资源环境承载力中的“短板”为基准，优化国土空间开发的内容和方式，加快工业化和城镇化的进程，实现区域人口、产业和空间的协调发展。

集约利用、优化发展。湖北省经济社会发展水平相对不高，集约和节约利用国土空间的基础较好。未来国土空间开发应坚持可持续的理念，坚持集约利用建设空间。在促进经济社会全面发展的同时，按照生产发展、生活富裕、生态良好的要求优化空间结构，保障生活空间，扩大绿色生态空间，保证农业生产空间。

保护生态、控制强度。湖北省具有多种地形地貌条件，各种地理要素的

① 湖北省人民政府关于印发《湖北省主体功能区规划》的通知 [EB/OL]. https：//fgw.hubei.gov.cn/fbjd/xxgkml/jgzn/nsjg/ghc/tzgg/201308/t20130809_403218.shtml.20122-12-21/2022-5-22.

组合状况具有显著的区域差异。鄂西北秦巴山区、鄂西南武陵山区、鄂东北大别山区和鄂东南幕阜山区生态功能突出，具有重要的生态意义，不适宜大规模工业化、城镇化开发。重点开发区域则应保持必要的绿色空间，以满足当地居民对生态产品的需求。因此，各类主体功能区应严格控制开发强度。

发挥优势、共同发展。重点开发区域应积极优化国土开发空间结构，大力推进新型工业化和城镇化，高效集聚人口和产业。限制开发区域应发挥地域优势，发展特色产业，提供高质量、高附加值的农产品和生态产品，促进区域经济发展。同时，各级财政也应加大对限制开发区域的转移支付，在重点开发区域开展向限制开发区域横向转移支付试点，促进基本公共服务均等化。

《湖北省主体功能区规划》中提到，到2020年，湖北省推进形成主体功能区的主要目标是：国土总体开发格局合理、空间利用效率较高、城乡与区域协调发展、“两型”社会建设成效显著，基本建成促进中部地区崛起的重要战略支点。

主体功能区推进形成，空间开发格局得以优化。形成以武汉城市圈、襄十随城市群、宜荆荆城市群等重点开发区域为主体的工业化布局和城镇化格局；形成以鄂东北大别山区、鄂西北秦巴山区、鄂西南武陵山区、鄂东南幕阜山区、长江汉江沿线和众多湖泊湿地等限制开发区域为主体的生态安全格局；形成以江汉平原综合农业发展区、鄂北岗地旱作农业发展区、鄂西山区林特发展区等限制开发区域为主体的农产品供给安全格局；各类禁止开发区域和基本农田得到严格保护。

空间开发强度控制合理，空间利用效率得以提高。全省开发强度控制在8.38%以内，城市空间控制在2209.32平方公里以内，农村居民点控制在6941平方公里，耕地保有量为46313平方公里，其中基本农田面积不低于38333平方公里。生态空间保持稳定或略有上升，林地保有量增加到86067平方公里。城市空间单位面积生产总值达到全国平均水平，人口密度适当提高。单位面积耕地粮食产量和主要经济作物产量提高，单位面积绿色生态空间林木蓄积量和涵养水源等显著提升。

城乡区域协调发展，基本公共服务均等化水平得以提升。区域间人均生产总值、城镇居民人均可支配收入、农村居民人均纯收入和生活条件差距明显缩小，扣除成本因素后的人均财政支出大体相当，基本公共服务均等化取得重大进展。

可持续发展能力明显增强，“两型”社会得以实现。生态系统稳定性进一步提高，生态脆弱地区比重明显降低，生物多样性得到切实保护，重点环境保护城市空气质量不低于二级标准的天数达到90%，长江、汉江主要控制断面水质好于Ⅲ类的比例稳定在90%以上。全省应对洪涝、干旱灾害，滑坡、泥石流等地质灾害，冰雹等气象灾害的能力明显增强。年均因自然灾害造成的经济损失降低50%以上。通过环境保护和生态建设，大力发展循环经济，初步建成资源节约型和环境友好型（简称“两型”）社会，湖北省在全国经济社会转型过程中的示范作用得以体现。

中部崛起战略支点作用更加显著，全国重要经济增长极得以建成。充分挖掘湖北省综合竞争优势，整体功能和综合竞争力得以提升。促进中部地区崛起的重要战略支点作用充分发挥，成为我国区域协调发展的典范和重要经济增长极。

《湖北省生态环境保护“十四五”规划》提出构建国土空间保护新格局[①]，筑牢“三江四屏千湖一平原”生态格局。坚持主体功能区定位，优化城市化地区、农产品主产区、生态功能区三大空间结构，减少人类活动对自然生态空间的占用。支持生态功能区把发展重点放在保护生态环境、提供生态产品上。统筹长江、汉江、清江流域生态系统保护与修复，构建水生态保护网，加快建设绿色生态廊道。强化大别山、武陵山、秦巴山、幕阜山四大生态屏障水土保持、水源涵养和生物多样性维护功能。加强三峡库区、丹江口库区、神农架林区等重点生态功能区保护，增强生态产品和生态服务供给能力，筑牢生态安全屏障。建设丹江口水源区国家绿色发展示范区。推进洪湖、斧头湖、长湖、梁子湖等湖泊湿地生态功能修复与保护，恢复江湖连通廊道和湿地蓄水调洪能力。加强江汉平原农业农村面源污染治理，提升耕地生态功能，保障全省粮食安全。《湖北省自然资源保护与开发“十四五”规划的

① 湖北省人民政府．湖北省生态环境保护“十四五”规划 [EB/OL]. https：//sthjt.hubei.gov.cn/hjsj/ztzl/ssw/sswgf/202112/t20211213_3913189.shtml.2021-11-23 /2022-5-27.

通知》提出统筹划定三条控制线，完成勘界定标，建立分区管控、论证补划、准入退出等制度体系。以乡镇行政区为基本单元，优化调整国家级主体功能区名录，划分城市化发展区、农产品主产区、重点生态功能区三大主体功能区，细化确定水资源过度利用区、战略性矿产资源保障区、自然遗产与历史文化遗产保护区等开发保护重点区域或特定功能区，形成“3+N”主体功能分区体系。分类制定正面和负面准入清单，制定实施差异化的主体功能区政策，促进主体功能区战略和制度精准落地。

四、湖北省主体功能区规划的核心要义

科学发展是《规划》的核心要义。依据《规划》，全省国土空间被分为重点开发区域、限制开发区域和禁止开发区域，限制开发区域又分为农产品主产区、重点生态功能区。重点开发区重在推进工业化、城镇化开发，成为全省乃至全国重要的人口和经济密集区；农产品主产区以增强农业综合生产能力为首要任务；重点生态功能区以提供生态产品为主体功能；禁止开发区域，则为保护自然文化资源、珍稀动植物资源、区域生态环境的核心区域。以江汉平原为重点的农产品主产区犹如“米袋子”“菜篮子”，提供粮食、食品和工业原材料；以武汉城市圈、宜荆荆城市群、襄十随城市群为主体的重点开发区域，将是“生产车间”和工作生活场所，聚集人口，积累财富；以大别山、秦巴山、武陵山、幕阜山为主体的重点生态功能区，则是绿色生态“后花园”。

在湖北省 103 个县级行政单位中，国家层面、省级层面的重点开发区域共 44 个，国家层面重点农产品主产区 29 个，国家层面、省级层面重点生态功能区共 28 个。禁止开发区域包括自然保护区、世界文化自然遗产、风景名胜区、森林公园、地质公园、湿地公园、蓄滞洪区等七大类，约占全省总面积的 31.3%。根据《规划》，到 2020 年，湖北省开发强度控制在 8.38% 以内，城市空间控制在 2209.32 平方千米，森林覆盖率提高到 43.5%，粮食产量达到 2500 万吨，将呈现人口、经济、资源相协调的美好图景。

1. 重点开发区

重点开发区域是指具备较强的经济基础，具有一定的科技创新能力和较

好的发展潜力，能够带动周边地区发展，重点进行工业化、城市化的地区。湖北省重点开发区包括省级层面重点开发区域、国家层面重点开发区域两个层面。湖北省重点开发区域包含除神农架林区以外的16个市州的44个县级行政区。国家层面重点开发区域主要位于武汉城市圈的核心区域，涉及9个市共28个县市区。

2. 禁止开发区

湖北省禁止开发区域总面积56351.6平方千米，约占全省总面积的31.3%，细分为233处，涉及世界文化自然遗产、自然保护区、森林公园、风景名胜区、蓄滞洪区、湿地公园、地质公园等七大类。湖北省级自然保护区有24处，国家级自然保护区共11处。世界文化自然遗产现有明显陵与武当山古建筑群2处。实验区可开展符合自然保护区规划的畜牧、旅游和种植等活动以及必要的科学实验；缓冲区除进行必要的科学实验外，严禁其他生产建设活动，严禁各类生产建设活动；核心区严禁任何生产建设活动。

3. 限制开发区

湖北省限制开发区域分为两类：一类是重点生态功能区，另一类为农产品主产区。省级层面重点生态功能区域面积占全省的1.92%，主要包括鄂东南幕阜山区。国家层面重点生态功能区主要包括，秦巴生物多样性生态功能区、大别山水土保持生态功能区、水土保持生态功能区、武陵山区生物多样性与三峡库区水土保持生态功能区，总面积占全省国土总面积的43.65%，约8.11万平方千米；国家层面农产品主产区主要包括：鄂（州）黄（石）黄（冈）国家层面农产品主产区、随（州）襄（阳）国家层面农产品主产区、荆（门）孝（感）国家层面农产品主产区、咸宁国家层面农产品主产区与荆（州）宜（昌）国家层面农产品主产区。

五、湖北省生态功能区规划约束

（一）实施湖北省生态功能区划分

依据区域生态环境敏感性、生态服务功能重要性、生态环境特征的相似性和差异性，科学划分生态功能区。结合各地区经济社会特点，在生态承载力范围内，合理安排保护、建设和开发。在制定经济社会发展规划、各类专项规划和重大经济技术政策时，要加强与生态功能区划的协调，充分考虑生态功能的完整性和稳定性。编制本地区生态保护与建设规划时，要根据生态功能区的功能定位，确定合理的生态保护与建设目标，制定切实可行的方案和具体措施，促进生态系统恢复，增强生态系统服务功能。对生态安全有重大意义的生物多样性保护、水源涵养、土壤保持等区域，要通过建立不同类型的生态功能保护区，统筹协调保护与建设，确保生态系统结构和功能的稳定。[①] 生态功能分区是依据区域生态环境敏感性、生态服务功能重要性、生态环境特征的相似性和差异性而进行的地理空间分区。

（二）湖北省生态功能区分区方法

1. 分区等级

湖北省生态功能区区划系统分为三个等级。

一级区（生态区）：一级区为国家生态环境功能区划中的三级区。

二级区（生态亚区）：以一级生态区内，由地貌引起的气候、生态系统类型组合的差异为依据进行划分。

三级区（生态功能区）：以生态服务功能的重要性、生态环境敏感性等指标进行划分。

2. 分区方法

采用地理信息系统支持下的多因子叠置分析法。一级区和二级区分别以湖北省植被区划的植被区域、植被地带和植被区为依据，以 TM 影像为背景，参考主要山脉的分界线、大流域的分水岭、河流等自然特征进行修正。三级区的划分以二级区划为背景，从区域的地形地貌特征、生态系统类型结构及其组合规律、生态管理三个层次进行多因子信息的综合，分析生态保护和恢复的总体目标，以及与各种因子和不同区域的关系、确定区域的主要生态服务功能。

3. 分区命名

根据国家环保局关于“生态功能区划的技术规范”要求，结合湖北省的实际情况，生态功能区划分区命名的主要依据是：

---

① 《国务院关于编制全国主体功能区规划的意见》国发〔2007〕21号。

一级区（生态区）：反映湖北省生物地理气候带，并与国家和相邻省区的一级区接轨，命名方式由大地理方位＋植被型＋生态区构成。

二级区（生态亚区）：体现分区的生态系统类型组合、优势生态系统类型和地貌特征，由地名＋地形组合特征＋优势生态系统类型＋生态亚区构成。

三级区（生态功能区）：体现分区的生态服务功能的重要性和生态环境敏感性特点，由地名＋地形＋主要生态服务功能（或生态环境敏感性）＋生态功能区构成。

（三）湖北省生态功能区区划系统

根据自然地理特征、生态系统类型、生态服务功能重要性、生态环境敏感性、社会经济发展分区特点及生态环境问题，湖北省生态功能区划分为5个级区（生态区），11个级区（生态亚区），25个三级（生态功能区）。

鄂西山地森林生态区：包括十堰市、恩施土家族苗族自治州、神农架林区的全部，襄阳市的谷城、保康和南漳3县，宜昌市的夷陵区及兴山、远安、秭归、五峰和长阳5县，总面积7182万平方千米，占湖北省总总面积的42.104%。该生态区主要生态功能为水源涵养、水土保持、水质保护及生物多样性维护。

鄂中北丘陵岗地农林生态区：包括襄阳市的襄阳、老河口、宜城和枣阳4市，随州市南部，荆门市的荆门、钟祥2市和京山县，以及孝感市的安陆市和孝昌县，总面积2178万平方千米，占湖北省总面积的15.10%。该生态区主要生态功能为生物多样性与景观保护及农业生产。

长江中游平原湿地生态区：包括宜昌市的枝江市、荆州市的全部，荆门市的沙洋县，天门、潜江、仙桃3个省直辖市、孝感市的云梦、应城、汉川和孝感市，除黄陂区北部以外武汉市的全部，咸宁市的嘉鱼县，鄂州市全部，黄冈市的团风、浠水、蕲春、武穴和黄梅5县市以及黄石市的大冶市。总面积4185万平方千米，占湖北省国土总面积的20%。该生态区主要生态功能为洪水调蓄、生物多样性维护与农业生产。

鄂东北低山丘陵森林生态区：位于湖北省东北部，与河南、安徽接壤包括随州市和黄陂区北部，黄冈市的广水、大悟、红安、麻城、罗田、英山6县市的全部及蕲春县的东北部。总面积210万平方千米，占湖北省总面积的

10.18%。该生态区主要生态功能为水源涵养与水土保持。

鄂东南低山丘陵森林生态区：位于湖北省东南部，西南与湖南接壤，东南与江西相邻。包括咸宁市的赤壁、咸宁、崇阳、通山和通城5县市和黄石市的阳新县，总面积115万平方千米，占湖北省总面积的61.2%。该生态区主要生态功能为水土保持、生物多样性维护及农业生产。

（四）湖北省生态功能区分区特征概述

湖北省国土空间按开发方式，分为重点开发区域、限制开发区域和禁止开发区域三类；按开发内容，分为城市化地区、农产品主产区和重点生态功能区；按层级，分为国家和省级两个层面。

重点开发区域、限制开发区域和禁止开发区域，是基于区域资源环境承载能力、现有开发强度和未来发展潜力，以是否适宜或如何进行大规模高强度工业化城镇化开发为基准划分的。

城市化地区、农产品主产区和重点生态功能区，是以提供主体产品的类型为基准划分的。城市化地区是以提供工业品和服务产品为主体功能的地区，但也提供农产品和生态产品；农产品主产区是以提供农产品为主体功能的地区，但也提供生态产品、服务产品和工业品；重点生态功能区是以提供生态产品为主体功能的地区，但也提供一定的农产品、服务产品和工业品。

重点开发区域是有一定经济基础、资源环境承载能力强、发展潜力较大、集聚人口和经济的条件较好，应重点进行工业化、城镇化开发的城市化地区。

限制开发区域分为两类，一类是农产品主产区，即耕地面积较多，农业发展条件较好，尽管也适宜工业化、城镇化开发，但从保障农产品安全及永续发展的需要出发，须把增强农业综合生产能力作为首要任务，从而限制大规模高强度工业化、城镇化开发的地区；一类是重点生态功能区，即生态系统脆弱、生态功能重要、资源环境承载能力较低，不具备大规模高强度工业化、城镇化开发条件，须把增强生态产品生产能力作为首要任务，从而限制大规模高强度工业化、城镇化开发的地区。

禁止开发区域是依法设立的各级各类自然文化资源保护区域，以及其他需要特殊保护，禁止进行工业化城镇化开发，并点状分布于重点开发和限制开发区域之中的重点生态功能区。国家层面禁止开发区域包括国家级自然保护区、世界文化自然遗产、国家级风景名胜区、国家森林公园、国家地质公园、国家湿地公园和蓄滞洪区等。省级层面禁止开发区域包括省级及以下各级各类自然文化资源保护区域、重要水源地以及其他省级人民政府根据需要确定的禁止开发区域。

各类主体功能区，在全省经济社会发展中具有同等重要的地位，只是主体功能不同，开发方式不同，发展的首要任务不同，支持的重点不同，对城市化地区主要支持其集聚经济和人口，对农产品主产区主要支持农业综合生产能力建设，对重点生态功能区主要支持生态环境保护和修复。

六、湖北省主体功能区在环境保护中的规划约束

我国的环保政策经过20多年的发展，已形成一个完整的体系，它具体包括三大政策八项制度。而在如今主体功能区发展战略的大背景下，我国目前的环境政策表现有几个方面的不足，使得推行与主体功能区战略相匹配的环境政策迫在眉睫。

（一）环保政策要体现区域差异化

我国现行基于环境管理体制下的环境政策不能完全发挥不同区域之间的特点，普遍存在“一刀切”现象，现行的环境管理体制以行政区为划分单位来实施往往将原本有机的环境整体分裂割开，加之各个区域和部门之间的协调不通，使得跨区域环境保护执行困难，最终使得相同的环境政策往往出现不同的实施效果。目前的生态补偿标准、环境准入都缺乏差异性，不足以满足和体现主体功能区的战略发展要求。由此看来，必须实施体现具有差异性以及针对性的环境政策，这是由于受主体功能的区域定位、地理位置与资源环境的差异、经济与社会的发展程度等因素的影响，实施分区域的差异性的环境管理，依据不同区域生态环境承载力的差异、生态环境保护目标的不同，涉及生态建设以及污染控制等两方面政策。禁止开发区域、限制开发区域必须重点整治农村环境与保护自然生态，重点开发区域必须重点加强控制城镇化与工业化进程中产生的污染。

（二）促进环保政策之间的互补与协调性

我国环境管理中的生态资源保护政策是由各部门分别制定和执行的，生

态保护和区域性政策较不充分；污染控制政策较为完善，市场手段较少；行政手段较为完善，政策之间权责不清重复交叉。因此各个政策之间根据不同功能区的差异既要相互配合开发，又要各有侧重点。禁止开发区域、限制开发区域必须重点整治农村环境与保护自然生态，确保生态资源保护政策占主导的地位，完善统一环保政策管理机制；重点开发区域必须重点加强、控制城镇化与工业化进程中产生的污染，推进环境政策效率、效益的提高，充分开发市场以及民间组织的激励作用。由此可见，主体功能区战略发展下环境政策体系构建的重难点，在于进一步增加政策相互间的协调互补。

（三）完善生态补偿政策

我国现有的环境保护法、资源法对生态补偿的清楚定位与规定较为缺乏，不太重视体现生态系统服务功能的价值，尚未建立起国家重要生态区域的生态税费制度，生态补偿与扶贫工作之间存在严重的脱节现象，生态保护、建设投入不够。生态补偿涉及的范围较广，具体到公共管理的各个领域、各个层面，头绪复杂、关系繁多，当前我国在这些方面的研究基础较为薄弱，亟待进一步深层次研究探讨。

综上所述，进一步深层次地开发挖掘湖北省主体功能区环境政策优化的现实需要，系统科学地制定好主体功能区战略下相关环境政策至关重要。在主体功能区规划的环境政策设计优化上，以环境经济政策、环境管理政策、环境准入政策三个方面为重点，根据不同主体功能区域，各种所具有的不同生态功能、生态环境特征的具体定位，建立差异性的湖北省区域环境政策优化体系。根据《全国主体功能区划》，禁止开发区域必须依据环境法律，进行严格保护； 限制开发区域必须确保生态功能的保育、恢复，坚持保护资源环境优先；重点开发区域必须做到增污减产、提升环境承载力。重点开发区环境政策体系的构建必须明确重点开发区的环境政策需求，充分利用该区域经济发展的优势，来构建相匹配的环境政策体系，从而实现相应的作用途径，发挥好环境政策的作用和功能，更好地促进人口经济集聚区域形成以及经济的可持续性发展。同时，通过建立重点开发区环境政策体系，促使湖北省重点开发区域发展，最终促进未来区域经济协调发展、较大规模集聚人口、经济的重要增长区域，推动实现重点开发区域的主体功能战略生态功能定位发展。限制开发区的生态脆弱性相对较高、一般对国家的生态安全以及环境保障构成重大的意义，该功能区域总体的资源环境承载能力相对不高，通常不太适宜进行较高强度的城镇化、工业化的发展，以及进行大规模的经济开发的活动。但同时限制开发区区域通常又能够提供较好的生态产品功能，具有较强的生态功能，生态系统具有独立完整、较强的恢复功能，湖北省主体功能区划中规划的限制开发区域，主要涉及一系列重点生态功能区、农产品主产区，该功能区域迫切需要制定与之切合的环境政策体制，来予以保护、支持。禁止开发区生态环境极易受人类活动影响，较为脆弱，该功能区域生态系统一经破坏就很难再修复。因此必须刻意地避免对禁止开发区域生态环境的恶意干扰，应在该区域内根据资源、人口、经济以及环境自身的条件，尽可能地控制工业活动，尤其要严格控制工业化建设与开发活动，实现节约发展与绿色发展，优化资源空间的有效配置。

七、主体功能区规划突出的绿色发展

主体功能区制度是实现绿色协调发展的基本安排。

主体功能区的基本思想最初出现在2005年公布的《“十一五”规划建议》之中，主体功能区规划概念首次出现在2006年发布的《“十一五”纲要》之中；2010年发布的《“十二五”规划建议》将主体功能区规划上升为主体功能区战略；2013年通过的《中共中央关于全面深化改革若干重大问题的决定》明确提出“坚定不移实施主体功能区制度”。由规划到战略，再到制度，充分表明主体功能区日益受到重视。2015年公布的《“十三五”规划建议》明确提出，“以主体功能区规划为基础统筹各类空间性规划，推进‘多规合一’”，再次明确了主体功能区规划的基础性地位。特别值得注意的是，《“十三五”规划纲要》提出了统揽未来战略任务的创新、协调、绿色、开放、共享五大发展理念，主体功能区制度是支撑其中的协调与绿色两大发展理念的具体战略措施。

主体功能区是一个史无前例的创新概念，但从学理方面分析，规划、战略与制度不是一个层次的问题，将主体功能区既称作规划，又称作战略和制度，是存在逻辑矛盾的。那么，如何解释这个逻辑矛盾呢？实际上，早在

2013 年相关学者就讨论过此问题。从理论上说，规划是特定区域内经济社会发展的具体空间部署，战略是有关区域发展或国家区域格局的蓝图性谋划，而制度是规范行为的规则与习惯。从内涵分析，这三个概念显然不是一个层次的。三者中，规划是战略的支撑，而制度又约束规划与战略。解开这个概念矛盾需要从区域经济学的角度进行分析。实际上，从内容来看，2010 年公布的《全国主体功能区规划》并不是完整的规划，而应该视为一个区划，即称主体功能区区划比称主体功能区规划更合适一些。区划，即区域划分，既是制定区域规划与区域战略的基本框架，也是一个区域管理的制度基础。

主体功能区规划是根据各地区的资源环境承载能力、现有开发密度和发展潜力对国土空间所进行的战略划分。将全国国土划分为优化开发、重点开发、限制开发和禁止开发四类主体功能区，既是落实科学发展观和构建和谐社会的具体要求与体现，又是实现生态文明目标和区域协调发展目标的重大举措。主体功能区划分的具体目的可从三个方面分析。

首先，针对突出的资源环境问题。中国的高速增长在一定程度上是以资源破坏与环境污染为代价的，实现绿色发展，必须依据不同类型区域的具体情况规划不同的开发强度与内容。

其次，顺应全球低碳绿色发展潮流。依靠高资本投入、高资源消耗、高污染排放与低成本扩张的“三高一低”发展模式难以为继。实施主体功能区规划，就是要进一步转变发展方式，实现绿色低碳发展。

最后，体现区域治理创新的方向。随着中国现代化进程的推移，区域问题（即通常所说的区域病）越来越多，而且区域间利益矛盾与冲突不断。实现协调发展，必须治理区域病并协调不同区域利益关系。实施主体功能区战略，为治疗区域病与化解区域冲突明确了一个方向，即在绿色发展的基础上寻求协调发展。

2010 年 12 月，《全国主体功能区规划》发布之后，省级行政区的主体功能区也陆续出台，这标志着主体功能区规划进入实施阶段。中央政府明确了财政、投资、产业、土地、农业、人口、民族、环境、应对气候变化九个方面的政策在不同类型区域的导向，并尝试建立健全符合科学发展观并有利于推进形成主体功能区的绩效考核评价体系。根据规划，人口密集的冀中南地区、太原城市群、江淮地区、长江中游地区、成渝地区等人口密集的中西部地区将成为重点开发地区，这在一定程度上会为医治环渤海、长三角、珠三角地区部分地区“膨胀病”创造条件，因而有利于均衡区域发展格局。

若要实现主体功能区战略的目的，让主体功能区在促进绿色发展与协调发展方面真正发挥作用，必须针对上述问题采取针对性措施：第一，在中央政府成立一个职能明确的权威区域管理机构；第二，确定不同类型主体功能区的具体界线；第三，成立一个统一的、专门的针对主体功能区实施的基金；第四，明确主体功能区实施的监督与评价机制以及划分的定期调整机制；第五，将主体功能区战略与区域发展总体战略的实施合二为一，具体办法是在主体功能区中实行分级，将治疗区域病和实现人与自然和谐发展结合起来。需要特别指出的是，对限制开发区域与禁止开发区域的利益补偿，应该有一个明确、集中的安排，不可将政策资源分散在多个部委手中。

完善主体功能区制度，是推进形成主体功能区的基本依据，是国土空间开发的战略性、基础性和约束性规划，也是推进国家治理体系和治理能力现代化的必然要求，是中国由经济大国迈向经济强国的不二选择。为着力解决上述操作问题，充分发挥主体功能区促进绿色发展与协调发展的作用，故提出以下政策建议。

加强环境监管，严格执行生态环境损害赔偿制度。强化垂直监管力量，协调部门之间的利益矛盾，加大地方政府环境保护责任考核力度；实时完善环境污染物排放标准规定，建立全面的、先进的污染物监测方法体系；培育基层环境监管队伍，鼓励公众参与，发挥互联网平台的作用。此外，应加快建立全面的生态环境损害赔偿法律责任体系、环境损害鉴定评估技术方法体系、容错免责机制等。

推行清洁生产，发展循环经济。生态工业的重要内容之一是发展循环经济，减少进入生产和消费过程的物质量，注重产品的可修复性、耐用性、可回收性，提高产品和服务的利用效率，把废物再次变成资源以减少废弃物处理负荷，形成循环经济链条；建设生态工业示范园区，模拟自然生态系统设计园区内物流和能流的运转过程，使企业甲的废物成为企业乙的原材料，在企业之间实现资源梯级传递利用，形成共生网络。建议出台财税优惠政策，通过生态工业项目补贴、循环经济发展专项基金、资源综合利用减税等手段推动传统制造产业园区更新换代，打造以最大限度地减少资源消耗和环境污染为特征的绿色工业园区，全面保护城市资源与环境。编制自然资源资产负债表，推进资源高效利用。关注自然资源消耗和经济效益产出的关系，通过计量思维以更直观的方式表示成本、收益、消耗以及增值关系，完善资源总量管理，转变以往粗放利用方式；协调使用能源消费税和用能权交易制度，构建用能权交易与能源消费税制度的综合协调机制，激励企业节约利用资源，增加清洁能源产量与使用率，实现外部环境成本内部化。

加强制度设计，探索生态产品价值实现路径。落实 2018 年中央一号文件乡村振兴战略要求，“加快发展森林草原旅游、河湖湿地观光、冰雪海上运动、野生动物驯养观赏等产业，积极开发观光农业、游憩休闲、健康养生、生态教育等服务。创建一批特色生态旅游示范村镇和精品路线，打造绿色生态环保的乡村生态旅游产业链”。建议在生态资产核算基础上，构建“归属清晰、权责明确、监管有效”的自然资源资产产权制度，解决自然资源所有者不到位、所有权边界模糊等问题，使生态资源经产权登记后成为生态资产，依法流转形成规模化经营，通过金融运作转化成生态资本。尊重地区特色，继续完善生态保护补偿制度。建议建立与主体功能区战略相衔接的纵向生态保护补偿制度，发挥财政在重点生态功能区生态保护工作中的基础支撑作用。如浙江省首创“绿色指数”与生态环保财力转移支付资金挂钩，生态保护越好，绿色指数就越高，补偿资金越多。健全流域横向生态保护补偿制度，根据各地自然资源本底特色确定补偿项目内容，根据社会经济发展水平，协调付费方和保护方之间的合作关系，以生态保护补偿促进生态环境质量改善。如昆明市滇池流域河道生态补偿机制按月考核断面水质，上游未达到要求的需向下游缴纳生态补偿金，入湖断面未达到考核标准或年度治污任务未完成的需向市政府缴纳生态补偿金。

用好生物技术，发展生物经济。重点生态功能区生物经济产业结构需对接城市化地区生态工业发展方向，综合考虑专家建议与研究成果，建议在当前初期阶段培育以下生物经济产业：利用农业生物技术生产生物农药、兽药与疫苗；发展生物能源，探索生物质发电，开发新一代生物液体燃料，促进生物燃气、成型燃料应用；加强生物材料科学研究和应用，探索利用作物秸秆、玉米、林木等生物材料制造可降解塑料、建筑材料等。此外，重点生态功能区还可充分利用当地自然资源环境建立生物学研究基地，探索利用可再生生物资源制品制作可代替化石资源的生态产品，探索通过微生物发酵和酶转化等生物过程代替高污染高能耗的化工过程，以生物技术促进传统工业转型升级，培养本土生物经济学人才，把生态环境优势转化成经济优势，发展具有中国特色的生物经济，开辟可持续发展新道路。

严格绿色产地保护，开展农用地整治。建议推进绿色农产品产地认证，鼓励企业或个人积极进行绿色农产品认证申报，加强指导培训，强化认证服务；规范绿色农产品认证机构，加强认证市场监管，宣传推广绿色农产品标识，增加社会认可。同时，应注重绿色农产品产地的土壤保护，建议基于土地质量地球化学调查等多部门系列成果开展绿色产地评价，优先保护无公害产品产地、有机农产品产地和地理标志形农产品产区，鼓励资源化利用秸秆、畜禽粪便等废弃物，防控农业面源污染。发展农业循环经济，助力农业现代化。只有发展农业循环经济，才能解决传统农业发展过程中出现的农业用水量大、农业污染等现实问题，才能利用现代科学技术和管理方法，缓解资源压力，实现农业现代化目标。建议利用作物秸秆、农林水产副产品和生活有机垃圾等可再生生物资源，推广混合种养、沼气利用、生物质能发电、生活垃圾发电、绿肥循环，推进农业废弃物能源化、肥料化、饲料化、材料化、基质化利用；科学规划畜牧养殖场与耕地、园地的空间布局，设立沼气工程建设、秸秆青贮、沼液沼肥利用等专项财政资金补贴，培育种植业—养殖业—种植业的循环经济发展模式；推进产学研联盟，建立技术教学与咨询服务体系，依托龙头企业组建产学研结合技术研发平台，促进科技成果转化应用，构建“技术研发—中试转化—成果孵化—技术推广”的完整技术链。盘活农耕文化，培育农业旅游产业。耕地不仅具有粮食生产功能，还是生态系统服务的重要提供基地，是农耕文化传播与传承的载体。耕地的文化传承、景观美学、游憩休闲等多功能价值的显化是实现其外部性内在化的重要方式，建议关注传统村落保护和利用，开发原真性的特色农耕文化旅游产品，合理运用美学、经济学、生态学，关注生态绿化、视觉形象与自然感受，基于农田景观设计建设农耕文化展示基地，鼓励城郊地区兴办农家乐，支持利用自有和闲置农房院落发展农田观光、农学教育、农业科普、农事体验等突出乡土气息的乡村旅游，满足城市居民休闲、采摘、健身、亲近自然等个性化需求。此外，应充分挖掘利用民族特色文化资源，关注少数民族地区文物保护和文化传承，鼓励建设具有鲜明民族特色的民俗文化旅游区，盘活闲置农村集体建设用地，保障乡村旅游产业用地供给。

第二节　生态红线的限制条件

湖北省生态保护红线总体呈现“四屏三江一区”基本格局。“四屏”指鄂西南武陵山区、鄂西北秦巴山区、鄂东南幕阜山区、鄂东北大别山区四个生态屏障，主要生态功能为水源涵养、生物多样性维护和水土保持；“三江”指长江、汉江和清江干流的重要水域及岸线；“一区”指江汉平原为主的重要湖泊湿地，主要生态功能为生物多样性维护和洪水调蓄。

一、生态保护红线制度

（一）生态红线的含义

生态保护红线指在生态空间范围内具有特殊重要生态功能、必须强制性严格保护的区域，是保障和维护国家生态安全的底线和生命线，通常包括具有重要水源涵养、生物多样性维护、水土保持、防风固沙、海岸生态稳定等功能的生态功能重要区域，以及水土流失、土地沙化、石漠化、盐渍化等生态环境敏感脆弱区域[①]。

生态保护红线的实质是生态环境安全的底线，目的是建立最为严格的生态保护制度，对生态功能保障、环境质量安全和自然资源利用等方面提出更高的监管要求，从而促进人口资源环境相均衡、经济社会生态效益相统一。

---

① 环境保护部办公厅/国家发展和改革委员会办公厅.关于印发《生态保护红线划定指南》的通知[EB/OL].https：//www.mee.gov.cn/gkml/hbb/bgt/201707/W020170728397753220005.pdf.2017-7-20/2022-5-22.

生态保护红线具有系统完整性、强制约束性、协同增效性、动态平衡性、操作可达性等特征。

党的十九大报告要求，完成生态保护红线、永久基本农田、城镇开发边界三条控制线划定工作。中共中央、国务院印发的《关于全面加强生态环境保护坚决打好污染防治攻坚战的意见》提出，到 2020 年，全面完成全国生态保护红线划定、勘界定标，形成生态保护红线全国“一张图”，实现一条红线管控重要生态空间。习近平总书记指出，要加快划定并严守生态保护红线、环境质量底线、资源利用上线三条红线。在生态保护红线方面，要建立严格的管控体系，实现一条红线管控重要生态空间，确保生态功能不降低、面积不减少、性质不改变。目前，我国各地已经展开对生态保护红线的划定工作，京津冀、长江经济带省区市和宁夏等 15 个省区市的生态保护红线已经划定，到 2020 年全面完成全国生态保护红线划定、勘界定标。

（二）生态红线划分方法

生态红线的划分应当依据现有自然生态环境条件，以自然生态系统的完整性、生态系统服务功能的一致性和生态空间的连续性为核心，在对区域生态环境现状评估和生态环境敏感性评估的基础上，分析区域生态系统的结构和功能，重点开展生态系统服务功能重要性评价，确定不同区域的主导生态功能提出生态红线的分类体系。

1. 生态环境评估

生态环境现状评估是划分生态红线的基础性工作。主要利用 RS 和 GIS 技术，分析和研究不同地区的自然地理条件、生态环境状况和生态系统特征，以明确全省不同地区生态系统类型的空间分异规律和分布格局。

2. 重要性评价

针对区域典型的生态系统，分别评价气候调节、水源涵养、洪水调蓄、环境净化、营养物质保持、生物多样性保护和科研文化等生态系统服务功能，结合自然资源开发利用和土地利用规划分析，在区域上综合评定生态系统的服务功能及其重要性。

3. 生态功能定位

生态红线区域保护的重点是其主导生态功能，因此，在划定生态红线之前，应依据生态系统的结构、功能特征分析和重要性评价结果，确定其主导生态功能，为生态红线区域的分类和保护奠定基础。

（三）生态红线分类管控

分级分类管控措施。生态红线区域实行分级管理，划分为一级管控区和二级管控区。一级管控区是生态红线的核心，实行最严格的管控措施，严禁一切形式的开发建设活动；二级管控区以生态保护为重点，实行差别化的管控措施，严禁有损主导生态功能的开发建设活动。

1. 自然保护区

（1）保护分区

自然保护区的核心区和缓冲区为一级管控区，实验区为二级管控区；未做总体规划或未进行功能分区的，全部为一级管控区。

（2）管控措施

一级管控区内严禁一切形式的开发建设活动。

二级管控区内禁止砍伐、放牧、狩猎、捕捞、采药、开垦、烧荒、开矿、采石、捞砂等活动（法律、行政法规另有规定的从其规定）；严禁开设与自然保护区保护方向不一致的参观、旅游项目；不得建设污染环境、破坏资源或者景观的生产设施；建设其他项目，其污染物排放不得超过国家和地方规定的污染物排放标准；已经建成的设施，其污染物排放超过国家和地方规定的排放标准的，应当限期治理；造成损害的，必须采取补救措施。

2. 风景名胜区

（1）保护分区

风景名胜区总体规划划定的核心景区为一级管控区，其余区域为二级管控区。

（2）管控措施

一级管控区内严禁一切形式的开发建设活动。

二级管控区内禁止开山、采石、开矿、开荒、修坟立碑等破坏景观、植被和地形地貌的活动；禁止修建储存爆炸性、易燃性、放射性、毒害性、腐蚀性物品的设施；禁止在景物或者设施上刻画、涂污；禁止乱扔垃圾；不得建设破坏景观、污染环境、妨碍游览的设施；在珍贵景物周围和重要景点上，除必需的保护设施外，不得增建其他工程设施；风景名胜区内已建的设施，由当地人民政府进行清理，区别情况，分别对待；凡属污染环境，破坏景观和自然风貌，严重妨碍游览活动的，应当限期治理或者逐步迁出；迁出前，不得扩建、新建设施。

3. 森林公园

（1）保护分区

森林公园中划定的生态保护区为一级管控区，其余区域为二级管控区。

（2）管控措施

一级管控区内严禁一切形式的开发建设活动。

二级管控区内禁止毁林开垦和毁林采石、采砂、采土以及其他毁林行为；采伐森林公园的林木，必须遵守有关林业法规、经营方案和技术规程的规定；森林公园的设施和景点建设，必须按照总体规划设计进行；在珍贵景物、重要景点和核心景区，除必要的保护和附属设施外，不得建设宾馆、招待所、疗养院和其他工程设施。

4. 地质遗迹保护区

（1）保护分区

地质遗迹保护区内具有极为罕见和重要科学价值的地质遗迹为一级管控区，其余区域为二级管控区。

（2）管控措施

一级管控区内严禁一切形式的开发建设活动。

二级管控区内禁止下列行为：在保护区内及可能对地质遗迹造成影响的一定范围内进行采石、取土、开矿、放牧、砍伐以及其他对保护对象有损害的活动；未经管理机构批准，在保护区范围内采集标本和化石；在保护区内修建与地质遗迹保护无关的厂房或其他建筑设施。对已建成并可能对地质遗迹造成污染或破坏的设施，应限期治理或停业外迁。

5. 湿地公园

（1）保护分区

湿地公园内生态系统良好，规划为湿地保育区和恢复重建区的区域为一级管控区，其余区域为二级管控区。

（2）管控措施

一级管控区内严禁一切形式的开发建设活动。

二级管控区内除国家另有规定外，禁止下列行为：开（围）垦湿地、开矿、采石、取土、修坟以及生产性放牧等；从事房地产、度假村、高尔夫球场等任何不符合主体功能定位的建设项目和开发活动；商品性采伐林木；猎捕鸟类和捡拾鸟卵等行为。

6. 饮用水水源保护区

（1）保护分区

饮用水水源保护区的一级保护区为一级管控区，二级保护区为二级管控区。准保护区也可划为二级管控区。

（2）管控措施

一级管控区内严禁一切形式的开发建设活动。

二级管控区内禁止下列行为：新建、扩建排放含持久性有机污染物和含汞、镉、铅、砷、硫、铬、氰化物等污染物的建设项目；新建、扩建化学制浆造纸、制革、电镀、印制线路板、印染、染料、炼油、炼焦、农药、石棉、水泥、玻璃、冶炼等建设项目；排放省人民政府公布的有机毒物控制名录中确定的污染物；建设高尔夫球场、废物回收（加工）场和有毒有害物品仓库、堆栈，或者设置煤场、灰场、垃圾填埋场；新建、扩建对水体污染严重的其他建设项目，或者从事法律、法规禁止的其他活动；设置排污口；从事危险化学品装卸作业或者煤炭、矿砂、水泥等散货装卸作业；设置水上餐饮、娱乐设施（场所），从事船舶、机动车等修造、拆解作业，或者在水域内采砂、取土；围垦河道和滩地，从事围网、网箱养殖，或者设置集中式畜禽饲养场、屠宰场；新建、改建、扩建排放污染物的其他建设项目，或者从事法律、法规禁止的其他活动。在饮用水水源二级保护区内从事旅游等经营活动的，应当采取措施防止污染饮用水水体。

7. 海洋特别保护区

（1）保护分区

海洋特别保护区内的珍稀濒危物种自然分布区、典型生态系统集中分布区和其他生态敏感脆弱区或生态修复区，以及特殊海洋生态景观、历史文化遗迹、独特地质地貌景观等为一级管控区，其余区域为二级管控区。

（2）管控措施

一级管控区内严禁一切形式的开发建设活动。

二级管控区内禁止进行下列活动：狩猎、采拾鸟卵；砍伐红树林、采挖珊瑚和破坏珊瑚礁；炸鱼、毒鱼、电鱼；直接向海域排放污染物；擅自采集、加工、销售野生动植物及矿物质制品；移动、污损和破坏海洋特别保护区设施。

8. 洪水调蓄区

（1）保护分区

洪水调蓄区为二级管控区。

（2）管控措施

洪水调蓄区内禁止建设妨碍行洪的建筑物、构筑物，倾倒垃圾、渣土，从事影响河势稳定、危害河岸堤防安全和其他妨碍河道行洪的活动；禁止在行洪河道内种植阻碍行洪的林木和高秆作物；在船舶航行可能危及堤岸安全的河段，应当限定航速。

9. 重要水源涵养区

（1）保护分区

重要水源涵养区内生态系统良好、生物多样性丰富、有直接汇水作用的林草地和重要水体为一级管控区，其余区域为二级管控区。

（2）管控措施

一级管控区内严禁一切形式的开发建设活动。

二级管控区内禁止新建有损涵养水源功能和污染水体的项目；未经许可，不得进行露天采矿、筑坟、建墓地、开垦、采石、挖砂和取土活动；已有的企业和建设项目，必须符合有关规定，不得对生态环境造成破坏。

10. 重要渔业水域

（1）保护分区

国家级水产种质资源保护区核心区为一级管控区，其他渔业水域为二级管控区。

（2）管控措施

一级管控区内严禁一切形式的开发建设活动。

二级管控区内禁止使用严重杀伤渔业资源的渔具和捕捞方法捕捞；禁止在行洪、排涝、送水河道和渠道内设置影响行水的渔罾、渔簖等捕鱼设施；禁止在航道内设置碍航渔具；因水工建设、疏航、勘探、兴建锚地、爆破、排污、倾废等行为对渔业资源造成损失的，应当予以赔偿；对渔业生态环境造成损害的，应当采取补救措施，并依法予以补偿，对依法从事渔业生产的单位或者个人造成损失的，应当承担赔偿责任。

11. 重要湿地

（1）保护分区

重要湿地内生态系统良好、野生生物繁殖区及栖息地等生物多样性富集区为一级管控区，其余区域为二级管控区。

（2）管控措施

一级管控区内严禁一切形式的开发建设活动。

二级管控区内除法律法规有特别规定外，禁止从事下列活动：开（围）垦湿地，放牧、捕捞；填埋、排干湿地或者擅自改变湿地用途；取用或者截断湿地水源；挖砂、取土、开矿；排放生活污水、工业废水；破坏野生动物栖息地、鱼类洄游通道，采挖野生植物或者猎捕野生动物；引进外来物种；其他破坏湿地及其生态功能的活动。

12. 清水通道维护区

（1）保护分区

清水通道维护区划为一级管控区和二级管控区。

（2）管控措施

一级管控区内严禁一切形式的开发建设活动。

二级管控区内未经许可禁止下列活动：排放污水、倾倒工业废渣、垃圾、粪便及其他废弃物；从事网箱、网围渔业养殖；使用不符合国家规定防污条件的运载工具；新建、扩建可能污染水环境的设施和项目，已建成的设施和项目，其污染物排放超过国家和地方规定排放标准的，应当限期治理或搬迁。

沿岸港口建设必须严格按照省人民政府批复的规划进行，污染防治、风险防范、事故应急等环保措施必须达到相关要求。

13. 生态公益林

（1）保护分区

国家级、省级生态公益林中的天然林为一级管控区，其余区域为二级管控区。

（1）管控措施

一级管控区内严禁一切形式的开发建设活动。

二级管控区内禁止从事下列活动：砍柴、采脂和狩猎；挖砂、取土和开山采石；野外用火；修建坟墓；排放污染物和堆放固体废物；其他破坏生态公益林资源的行为。

14. 特殊物种保护区

（1）保护分区

特殊物种保护区为二级管控区。

（1）管控措施

特殊物种保护区内禁止新建、扩建对土壤、水体造成污染的项目；严格控制外界污染物和污染水源的流入；开发建设活动不得对种质资源造成损害；严格控制外来物种的引入。

二、湖北省生态红线概况

《湖北省生态保护红线》划定湖北省生态保护红线总面积约 4.15 万平方千米，占全省总面积的22.30%。湖北省生态保护红线总体呈现“四屏三江一区”生态格局。

“四屏”：鄂西南武陵山区、鄂西北秦巴山区、鄂东南幕阜山区、鄂东北大别山区四个生态屏障，主要生态功能为水源涵养、生物多样性维护和水土保持。其中，鄂西南武陵山区生物多样性维护、水土保持生态保护红线，主要分布在恩施土家族苗族自治州全境和宜昌市五峰土家族自治县、长阳土家族自治县等地区，主要包含忠建河大鲵国家级自然保护区、柴埠溪国家级森林公园、宣恩贡水河国家湿地公园、恩施腾龙洞大峡谷国家地质公园、长江三峡国家级风景名胜区、清江白甲鱼国家级水产种质资源保护区等保护地及生态功能极重要区与生态环境极敏感区，生态系统以亚热带森林生态系统为主；鄂西北秦巴山区生物多样性维护生态保护红线，主要分布在十堰市、神农架林区全境和襄阳市南漳县、保康县、谷城县、老河口市等地区，主要包含神农架国家级自然保护区、神农架国家级森林公园、竹山圣水湖国家湿地公园、神农架国家地质公园、武当山国家级风景名胜区、丹江鲌类国家级水产种质资源保护区等保护地及生态功能极重要区与生态环境极敏感区，生态系统以亚热带森林生态系统为主；鄂东南幕阜山区水源涵养生态保护红线，主要分布在咸宁市通城县、崇阳县、通山县和黄石市阳新县等地区，主要包含九宫山国家级自然保护区、崇阳国家级森林公园、通山富水湖国家湿地公园、咸宁九宫山—温泉国家地质公园、九宫山国家级风景名胜区、猪婆湖花鱼骨国家级水产种质资源保护区等保护地及生态功能极重要区与生态环境极敏感区，生态系统以亚热带森林生态系统为主；鄂东北大别山区水土保持生态保护红线，主要分布在黄冈市全境和孝感市孝昌县等地区，主要包含大别山国家级自然保护区、大别山国家级森林公园、麻城浮桥河国家湿地公园、黄冈大别山国家地质公园、红安县天台山—七里坪省级风景名胜区、观音湖鳜鱼国家级水产种质资源保护区等保护地及生态功能极重要区与生态环境极敏感区，生态系统以亚热带森林生态系统为主。

“三江”：长江、汉江和清江干流的重要水域及岸线，主要生态功能为生物多样性维护。主要分布在长江、汉江和清江干流已划为饮用水源一级保护区、自然保护区等保护地核心区域的水域及岸线，主要包含长江天鹅洲白鳍豚、长江新螺段白鳍豚国家级自然保护区、长江宜昌中华鲟省级自然保护区等保护地及生态功能极重要区与生态环境极敏感区，生态系统以河流湿地生态系统为主。

“一区”：江汉平原为主的重要湖泊湿地，主要生态功能为生物多样性维护和洪水调蓄。主要分布在荆州市、武汉市、鄂州市全境和荆门市、孝感市、黄石市、咸宁市的局部地区，主要包含石首麋鹿国家级自然保护区、沲水国家级森林公园、武汉东湖国家湿地公园、木兰山国家地质公园、陆水国家级风景名胜区、保安湖鳜鱼国家级水产种质资源保护区等保护地及生态功能极重要区与生态环境极敏感区，生态系统以淡水湖泊湿地生态系统为主。

湖北省生态保护红线范围涵盖了全省约37%的林地、23%的草地和58%的湖泊湿地，有效维护全省生态安全，确保各类生态系统健康稳定；涵盖了三峡库区与丹江口库区的重要区域，长江、汉江和清江重要水域及岸线，440个重要湖泊，以及具有饮用水水源地功能的140座重要水库，为全省乃至国家水安全战略提供重要保障，确保水资源永续利用；覆盖了占全省总面积五分之一以上的生态功能极重要区与生态环境极敏感区，为维护生态安全、防范环境风险提供重要保障。

三、湖北省生态保护红线分布

湖北省生态保护红线总面积4.15万平方千米，占全省总面积的22.30%。生态保护红线是保障和维护生态安全的底线和生命线。划定并严守生态保护红线，实现一条红线管控重要生态空间，是全面贯彻习近平生态文明思想的重要举措。

2017年2月，中共中央办公厅、国务院办公厅印发了《关于划定并严守生态保护红线的若干意见》明确要求，在2017年底前，京津冀区域、长江经济带沿线各省（直辖市）划定生态保护红线；2018年年底前，其他省（自治区、直辖市）划定生态保护红线；2020年底前，全面完成生态保护红线划定，勘界定标，基本建立生态保护红线制度，国土生态空间得到优化和有效保护，生态功能保持稳定，国家生态安全格局更加完善。到2030年，生态保护红线布局进一步优化，生态保护红线制度有效实施，生态功能显著提升，国家生态安全得到全面保障。湖北省上下要按照《通知》要求，严格遵守，切实抓好贯彻执行。落实生态保护红线边界，将生态保护红线落实到具体地块，设立统一规范的标识标牌，确保生态保护红线落地准确、边界清晰。明确属地管理责任，落实各级党委、政府的主体责任，将严守生态保护红线作为决策的重要依据和前提条件，履行好保护责任。确立生态保护红线优先地位，生态保护红线划定后，相关规划要符合生态保护红线空间管控要求，不符合的要及时进行调整。空间规划编制要将生态保护红线作为重要基础，发挥生态保护红线对于国土空间开发的底线作用。实行严格管控，生态保护红线原则上按禁止开发区域的要求管理，严禁不符合主体功能定位的各类开发活动，严禁任意改变用途，生态保护红线面积只能增加、不能减少，确保生态功能不降低、面积不减少、性质不改变。建立和完善生态保护红线综合监测网络体系，建设监管平台，开展定期评价。强化执法监督，建立生态保护红线常态化执法机制，定期开展执法督查。建立考核机制，严格责任追究，对违反生态保护红线管控要求、造成生态破坏的部门、地方、单位和责任人员，按照有关法律法规和规定追究责任。完善政策机制，因地制宜制定生态保护红线有关政策。加强生态保护与修复，把生态保护红线保护与修复作为山水林田湖草生态保护和修复的重要内容。加大政策宣传教育，畅通监督举报渠道，推动形成全民参与、全社会共同保护的良好格局，确保生态保护红线守得住、有权威。湖北省生态保护红线的主要类型和分布范围如下[①]：

（一）鄂西南武陵山区生物多样性维护、水土保持生态保护红线

红线面积占该区总面积的41.14%，主要分布在恩施土家族苗族自治州全境和宜昌市五峰土家族自治县、长阳土家族自治县等地，主要包含忠建河大鲵国家级自然保护区、柴埠溪国家级森林公园、宣恩贡水河国家湿地公园、恩施腾龙洞大峡谷国家地质公园、长江三峡国家级风景名胜区、清江白甲鱼国家级水产种质资源保护区等保护地及生态功能极重要区与生态环境极敏感区。

（二）鄂西北秦巴山区生物多样性维护生态保护红线

红线面积占该区总面积的32.48%，主要分布在十堰市、神农架林区全境和襄阳市南漳县、保康县、谷城县、老河口市等地，主要包含神农架国家级自然保护区、神农架国家级森林公园、竹山圣水湖国家湿地公园、神农架国家地质公园、武当山国家级风景名胜区、丹江鲌类国家级水产种质资源保护区等保护地及生态功能极重要区与生态环境极敏感区。

（三）鄂东南幕阜山区水源涵养生态保护红线

红线面积占该区总面积的36.94%，主要分布在咸宁市通城县、崇阳县、

① 湖北省环保厅、湖北省发展改革委．湖北省人民政府关于发布湖北省生态保护红线的通知[EB/OL]. http：//hbj.wuhan.gov.cn/fbjd_19/xxgkml/zwgk/zrst/202001/t20200107_575869.html。2019-02-28/2022-5-25.

通山县和黄石市阳新县等地，主要包含九宫山国家级自然保护区、崇阳国家级森林公园、通山富水湖国家湿地公园、咸宁九宫山—温泉国家地质公园、九宫山国家级风景名胜区、猪婆湖花鱼骨国家级水产种质资源保护区等保护地及生态功能极重要区与生态环境极敏感区。

（四）鄂东北大别山区水土保持生态保护红线

红线面积占该区总面积的13.57%，主要分布在黄冈市全境和孝感市孝昌县等地，主要包含大别山国家级自然保护区、大别山国家级森林公园、麻城浮桥河国家湿地公园、黄冈大别山国家地质公园、红安县天台山—七里坪省级风景名胜区、观音湖鳜鱼国家级水产种质资源保护区等保护地及生态功能极重要区与生态环境极敏感区。

（五）江汉平原湖泊湿地生态保护红线

红线面积占该区总面积的9.19%，主要分布在荆州市、武汉市、鄂州市全境和荆门市、孝感市、黄石市、咸宁市的局部地方，主要包含石首麋鹿国家级自然保护区、沧水国家级森林公园、武汉东湖国家湿地公园、木兰山国家地质公园、陆水国家级风景名胜区、保安湖鳜鱼国家级水产种质资源保护区等保护地及生态功能极重要区与生态环境极敏感区。

（六）鄂北岗地水土保持生态保护红线

红线面积占该区总面积的5.74%，主要分布在随州市全境和襄阳市、荆门市、孝感市的局部地方，主要包含京山对节白蜡省级自然保护区、中华山国家级森林公园、钟祥莫愁湖国家湿地公园、随州大洪山省级地质公园、大洪山国家级风景名胜区、惠亭水库中华鳖国家级水产种质资源保护区等保护地及生态功能极重要区与生态环境极敏感区。

四、湖北省生态红线保护的新机制

生态保护红线是推进国土空间保护和用途管制的一项基础性制度安排。要科学有序地开展评估，优化本地区生态保护红线布局，为下一步严格落实生态保护红线奠定基础。准确把握评估工作的要求，坚持保护优先、科学有序、实事求是、远近结合的基本原则，严格按照自然资源部、生态环境部要求，严格技术标准，严格工作程序，立足当前，谋划长远，科学、客观、严谨地开展评估工作，确保生态保护红线应划尽划，切实维护湖北的生态安全。各地各部门要强化组织领导，加强协同推进，按照时间服从质量的要求，认真全面梳理评估生态保护红线区域内的矛盾冲突情况，充分完整、客观真实提出优化完善建议方案，严把评估质量。

若要使生态保护红线管控得到有效落实，还必须强化相应保障措施。

（一）完善管控办法

一是尽快制定国家和省级的区域生态保护红线管理相关办法，及时完善生态保护红线管理、考核评估等制度，为生态保护红线的管控提供长效化的制度保障。生态保护红线管控办法要对国家和省级区域内生态保护红线划定与调整程序、管控具体措施、生态保护和补偿机制、监督制度、法律责任、责任部门和工作协调机制等明确具体要求，确保生态保护红线实施具有可操作性并能严格得到保护。二是加快制定区域生态保护红线生态功能评价指标体系和方法，评价指标体系尽可能涵盖生态保护红线在生态功能、生态质量和面积等指标管控要求，并定期对生态保护红线生态系统保护状况进行评价公布。三是生态保护红线内禁止城镇化和工业化活动，严禁不符合主体功能区定位的各类开发活动。按照生态保护红线的生态功能类型，尽快制定生态保护红线项目准入清单。拟在生态保护红线内建设的项目，由区域发改委、环境保护部门按照生态保护红线项目准入清单进行准入管理，项目应在获得准入许可后依据现有法律法规和管控政策进行管理。生态保护红线内未获得批准的矿产资源开发活动，依法限期清退。生态保护红线内旅游景区和旅游活动，严格按照确定的允许容量接纳游客。严禁开展与生态保护红线方向不一致、影响主导生态功能的旅游活动。

（二）强化责任落实

要严格落实好各级党委和政府在生态保护红线中主体责任，强化生态保护的刚性约束。建立生态保护红线划定与管理组织领导和协调工作机制，及时研究解决在生态保护红线管控中面临的重大问题。加强对生态保护红线管控统筹协调，明确相关环保、发展和改革、自然资源、财政、水利、农业农村、气象、测绘等部门职责。各部门要建立相应工作部门，落实责任分工，强化监督，推动管控目标的落实。从各省、市、区角度，要按照国家统一安排，根据生态保护红线划定成果，尽快完成生态保护红线边界勘察和落地工作，做好生态保护红线区域现状调查与基线评估，进一步将生态保护红线保护贯彻到日常管理。生态保护红线确定后，要将生态保护红线作为重要其他国土空间开发的基础，严禁违反生态保护红线的管控要求。

（三）创新保护模式

坚持从区域实际出发，根据生态保护红线区域资源禀赋、自然环境特点及容量，积极探索创新生态保护红线区域保护的多样化模式。优化产业布局，对有损于红线区生态环境的产业实行全面退出。编制区域生态保护红线保护规划，研究并探索有利于生态保护红线经济发展与生态保育耦合模式，实现生态保护红线的永久性保护。生态保护红线区域要按照山水林田湖草系统治理思维，注重生态系统整体性、系统性及其内在规律，正确处理人与自然关系，统筹山、江、湖保护、开发与治理，探索自然生态系统的保护与恢复、自然资源高效利用与管理的体制机制创新与技术模式，增加高品质生态供给。出台系列针对自然生态空间管控政策文件，形成自然生态空间用途管控的系列成功经验做法。制定优化生态安全的措施，特别是出台加强自然保护区、风景名胜区、森林公园、重要水源保护地等生态功能区域的保护法律法规保障。实施对核心保护区和重要生态功能区的生态补偿等均衡性转移支付制度，加大对河流源头地区生态补偿力度，落实完善激励约束机制，加大奖补力度，增强对生态保护红线区域居民替代产业项目的支持。

（四）完善绩效考核和问责

制定生态保护红线考核监督管理办法，定期对相关责任部门落实生态保护红线情况进行监督和考核。监督管理办法要明确考核目标要求、方式、考核程度、具体指标得分等内容。考核总体上要涵盖区域生态保护红线目标完成情况、管控措施执行情况、生态保护红线生态修复、生态补偿情况等。考核评价要打破以往仅仅有环保部门承担生态保护任务的状况，实现各级政府以及各相关职能部门主动参与履行生态保护红线职责。考核指标要考虑到不同生态保护红线区域差异，在指标设计上要尽可能涵盖区域生态环境保护亟须改进的重要问题，突出区域生态功能改善，以推进区域生态保护红线管控能力得到提升。适时开展“公众满意度测评”调查，并将调查结果纳入考核评估体系，促进考核体系多元化。考核结果要作为地方政府生态文明建设重要指标，成为各级党委和政府履职尽责的重要参考。建立生态保护红线问责追究制度，切实增强各相关部门履行生态保护责任意识。明确破坏生态保护红线的法律责任和政治责任，确保各级机关、企事业单位及个人都能够严格遵守生态保护红线制度。对于不履行生态保护红线管控要求或对生态保护红线区域生态环境造成破坏的行为，建立严格责任追究制度，并加大处罚力度。对于领导干部，要按照生态环境损害责任追究办法进行问责。

第三节　“三线一单”管控要求

2017 年 12 月 25 日，环境保护部部长李干杰在京主持召开环境保护部常务会议，审议并原则通过《“生态保护红线、环境质量底线、资源利用上线和环境准入负面清单”编制技术指南（试行）》。会议指出，编制“三线一单”，是贯彻落实党中央、国务院决策部署，推动形成绿色发展方式和生活方式的重要举措，是推进区域和规划环评落地、完善国土空间治理体系的重要抓手。必须进一步提高政治站位，充分认识编制并落实“三线一单”的重要意义，将其作为加强生态文明建设和生态环境保护的重要基础性工作抓紧抓实抓好，扭转生态环境保护在经济社会发展综合决策中从属、被动局面，改变环保部门在自然生态管理方面基础较为薄弱的状况。

会议认为，“三线一单”前期工作取得积极成效，积累了一定经验。下一步，要选择一个区域或者流域进行“三线一单”编制和实施试点，发挥示范引领作用。要加快研究制定“三线一单”配套措施，建立区域环评、规划环评、项目环评管控体系，做好与生态环境保护领域相关改革举措、有关法律法规制修订的衔接。

在国家政策的引导下，《湖北省生态环境保护“十四五”规划》提出要“三线一单”管控要求。依据国土空间规划，优化调整“三线一单”相关内容，建立全省统一的“三线一单”信息管理平台。完成生态保护红线勘界定标，开展生态保护红线监管试点，建立生态保护红线监管体系，实现“一条红线”管控重要生态空间，确保生态功能不降低、面积不减少、性质不改变。

强化“三线一单”分区管控，严格落实优先保护单元、重点管控单元、一般管控单元分区分类管控要求，将生态环境管控单元及生态环境准入清单作为区域内产业布局、结构调整、资源开发、城镇建设、重大项目选址、规划环评、生态环境治理与监管的重要依据[①]。

一、“三线一单”相关要求及原则

“三线一单”，是指生态保护红线、环境质量底线、资源利用上线和生态环境准入清单，是推进生态环境保护精细化管理、强化国土空间环境管控、推进绿色发展高质量发展的一项重要工作。2015 年以来，环境保护部连续印发了多项文件，用以指导“三线一单”的制定，加强规划环评与规划的联动，以确保发展不超载、底线不突破。截至 2019 年 7 月 1 日，" 三线一单 " 编制工作全面铺开，已经有 12 省市陆续成立了相关协调小组，组建了技术单位与团队；部分地市在省级框架下，对 " 三线一单 " 的相关要求进行了细化。

生态空间指具有自然属性、以提供生态服务或生态产品为主体功能的国土空间，包括森林、草原、湿地、河流、湖泊、滩涂、岸线、海洋、荒地、荒漠、戈壁、冰川、高山冻原、无居民海岛等区域，是保障区域生态系统稳定性、完整性，提供生态服务功能的主要区域。

（一）生态保护红线指在生态空间范围内具有特殊重要生态功能、必须强制性严格保护的区域，是保障和维护国家生态安全的底线和生命线，通常包括具有重要水源涵养、生物多样性维护、水土保持、防风固沙、海岸生态稳定等功能的生态功能重要区域，以及水土流失、土地沙化、石漠化、盐渍化等生态环境敏感脆弱区域。按照“生态功能不降低、面积不减少、性质不改变”的基本要求，实施严格管控。

（二）环境质量底线指按照水、大气、土壤环境质量不断优化的原则，结合环境质量现状和相关规划、功能区划要求，考虑环境质量改善潜力，确定的分区域分阶段环境质量目标及相应的环境管控、污染物排放控制等要求。

（三）资源利用上线指按照自然资源资产“只能增值、不能贬值”的原则，

① 湖北省人民政府. 湖北省生态环境保护“十四五”规划 [EB/OL]. https：//sthjt.hubei.gov.cn/hjsj/ztzl/ssw/sswgf/202112/t20211213_3913189.shtml.2021-11-23 /2022-5-27.

以保障生态安全和改善环境质量为目的，利用自然资源资产负债表，结合自然资源开发管控，提出的分区域分阶段的资源开发利用总量、强度、效率等上线管控要求。

（四）生态环境准入清单指基于环境管控单元，统筹考虑生态保护红线、环境质量底线、资源利用上线的管控要求，提出的空间布局、污染物排放、环境风险、资源开发利用等方面禁止和限制的环境准入要求。

“三线一单”的基本原则：加强统筹衔接。衔接生态保护、环境质量管理、环境承载能力监测预警、空间规划、战略和规划环评等工作，统筹实施分区环境管控。强化空间管控。集成生态保护红线、生态空间、环境质量底线、资源利用上线的环境管控要求。形成以环境管控单元为基础的空间管控体系。突出差别准入。针对不同的环境管控单元，从空间布局、污染物排放、资源开发利用等方面制定差异化的环境准入要求，促进精细化管理。实施动态更新。随着绿色发展理念深化、生态文明建设推进、环境保护要求提升、社会经济技术进步等因素变化，“三线一单”相关管理要求逐步完善、动态更新。

系统收集整理区域生态环境及经济社会等基础数据，开展综合分析评价，划定生态保护红线、环境质量底线、资源利用上线，明确环境管控单元，提出环境准入负面清单。主要任务包括：

开展基础分析，建立工作底图。收集整理基础地理、生态环境、国土开发等数据资料，开展自然环境状况、资源能源禀赋、社会经济发展和城镇化形势等方面的综合分析，建立统一规范的工作底图。

明确生态保护红线，划定生态空间。开展生态评价，识别需要严格保护的区域，提出以生态保护红线、生态空间为重点内容的分级分类管控要求，形成生态空间与生态保护红线图。

确立环境质量目标，提出排放总量限值。开展水、大气和土壤环境评价，明确各要素空间差异化的环境功能属性，合理确定分区域、分阶段的环境质量目标与污染物排放总量限值，识别需要重点管控的区域，形成大气环境质量底线、排放总量限值及重点管控区图，水环境质量底线、排放总量限值及重点管控区图，土壤污染风险重点防控区图。

划定资源利用上线，明确管控要求。从生态环境质量维护改善、自然资源资产“保值增值”等角度，提出水资源开发、土地资源利用、能源消耗的总量、强度、效率等要求和其他自然资源数量和质量要求，形成土地资源重点管控区图，生态用水补给区图，地下水开采重点管控区图、禁煤区图、其他自然资源重点管控区图。

综合各类分区，确定环境管控单元。结合生态、大气、水、土壤等环境要素及自然资源的分区成果，衔接乡镇或区县行政边界，建立功能明确、边界清晰的环境管控单元，实施分类管理，形成环境管控单元分类图。

统筹分区管控要求，建立环境准入负面清单。基于环境管控单元，统筹生态保护红线、环境质量底线、资源利用上线的分区管控要求，明确空间布局、污染物排放、资源开发利用等禁止和限制的环境准入情形，建立环境准入负面清单。

集成“三线一单”成果，建设信息管理平台。落实“三线一单”管控要求，集成开发数据管理、综合分析和应用服务等功能，实现“三线一单”信息共享及动态管理。

二、“三线一单”内涵

（一）生态保护红线

工作要求是按照“生态功能不降低、面积不减少，性质不改变”的原则，根据《关于划定并严守生态保护红线的若干意见》《生态保护红线划定指南》要求，划定生态空间，明确生态保护红线。利用地理国情普查、土地调查及变更数据，提取森林、湿地、草地等具有自然属性的国土空间。按照《生态保护红线划定技术指南》，开展区域生态功能重要性评估（水源涵养、水土保持、防风固沙、生物多样性保护）和生态环境敏感性评估（水土流失、土地沙化、石漠化、盐渍化），按照生态功能重要性依次划分为一般重要、重要和极重要 3 个等级，按照生态环境敏感性依次划分为一般敏感、敏感和极敏感 3 个等级，识别生态功能重要、生态敏感脆弱区域分布。

根据生态评价结果，对生态功能极重要和重要区域，生态极敏感和敏感区域进行叠加合并，并与各类保护地、禁止开发区域进行校验，识别以提供生态服务和生态产品为主导功能的重要生态区域。生态空间划定。综合考虑区域生态系统完整性、稳定性，结合区域生态安全格局，基于重要生态功能区、保护区和其他有必要实施保护的陆域、水域和海域，衔接土地利用和城市建设边界，划定生态空间。生态空间原则上按限制开发区域管理。

已经划定生态保护红线的城市，严格落实生态保护红线方案和管控要求。尚未划定生态保护红线的城市，按照《生态保护红线划定技术指南》划定。生态保护红线实施最严格的保护措施，原则上禁止一切与保护无关的项目准入。

（二）环境质量底线

工作要求是遵循环境质量“只能更好，不能变坏”的原则，衔接相关规划环境质量目标和限期达标要求，确定分区域、分流域、分阶段的环境质量底线目标，评估污染源排放与环境质量的响应关系，确定基于底线目标的污染物排放总量控制和重点区域环境管控要求。

以改善环境质量、保障生态安全为目的，确定水资源开发，土地资源利用、能源消耗的总量、强度、效率等要求。基于自然资源资产“保值增值”的基本原则，确定自然资源保护和开发利用要求，保障自然资源资产“数量不减少、质量不降低”。

水资源利用要求衔接。通过历史趋势分析、横向对比、指标分析等方法，分析近 5 ~ 10 年水资源供需状况。衔接既有水资源管理制度，梳理用水总量、地下水开采总量和最低水位线、万元 GDP 用水量、万元工业增加值用水量、灌溉水有效利用系数等水资源开发利用管理要求，作为水资源利用上线管控要求。

生态需水量测算。基于水生态功能保障和水环境质量改善要求，对涉及重要功能（如饮用水源）、断流、严重污染，水利水电梯级开发等河段，测算生态需水量，纳入水资源利用上线。重点管控区确定。根据生态需水量测算结果，将相关河段作为生态用水补给区，实施重点管控。

根据地下水超采、地下水漏斗、海水入侵等状况，衔接各部门地下水开采相关空间管控要求，将地下水严重超采区、已发生严重地面沉降、海（咸）水入侵等地质环境问题的区域，以及泉水涵养区等需要特殊保护的区域划为地下水开采重点管控区。

（三）资源利用上线

土地资源利用上线。土地资源利用要求衔接，通过历史趋势分析、横向对比、指标分析等方法，分析城镇、工业等土地利用现状和规划，评估土地资源供需形势。衔接国土资源、规划、建设等部门对土地资源开发利用总量及强度的管控要求，作为土地资源利用上线管控要求。重点管控区确定。考虑生态环境安全，将土壤污染风险重点防控区等不适宜开发的区域确定为土地资源重点管控区。

能源利用上线。能源利用要求衔接，综合分析区域能源禀赋和能源供给能力，衔接国家、省、市能源利用相关政策与法规、能源开发利用规划、能源发展规划、节能减排规划，梳理能源利用总量、结构和利用效率要求，作为能源利用上线管控要求。

煤炭消费总量确定。已经下达或制定煤炭消费总量控制目标的城市，严格落实相关要求；尚未下达或制定煤炭消费总量控制目标的城市，以大气环境质量改善目标为约束，测算未来能供需状况，采用污染排放贡献系数等方法，确定煤炭消费总量。重点管控区确定。考虑大气质量改善要求，在人口密集、污染排放强度高的区域优先划定禁煤区，作为重点管控区。

自然资源资产核算衔接。根据《自然资源资产负债表试编制度（编制指南）》，记录各区县行政单元区域内耕地、草地等土地资源面积数量和质量等级，天然林、人工林等林木资源面积数量和单位面积蓄积量，水库、湖泊等水资源总量、水质类别和大气环境质量，各类生态空间和生态保护红线面积等自然资源资产期初、期末的实物量，核算自然资源资产数量和质量变动情况，编制自然资源资产负债表，构建各行政单元内自然资源资产数量增减和质量变化统计台账。重点管控区确定。根据各区县耕地、草地、森林、水库、湖泊等资源校算结果，加强对数量减少、质量下降的自然资源开发管控。将自然资源数量减少、质量下降的区域作为自然资源重点管控区。

根据生态保护红线、生态空间、环境质量底线、资源利用上线的分区管控要求，衔接乡镇和区县行政边界，综合划定环境管控单元，实施分类管控。各地可根据自然环境特征、人口密度、开发强度和精细化管理基础，合理确定环境管控单元的空间尺度。

将规划城镇建设区、乡镇街道、工业集聚区等边界与生态保护红线、生态空间、水环境重点管控区、大气环境重点管控区、土壤污染风险重点防控区、资源利用上线的空间管控要求等进行叠加。采用逐级聚类的方法，确定管控单元。

分析各环境管控单元生态、水、大气、土壤等环境要素的区域功能及自然资源利用的保护、管控要求等，将环境管控单元划分为优先保护类、重点管控类和一般管控类。优先保护单元：包括生态保护红线、生态空间、水环境优先保护区、环境空气一类功能区等。

（四）环境准入负面清单

工作要求是根据环境管控单元涉及的限制性因素，统筹生态环境空间管控、环境质量底线管理、资源利用上线约束等管理要求，提出空间布局、污染物排放、资源开发利用等禁止和限制的分类准入要求，集成并落实到环境管控单元。环境管控单元涉及多项限制性因素的，汇总各项准入要求，相关要求有重复的，按照“就高不就低”原则制定管控要求。生态保护红线区按照《关于划定并严守生态保护红线的若干意见》的要求，实行最严格的保护政策，严禁一切与保护无关的开发活动，已被破坏的限期恢复。生态保护红线内的自然保护区、风景名胜区、饮用水水源保护区等已有法律法规管控要求的区域，遵照相关法律法规实施管控；生态空间原则上按限制开发区的要求进行管理。按照生态空间用途分区，依法制定区域准入条件，明确允许、限制、禁止的准入清单和开发强度。禁止有损保护对象及生态环境和资源的活动和行为。区域内已有工业企业的，应根据环境影响程度，明确退出机制；水环境优先保护区结合水环境状况变化趋势，针对水环境保护特定类型（如敏感水体和重要物种保护、风险防控、功能保障等）及主要问题，提出禁止向水环境排放污染物、水电开发限制性条件等保护性要求；大气环境优先保护区执行最严格的空气质量标准，禁止新建、扩建排放大气污染物的工业企业和设施，并明确区内和周边现有排放大气污染物企业退出机制；水环境工业污染重点管控区将污染物排放总量限值、新增源减量置换和存量源污染治理要求纳入管控区环境准入负面清单。还应明确重点行业的污染物总量排放限值、倍量削减、更严格的污染物排放限值和其他环境准入要求。应禁止准入加剧环境质量超标状况的建设项目；水环境城镇生活污染重点管控区明确主要污染物排放总量、用水效率、环境基础设施建设等生态环境管控要求。城市建成区应完成雨污分流和污水管网配套建设。

三、湖北省“三线一单”具体要求

（一）规范建设工作底图

开展基础分析，建立工作底图是“三线一单”体系下进行自然生态环境管理的基础前提。在基础分析过程中，环境管理工作人员不仅要注重基础地理、资源生态环境等信息的收集，而且需要就经济发展状况、经济规划、环境规划等数据进行整理。通过标准化的梳理，及时发现社会经济、自然环境的通行参数，进而监理统一规范的工作底图，为生态环境的实际管理创造良好条件。

（二）识别生态空间明确保护红线

识别生态空间明确生态保护红线是“三线一单”编制的基本内容。在生态环境保护管理中，我国通过《关于划定并严守生态保护红线的若干意见》从而开展环境管理干预，同时以《生态保护红线划定指南》指导实际保护工作开展，划定具体的生态保护红线，对生态空间实施分区管控。同时，在实际管控中，生态保护红线下的环境保护管理应和《生态保护红线管控办法》进行对接，并在管理中遵守“限制开发区域 ”的要求。

（三）污染物允许排量的测算

控制污染物排放是环境保护工作开展的关键。“三线一单”体系下，在污染物排放前，确立环境质量底线，并以此为依据，实现污染物排放量的有效计算。同时，在环境质量底线编制确立中，应从大气、水、土壤 3 个层面着手，实现其污染风险防控底线的进一步明确，这样不仅能为实际工作开展提供清晰的底线目标，还能实现水、大气及土壤的重点管控 。

（四）强化资源利用管理

资源利用是可持续发展理念研究的重要课题。在“三线一单”管理体系下，针对资源利用管理重点关注资源利用效率、强度和总量的管理 ；在资源利用上线编制中，也应注重资源利用效率、强度和总量三个方面的标准制定，同时注重资源利用过程对环境质量的影响，以此来保证生态安全的需要。具体而言，资源利用管理目标编制中，应坚持资源利用与相关部门规划相衔接的要求，实现水、能源和土地资源利用强度的综合管控。

（五）通过环境准入负面清单强化分区管理

优先保护、重点管控和一般管控是自然环境分区管理划分的三个基本层级。在现代化生态环境管理中，应基于“三线”内容和各区域的行政边界，综合性地划定环境保护区域单元，然后分类实施管控。在实际管理中，应就不同区域环境准入清单的内容进行优化，从空间布局、环境排放、风险防控、资源利用 4 个维度进行管理，实现已有污染源和新增污染源的综合管控，确保不同区域生态环境保护管理的效率与精细程度。

四、湖北省长江经济带战略环评“三线一单”成果

在生态环境部于2019年6月28日举行的新闻发布会上，强调“三线一单”内涵是生态保护红线、环境质量底线、资源利用上线和环境准入清单。用“线”管住空间布局，逐步解决产业结构、产业布局不合理问题，用“单”规范发展行为。2019 年 7 月 26 日，湖北省政府召开专题会议审议并通过了长江经济带战略环评湖北省“三线一单”成果。湖北省政府坚持把生态文明建设作为贯彻落实科学发展观的重要抓手，从“建成支点走向前列”的战略高度全面谋划，做出了构建“生态湖北”等一系列重大决策，将生态文明建设与经济、政治、文化及社会的建设共同部署、共同推进。突出推动经济社会可持续发展战和改善民生环境，狠抓生产结构调整、城乡统筹、节能减排、区域流域治理等工作，使得湖北省生态文明建设上了一个台阶。

截至 2019 年 7 月，编制工作紧密围绕 2020—2035 年的环境质量目标，划定了基于“三线一单”管控要求的分区环境管控体系，编制形成“落地”到具体行政单元上的管控成果。

（一）在规划环评中的运用

根据“三线一单”要求，湖北省环保部门将严格环境准入。开展战略环评与规划环评，建立“生态保护红线、环境质量底线、资源利用上线和环境准入负面清单”（“三线一单”）约束机制，分区分类设置产业准入环境标准，

提升环境保护优化产业布局和经济发展的能力。对选址位于生态保护红线一类管控区内的项目一律不批；对列入生态保护红线二类管控区和开发区、工业园区环境准入负面清单的项目一律不批；对新增长江水污染物排放的建议项目一律不批。针对战略和规划环评“落地难”的问题，环保部在宏观层面“划框子”，强化“三线一单”约束。以生态保护红线、环境质量底线、资源利用上线和环境准入负面清单，强化空间、总量和准入环境管理。

（二）在污染防治上的运用

在强化污染治理方面，湖北省环保厅强力推进大气污染防治，加强重点行业综合整治，加大燃煤电厂超低排放改造、淘汰中小锅炉，实施挥发性有机物减排工程；继续强力推进水污染防治，加强饮用水水源地保护，开展饮用水水源保护区规范化建设，按月及时发布水源地水质监测信息；继续强力推进土壤污染防治，启动土壤污染状况详查，掌握土壤环境质量状况，实施建设用地准入管理，农用地土壤环境分级管理，建立土壤污染治理与修复全过程监管制度。

第四节　生态系统约束与保护措施

深入贯彻习近平生态文明思想和习近平总书记视察湖北重要讲话精神，增强“四个意识”，坚定“四个自信”，做到“两个维护”，切实把抓好督察反馈意见整改作为一项严肃的政治任务和政治责任，统筹好经济发展和生态环境保护的关系，始终保持加强生态文明建设的定力和韧劲，始终保持“共抓大保护、不搞大开发”的思想自觉和行动自觉，始终保持打好污染防治攻坚战的力度和势头，攻坚克难、真抓实干，以生态环境质量改善为核心，以长江大保护“双十工程”为抓手，着力解决生态环境突出问题，加快补齐生态环境短板，奋力当好长江经济带高质量发展的生力军。

一、生态系统约束的最终目标

具体目标为：到 2020 年，全省主要污染物排放总量大幅减少，生态环境质量总体改善，农村人居环境明显改善，生态环境安全得到有效保障，生态服务功能显著提升，环境治理体系基本完善，环境治理能力现代化取得重大进展。其中，全省化学需氧量、氨氮、二氧化硫、氮氧化物排放量较 2015 年分别下降 10%、10.2%、20% 和 20% 以上；全省 17 个重点城市细颗粒物（PM2.5）完成国家下达湖北省的“十三五”环境空气质量改善目标任务；国家考核地表水断面水质Ⅰ～Ⅲ类比例达到 88.6% 以上，基本消除劣Ⅴ类国控断面，市（州）及以上城市建成区基本消除黑臭水体；受污染耕地安全利用率达到 90% 以上，污染地块安全利用率达到 90% 以上。

十九大报告在谈到加大生态系统保护力度时提出，完成生态保护红线、永久基本农田、城镇开发边界三条控制线划定工作。这三大硬约束指标不仅彰显了我们党生态系统保护的坚定决心，也将倒逼我国城市走集约节约发展之路。生态保护红线是保障国家生态安全的底线和生命线，是全国“一张图”管好生态环境的基础。科技创新进程很可能需要更多的资源消耗，但生态与能源约束并不必然阻碍其发展。在新时代背景下，应该转变生态能源对科技创新发展的影响角色，由发展“投入与速度”的牺牲者，转为发展“效率与质量”的监督者，既要关注生态能源对科创发展的“要素约束、增长阻力”效应，亦要深挖其对科创发展的“反哺监督、提质增效”新机制，视其为检验发展“质量”的重要标尺，从生态环保视角规划产业发展，依靠科技创新转结构、调方式、转换发展动力：加快传统产业绿色化改造技术研发，倒逼产业升级；支持绿色制造产业核心技术研发，鼓励支撑工业绿色发展的共性技术研发；发挥其对资金、人才等重要创新要素的吸附与配置功能；提升用能效率、开发利用可再生清洁新能源，降低石油、煤炭等传统化石能源的攫取。

二、加大“三条控制线”的保护力度

习近平总书记在十九大报告中指出：“必须树立和践行绿水青山就是金山银山的理念”，并明确要求“加大生态系统保护力度”“完成生态保护红线、永久基本农田、城镇开发边界三条控制线划定工作。”这三条控制线，旨在处理好生活、生产和生态的空间格局关系，着眼于推动经济和环境可持续与均衡发展，是美丽中国建设最根本的制度保障。

改革开放以来，我国国土空间开发利用，以相对紧缺的资源赋存支撑了长达30多年的高速增长，但也面临着许多新情况和新挑战。伴随近年来城镇化快速推进，一些城市周边耕地数量的“红线”成了随意变动的“红飘带”，建设占用耕地现象时有发生；摊大饼式的发展让不少城市遭遇了“成长的烦恼”：城市周边耕地、湿地减少了，城市生态带遭到破坏，环境质量改善难度加大，城市热岛效应凸显，灰霾天数增加。坚持底线思维，把自然本底守住，科学划定三条控制线，优化生产、生活、生态空间，已成为当前各方最基本的共识。

截至2017年6月底，永久基本农田划定工作总体完成。生态保护红线的划定按照中央部署，2017年底前京津冀区域、长江经济带沿线各省市划定生态保护红线，2018年底前其他省区市划定生态保护红线，2020年底前全面完成全国生态保护红线划定，勘界定标，基本建立生态保护红线制度。

划定三条控制线仍面临着不少挑战。“三线”不仅表现在规划空间上的三条引导线，更重要的是形成与之相配套的管理机制和实施政策，以及强调各项政策在空间上的综合性和协同性。三条控制线要划得实、守得住，有权威、落实好，有待于更多创新探索。

划定并守住三条控制线，是顺应生态文明建设客观规律的举措，彰显了我们党着力加强生态保护的坚定决心。这就要求三条控制线不仅要划在幅员辽阔的国土上，更要划在领导干部的头脑里、人民群众的心田里；不能只是划完了事，还必须严格执行、有效监管，以确保三条控制线的刚性，使之成为生态保护的带电“高压线”。

（一）完善协调机制，发展产业及服务业

流域省市应以黄金水道为纽带，完善协调均衡发展机制，发展高技术产业和现代服务业。一方面要坚持“政府引导、市场主导”，统筹配置区域内生产要素的均衡、发展系统的均衡，着力区域间政策协调、产业协调，努力实现全流域科创要素跨区域联动，并基于“谁受益谁补偿”原则，完善沿江跨省市间的横向生态补偿机制，加强生态联防联治、推进能源互联互通；另一方面需要从关注科技创新发展的“要素数量投入”转为“要素质量甄别”与“要素效率提升”，鼓励园区共建、产业飞地等合作模式，不仅要继续推进流域产业的有序转移，更要注重创新价值链的衔接，激发区域内生发展活力，打造分工合理、竞争公平的现代流域经济体系。

（二）资源享赋，因地制宜

促进流域高耗能资源劳力密集型向低耗能生态环境友好型产业转移的同时，更应基于资源享赋，因地制宜，寻求差异化科技创新发展路径。寻觅“投入统筹集约，过程生态友好，产出绿色高效”的流域差异化协同发展新路径，避免走“先污染后治理”的老路。

（三）改革现有生态环境管理体制，建立生态保护制度体系

梳理生态系统综合管理理念，改革和理顺生态环境管理机制，改变目前按类型分要素交错重叠管理体制，强化对生态系统的综合保护与管理，加强国家生态保护监管职能，建立统一的生态环境保护监管机制。建立国土空间开发生态保护制度，优化生态空间格局。建立生态资产与生态系统生产总值核算机制，把生态资产、生态损害和生态效益纳入经济社会发展评价体系，形成体现生态保护要求的目标体系、考核办法和奖惩机制。建立国家统一的生态补偿机制，统筹补偿资金，明确补偿范围、补偿标准和受补偿主体的责任。健全生态保护责任追究制度和生态系统损害赔偿制度。积极开展生态产品与服务的交易试点，推动生态服务功能提供者与受益者的互惠合作，以及生态保护的市场化机制。

（四）建立国土空间开发生态保护制度，优化生态空间格局

明确生态用地类型，划定并严守生态保护红线，构建科学合理的生态安全格局。为保障国家和区域生态安全，国家应尽早明确“生态用地”类型，且其面积应占陆地国土总面积的55%以上，并将全国极重要生态系统服务功能的区域划定为生态保护红线区，面积应占陆地国土总面积35%以上。市、县级人民政府应将生态保护红线范围具体落实到土地利用规划上，并以生态保护红线为基础建立统一的生态补偿机制。国务院应尽快制定并颁布生态保护红线管理办法，明确与规范生态保护红线的划定程序、管理措施、考核机制及相关配套政策。坚持保护优先，完善相关政策，促进自然恢复。生态保护与管理要以增强生态系统服务功能、提高生态系统提供产品和服务能力为目标，坚持保护优先，自然恢复为主的方针，科学规范生态建设与生态恢复，对人工造林、种草等生态建设工程要进行科学论证和限制，宜林则林、宜草则草、宜荒则荒。在重要的生态功能区采用“退人工用材林和经济林还生态林”的做法。

完善生态建设相关政策，提高封山育林、草地封育的经济补贴标准，促进自然恢复。统筹生态保护与恢复工程，推进区域生态保护与恢复。以国家重要的生态功能区与生态安全屏障区为重点，以增强生态 系统服务能力为目标，编制统一的国家生态保护与建设规划，统筹区域重大生态保护与恢复工程，改变目前生态保护与恢复项目多头管理的局面。发挥中央与地方的两方积极性，促进生态功能受益方和提供方的合作，促进生态保护与建设资金的多元化，推进中东部地区重大生态保护与修复工程，加强我国东南部和南水北调中线重要水源涵养区、生物多样性保护优先区的生态恢复。在重大生态建设工程区应大力发展基础教育和职业教育，以教育移民带动生态移民，减少重点生态保护地区的人口压力，降低当地农牧民对生态系统的利用和经济依赖性。

增强城镇和城市群生态功能，促进城镇化健康发展在国家城镇化战略中，强化城镇生态安全意识和要求，严格控制城镇规模无序扩张，提高城镇化过程中土地与资源利用的效率，预防城镇化对生态环境的破坏，避免走“先破坏、后修复”的道路，促进我国城镇化的健康发展。

在城市群发展规划中，要体现生态优先原则，优先确定生态用地、再规划城市建设用地。在城市规划、建设和管理多个环节加强城市生态保护与建设，根据区域生态环境承载力，确定城市发展规模、发展方向和空间结构。在城市总体规划中增加生态规划专项，推动生态建设和生态社区建设，建立节约资源、利用可再生资源和循环利用资源的机制和政策。推进流域综合管理，保障社会经济可持续发展。

针对流域生态环境恶化，生态安全形势严峻的局面，综合协调流域资源环境承载力、产业布局、城镇化格局和生态环境保护等方面的关系，推进流域综合生态管理。增强科技支撑，建立生态调查评估长效机制。加大国家生态保护与恢复方面的科技投入，提升科技支撑能力建设水平。构建国家生态系统调查评估体系，形成“天地一体化”国家生态环境调查评估网络，每五年开展一次全国生态状况和变化调查评估工作，为国家制定规划和政府考核提供基础数据。

第四章 湖北省绿色发展战略举措

以习近平新时代中国特色社会主义思想为指导，全面贯彻党的十九大和十九届二中、三中、四中全会精神，认真贯彻中央和省委关于推动高质量发展的意见，坚持人与自然和谐共生，实行最严格的生态环境保护制度，形成绿色发展方式和生活方式，保持加强生态文明建设的战略定力，跨越污染防治和环境治理的重要关口，探索以生态优先、绿色发展为导向的高质量发展新路子。推进绿色发展，建立健全绿色低碳循环发展的经济体系。由此可见，新形势下，探索建立绿色发展评估方法，科学评价一个地区的绿色发展水平，对加快生态文明制度建设，用制度保护生态环境具有重要意义。

2018 年 8 月，湖北省政府颁布实施“长江经济带绿色发展十大战略性举措”，涉及 58 个重大事项，91 个重大项目，总投资 1.3 万亿元。“十大战略性举措”分别是：加快发展绿色产业、构建综合立体绿色交通走廊、推进绿色宜居城镇建设、实施园区循环发展引领行动、开展绿色发展示范、探索“两山”理念实现路径、建设长江国际黄金旅游带核心区、大力发展绿色金融、支持绿色交易平台发展、倡导绿色生活方式和消费模式[①]。

① 湖北发布长江经济带绿色发展十大战略，http：//www.gov.cn/xinwen/2018-08/09/content_5312729.htm.

第一节　绿色产业主导

一、绿色产业

（一）绿色产业的内涵及发展

关于绿色产业的定义，国际绿色产业联合会曾发表如下声明："在生产过程中，基于环保考虑，借助科技，以绿色生产机制力求在资源使用上节约以及污染减少（节能减排）的产业，我们即可称其为绿色产业。"[①]

2019 年 3 月，国家发展改革委、工业和信息化部、自然资源部、生态环境部、住房和城乡建设部、中国人民银行、国家能源局联合印发了《绿色产业指导目录（2019 年版）》，提出了绿色产业发展重点。该目录作为各地区、各部门明确绿色产业发展重点、制定绿色产业政策、引导社会资本投入的主要依据，统一各地方、各部门对"绿色产业"的认识，确保精准支持、聚焦重点。国家发展改革委员会会同相关部门，依托社会力量，设立绿色产业专家委员会，逐步建立绿色产业认定机制。实现中国梦，一个重要的前提就是能够始终在世界市场的竞争中占据制高点。而我们长期以来的粗放式增长方式，不仅透支了大量的宝贵资源，更使许多地方的经济被锁定在产业链低端，甚至形成了路径依赖。这种状况如果再不改变，未来不要说制高点，即使是我们现在已经占据的地位都有可能失去，世界上掉入中等收入陷阱的前车之鉴比比皆是。因此，下决心转型升级是我们的唯一出路。环顾世界，在日趋激烈的竞争环境下，各国都在努力寻找新的发展引擎，打造新的经济增长点。

2010 年 4 月，习近平同志出席博鳌亚洲论坛开幕式并发表演讲时就鲜明地指出："绿色发展和可持续发展是当今世界的时代潮流。"[②] 这一个大趋势现在表现得越来越明显：美国政府提出了"绿色新政"，欧盟制定了《欧盟 2020》发展战略，日本推出了"绿色发展战略"，韩国提出了《国家绿色增长战略（至 2050 年）》。以印度、巴西等为代表的新兴市场国家也迅速

① 裴庆冰等．绿色发展背景下绿色产业内涵探析．环境保护，2018（Z1）：86–89.

② 习近平．携手推进亚洲绿色发展和可持续发展.http：//www.gov.cn/ldhd/2010–04/10/content_1577863.htm.

加入了“绿色大军”行列，制定《国家行动计划》并着手大力推进。他们的经验与思考，足以引起我们的深思。必须高度关注的是，在许多科学家眼中，当前正在蓬勃兴起的绿色工业革命，堪称“第四次工业革命”。第一次和第二次工业革命在全世界兴起的时候，我们落伍了。以电子和信息技术开发应用为标志的第三次工业革命，兴起于20世纪四五十年代，我们实际上只赶上了半程。而当前，“第四次工业革命”到来之际，我们与发达国家基本站在同一起跑线上，在一些技术和资源领域不仅并不落后，而且还具有一定的相对优势。我们必须抓住机遇，乘势而上，将绿色工业革命视为新的经济发展引擎，把环境约束转化为绿色机遇，加快制定绿色发展战略，用以指导经济转型升级并促进新兴产业发展。在节能产业、资源综合利用产业、新能源产业、环保产业以及电子技术、生物、航空航天、新材料、海洋等战略性绿色新兴产业形成新的经济增长点，切实转变经济发展方式，实现产业结构升级，抢占未来世界市场竞争的制高点。

针对上述情况，我们应寻求可行的方法，解决阻碍环保产业发展的种种问题。只有随着环保问题的市场化和产业化的进一步深入，以及环保技术的提高，环保产业才会真正走向成熟，开拓其广阔前景。

①建立市场机制，调整产业产品结构。环保产业有着强劲的市场需求，发展前景极其广阔。而发展环保产业，需要优化产业结构和企业组织结构，为发展环保产业创造良好环境。我们应加强发展规划的科学化，进行计划指导，进行引导扶持。充分运用市场机制，打破地方和行业保护，让环保产品在市场上自由竞争，并运用多种方式维护市场秩序。②制定和完善环保产业政策。尤其在经济政策方面，应引导资金向环保产业投入；采取扶持政策；要求各地区、各部门建立环保专项基金；加快环保设备折旧；实行奖励政策等。③理顺关系，分工合作。环保产业涉及面极广，这给协调带来一定困难。但一旦关系理顺，协调得当，则会事半功倍。为适应环保产业跨部门、跨行业、跨地区的群体结构特点，把分散的环保产业逐步过渡到行业管理的轨迹上来，组建环保产业协会，对环保产业进行辅助管理是切实可行的方式。④加强管理，提高产品质量。环保产品的质量代表了整个环保产业的发展水平。而管理水平，不仅与产品质量息息相关，更与整个产业的发展关系密切，国家应

采取相关措施对产品质量实施监督管理。而企业自身为了长远发展应提高管理水平，严控产品质量。这样才能赢得顾客和长远发展的市场。⑤利用科技进步，提高产品水平。环保科技是环保产业赖以发展的基础。应尽快把科技运用到环保产业中，提高环保产品的水平，只有在新技术基础上发展起来的环保产业才是有生命力的。⑥积极进行国际交流与合作。光凭本国的力量是不够的，我们应积极争取外援，引进国外先进技术、管理和产品。同时把我国的环保产品推向国际市场，参与竞争。

（二）绿色产业发展的意义

作为世界上人口最多的国家、增长最快的经济体，我国正经历着人类历史大规模的城镇化与工业化进程，正以脆弱的生态环境来承载较大的环境压力，“生态文明建设正处于压力叠加、负重前行的关键期”，经济的快速发展所带来的沉重环境负担，日益约束着我国的进一步发展。2018 年 5 月，习近平总书记在全国生态环境保护大会上指出：绿色发展是构建高质量现代化经济体系的必然要求，是解决污染问题的根本之策[①]。立足于新时代，绿色发展对我国转变经济发展方式、应对污染问题、保证社会持续健康发展都有着十分重要的意义。

1. 建设高质量现代化经济体系的必然要求

党的十九大提出建设现代化经济体系是经济发展的战略目标，推动高质量发展是实现这一战略目标的路径。高质量发展，是能够满足人民日益增长的美好生活需要的发展，是体现创新、协调、绿色、开放、共享的发展。建设现代化经济体系，是与谋划和推进各个组成部分和整个系统的现代化，推动高质量发展相辅相成、互为条件、相互促进的。推动经济发展质量变革、效率变革、动力变革，实现高质量发展，是建设现代化经济体系的内涵和目的。只有推动绿色成为普遍形态的高质量发展，建设资源节约、环境友好的绿色发展体系，才能使人民群众渴望的清新空气、洁净水源和良好生态环境的需求逐步得到满足。

改革开放已四十余年，中国经济的高速发展促使中国成为第二大经济体。

① 习近平：坚决打好污染防治攻坚战 推动生态文明建设迈上新台阶 .http：//news.cnr.cn/native/gd/20180519/t20180519_524239362.shtml.

经济的高速增长积累了许多问题和矛盾，财富的增加过多地依赖资源投入和投资驱动、科技创新应用的缺乏，导致我国单位 GDP 能耗大大高于高收入国家，目前已成为世界上最大的能源消耗国，碳排放量居世界第一位。我国环境恶化和资源消费的经济代价约占国内 生产总值（GDP）的 9%，约比韩国和日本高出十倍[①]。资源开发的迅速扩大和能源消耗的迅猛增长伴随着生态破坏和环境污染，尽管我国已经实行了严格的节能减排措施，各个地区、各部门正积极进行大气、水体和土壤污染治理，主要污染物排放强度持续下降，环境保护工作取得明显进展，环境质量也有所改善，但生态环境保护形势依然严峻。在资源环境为生产活动提供物质基础的同时，经济发展、人类生活也受到了环境污染、资源短缺的威胁，仅仅依靠政府对经济大规模的直接干预是治标不治本的，以资源环境为代价的传统发展模式已不可持续，亟待经济发展方式的绿色化转变。

2. 解决污染问题的根本之策

环境污染是指由于人类活动的不合理所引起的环境质量下降，从而危害了人类及其他生命体的生存状况和健康发展的现象。“绿色发展是对生态危机的反思和生态运动的产物”[②]，资本主义生产方式在创造出丰富的物质财富的同时也使生态环境遭到极大的破坏，使环境污染问题达到了前所未有的程度。20 世纪中叶以后，资本主义国家相继发生了“八大公害事件”，引发了人们对环境问题的高度关注。为了维持生态平衡，绿色和平的民间组织、政党、学术团体逐渐在多国兴起，一些国际性的生态保护活动也逐渐开展起来。然而，生态运动并没有使环境质量出现根本性转变。环境污染日益加重、资源枯竭、能源匮乏、土地沙化等生态问题不断加剧。严酷的现实情况迫使人们不得不重新审视人与自然的关系，以求发现生态危机的深层本质。从根本上说，环境污染问题的产生是一个从量变到质变的过程，它的产生与人们对自然资源的利用方式和利用程度密切相关。就我国来看，我国人均耕地约占世界平均

① Marianne Fay. 经济学家：中国环境恶化损失占 GDP9%.http：//cn.chinagate.cn/data/2014-06/30/content_33136640.htm.

② 路日亮等 . 绿色发展的必然性及其发展范式转型 . 北京交通大学学报（社会科学版），2018（1）：143-146.

水平的 1/3，淡水和森林分别为世界平均水平的 1/4 和 1/7，我国目前已有 1/3 的土地遭受到酸雨的侵袭，大概 70% 的江河水受到污染，1/3 的城市人口不得不呼吸被污染过的空气[①]。坚持绿色发展，改变末端治理的思路，从源头治理，着力推进绿色发展、循环发展、低碳发展，是解决污染问题的根本之策。伴随着市场化改革进程，我国的能源效率明显提高，在绿色发展的引领下，我国积极应对各种生态环境的挑战，生态赤字正在不断缩小。

3. 保证社会的持续健康发展的必由之路

生态环境一头连着人民群众的生活质量，一头连着社会的和谐稳定。发展方式贯穿于发展始终，关系到发展全局，绿色发展是当下保证我国经济社会持续健康发展的新路径。虽然从总体上看，我国的生态环境质量呈现出稳中向好的趋势，但仍存在资源环境承载力接近上限、社会矛盾日益复杂并显性化、全球环境治理责任和压力增加等问题，成效并不稳固。如何在经济发展与环境保护之间找到平衡，从而实现双赢，是发展中亟待破解的难题。绿色化的发展方式既是遵循自然规律的可持续发展，也是遵循经济规律的科学发展、遵循社会规律的包容性发展，是经济社会持续健康发展的重要保证。从长期来看，要增强经济社会的可持续发展能力必须改变“高投入、高消耗、低效率”的传统发展模式。通过对传统发展方式的绿色化改造，不断降低生态环境的代价，不断提高经济、社会和环境的协调性，增强经济社会的可持续发展能力，以符合我国发展资源节约型、环境友好型社会的要求。

（三）绿色产业分类

绿色产业是指积极采用清洁生产技术，采用无害或低害的新工艺、新技术，大力降低原材料和能源消耗，实现少投入、高产出、低污染，尽可能把对环境污染物的排放消除在生产过程之中的产业[②]。生产环保设备的有关产业，它们的产品称为绿色产品。发展绿色产业，既是推进生态文明建设、打赢污染防治攻坚战的有力支撑，也是培育绿色发展新动能、实现高质量发展的重要内容。

绿色产业的主力军是环保产业。环保产业包括生产环保设备、垃圾回收

① 河南省林业局．让金山银山仍然是绿水青山.http：//lyj.henan.gov.cn，2018-08-22.

② 刘国涛．绿色产业与绿色产业法．中国人口·资源与环境．2005（04）：95-99.

和处理。这是一个发展潜力巨大的产业市场。1987 年以来，经营环保业务的公司的股票升幅比所有股票的平均增幅高出 70%，这就是一个证明，表明社会对环保产业发展的看好。尤其是废弃物回收业，可谓在各国“走红”。据美国 EPA 调查，全美城市的固体废物平均回收率从 1990 年的 17% 增长到 1993 年的 28%[①]。可见环保产业中仅废弃物回收一项就有巨大的发展潜力。

近年来，各地区、各部门对发展绿色产业高度重视，出台了一系列政策措施，有力促进了绿色产业的发展壮大。但同时也面临概念泛化、标准不一、监管不力等问题。为进一步厘清产业边界，将有限的政策和资金引导到对推动绿色发展最重要、最关键、最紧迫的产业上，有效服务于重大战略、重大工程、重大政策，为打赢污染防治攻坚战、建设美丽中国奠定坚实的产业基础，国家发展改革委会同有关部门研究制定了《绿色产业指导目录（2019 年版）》。

二、重大项目助力湖北绿色产业高质量发展

湖北省实施十大战略性举措，就还坚持“生态优先、绿色发展”总基调，重点谋划纳入一批具有绿色发展特色的重大事项和重大项目，对不能体现绿色发展主题的一般性项目没有纳入。在重大项目的选择上，确保科技高度、投资强度、绿色程度、产业链长度、项目深度“五度”的标准，增强湖北省产业和区域竞争力。

（一）京东方 10.5 代线项目

武汉京东方 10.5 代液晶显示生产线项目总投资为 460 亿元，设计产能为月生产玻璃基板 12 万张，主要生产 65 寸和 75 寸、分辨率 8K 和 4K 液晶显示面板。产品采用高分辨率非晶硅半导体、GOA 驱动设计、全铜工艺等最新技术[②]。

2019 年 5 月，位于武汉临空港经开区的京东方 10.5 代液晶显示生产线项目现代化厂房已经建设完成。该项目是京东方第二条 10.5 代 TFT—LCD 项目。作为武汉迄今最大、最高标准的电子洁净厂房，武汉京东方项目生

---

① 中国质量报．经济复苏需要绿色新政 .https：//www.solidwaste.com.cn/news/175240.html，2009-06-15.

② 武汉市委统战部．京东方武汉 10.5 代线项目投资 460 亿元 .http：//www.hbtyzx.gov.cn/，2018-04-10.

产“中国屏”的洁净室对生产环境有严格的参数要求，要求洁净区域内每立方米微尘不能超过100颗，比ICU病房的标准高10 ~ 100倍。

京东方在武汉地区投资建设的第一条全球最高世代液晶面板生产线，将大幅增强京东方在超大尺寸及超高分辨率生产线的竞争力，有助于京东方在全球显示面板行业中夯实其领先地位，同时在一定程度上也助推了湖北省绿色产业行业不断前行的步伐。

（二）华星光电显示面板项目

2017年6月，武汉华星光电第6代柔性LTPS-AMOLED显示面板生产线（简称t4项目）在武汉光谷正式开工建设。t4项目总投资350亿元，是国内第一条主攻折叠显示屏的6代柔性LTPS-AMOLED显示面板生产线，达产后年均销售额将超百亿元，将进一步提升中国半导体显示产业全球竞争力[①]。

华星光电第6代柔性LTPS-AMOLED生产线项目的开工建设，是湖北省推进产业转型升级、实现跨越式发展的重要项目之一。华星光电t3、t4项目，是湖北智能制造和光电子信息产业领域的重点龙头项目，对湖北打造全球技术最先进、规模最大的中小尺寸显示面板研发生产基地具有里程碑意义。

（三）武汉国家航天产业基地

武汉国家航天产业基地作为我国首个国家级商业航天产业基地，由武汉市政府联合中国航天科工集团、华夏幸福基业股份有限公司采用PPP模式共同打造。自2017年启动建设以来，基地建设推进迅猛，目前，基地已初步形成8平方千米以航天产业为龙头的产城融合示范区。

2018年，基地加速产业项目落地，奥英光电显示器背光模组及整机研发与生产项目、航天科工二院卫星项目、优利麦克高端芯片生产项目将陆续开工建设。城市建设上，华夏幸福统筹考虑生产、生活、生态的需求，重点打造航天大道以北区域，集中建设六条园区道路，形成东部产业核心区“三横五纵”路网格局。

---

① 华星光电第6代柔性面板生产线开工建设，年均销售额将超百亿.https：//n.znds.com/article/23246.html，2017-06-16.

第二节　宜居环境构建

一、美丽宜居乡村构建

2018年，湖北省住建厅印发《湖北省美丽宜居乡村示范项目建设方案》，计划2018年至2020年，全省每个县市区都将打造一批精品型、提升型美丽宜居乡村示范项目。其中，美丽宜居乡村将分基础型、提升型、精品型三种类型。每个县市区将打造5个精品型、20个提升型美丽宜居乡村示范项目，其他所有村庄达到基础型村庄标准，整体改善农村人居环境。

精品型、提升型和基础型美丽宜居乡村有不同的标准。其中，精品型美丽宜居乡村示范项目评价标准为产业兴旺、生态宜居、乡风文明、治理有效、生活富裕。提升型美丽宜居乡村示范项目评价标准为生态优、环境美、建筑特、设施全、支部强、乡风淳。基础型村庄评价标准为干净、整洁、卫生。

建设美丽宜居示范乡村，原则上要坚持“群众为本、产业为要、生态为基、文化为魂”的建设思路，强化规划引领，精准产业定位，弘扬优秀文化，筑牢生态底盘，彰显田园风貌。政府加强政策引导，尊重群众意愿，吸引市民下乡、能人回乡、企业共同参与建设。

建设后的乡村除符合美丽宜居乡村要求外，还按照《湖北省改善农村人居环境技术指引》的要求，开展道路、绿化、污水处理等基础设施建设，实施房前屋后、水环境、公共空间整治等。乡村路、水、电、气、网等基础设施功能完善，生活垃圾无害化处理达标，垃圾分类全覆盖，而且有健全的长效保洁机制。村里实施改厕、改厨、改圈，有完善的污水收集处理设施，有干净卫生的公共厕所和家庭厕所。同时，村容风貌方面，这类村庄将融合自然环境、乡土风情、历史文化、生活功能，采用“荆楚派”建筑建设风格，注重保护传统建筑和村落。村旁、路旁、宅旁、水旁及零星闲置地都会得到绿化，集中居民点也有绿化景观亮点，全力做到村庄内山清水秀、绿树成荫①。

---

① 湖北省住房和城乡建设厅．湖北省美丽宜居乡村示范建设项目方案．http：//zjt.hubei.gov.cn/bmdt/dtyw/mtjj/201910/t20191028_99819.shtml，2018-05-17.

（一）宜居乡村的工作要求

1. 科学编制村庄规划

“宜居村庄”规划不能等同于一般的村庄规划，要坚持高起点、高标准、高要求，科学编制规划并认真组织实施。规划设计要做到分区合理、设施齐全、功能完善、节能抗震，突出农村特色，便于农村的生产生活和产业发展。“宜居村庄”示范项目人口聚集规模一般不得低于100户，人均居住面积达到40平方米以上。各级住房和城乡建设部门要加强技术指导，为农民建房免费提供通用图集和技术咨询，引导农民建设布局合理、节约用地、功能齐全、安全实用、经济美观的住宅。

2. 统筹推进城镇化与新农村建设

以“重点中心镇”“特色镇”和“宜居村庄”建设为重点，深入开展新一轮“百镇千村”建设；继续抓好省委、省政府确定的各类农村环境整治重点项目，促进城镇化与新农村建设的良性互动。鼓励有条件的县（市、区）自主开展城乡一体化改革，落实村庄规划，引导分散自然村向小城镇、农村新社区和中心村集中。结合农村住房建设和危房改造项目，采取多种模式，积极推进农村新型社区和中心村建设，注重抓好城中村、城边村、乡镇驻地村和经济强村的整体改造，同步实施村镇道路、供排水、照明、供气等配套基础设施的建设。将新农村建设与产业发展、农村生态环境建设与人居环境改善结合起来，不断提升农村基础设施和公共服务设施水平。

3. 切实加强组织领导

“宜居村庄”建设既是社会主义新农村建设的重要内容，也是推进新型城镇化的重要手段。示范项目实施中，县（市区）、乡镇政府是责任主体，村民委员会是实施主体，住建部门是技术支持、管理与服务主体。各地要统一思想，提高认识，切实加强组织领导，建立“政府主导、部门联动、村民主体、社会参与”的工作机制，认真制定实施方案和工作措施，把工作要求落在实处。各级住房和城乡建设主管部门要加强同发改、财政、规划、住建、国土、交通、农业、水利、环保、教育、卫生、广电等相关部门协调和配合，整合各类资源，推进项目建设实施和农村产业发展。加强宣传引导，提高社会参与度，增强农民群众参与“宜居村庄”建设的自觉性和主动性。通过“宜居村庄”示范项目建设，不断探索和建立适应新型城镇化要求的农村建设工作机制，不断改善农村居住和生活环境，加快新型城镇化和城乡一体化进程。

（二）湖北省宜居乡村的示范成果

2016年5月，湖北省推进新型城镇化工作领导小组办公室公布全省第五批“宜居村庄”名单。鄂东3市共有51个村庄入选，其中黄石7个，鄂州17个，黄冈27个。黄石获评“宜居村庄”的分别是：大冶市还地桥镇长岭村、陈贵镇王祠村、刘仁八镇八角亭；阳新县枫林镇水源村、白沙镇金龙村、富池镇富池村；开发区太子镇德夫村。

鄂州获评“宜居村庄”的分别是：鄂城区碧石渡镇樟树岭村、汀祖镇华伍村、长港镇夏沟村、沙窝乡草陂村、汀祖镇李坳村、燕矶镇杜湾村、长港镇东沟村；华容区段店镇武圣村、华容镇金能村；梁子湖区涂家垴镇官田村、沼山镇朱山东村、涂家垴镇南阳村、太和镇谢培村、梁子镇刘斌村、涂家垴镇能易村、东沟镇茅圻村、东沟镇刘河村。黄冈获评“宜居村庄”的分别是：麻城市张家畈镇牌坊岗村、阎河镇桃林河村；团风县回龙山镇华家大湾村、但店镇朴树大湾村、总路咀镇双河口村；罗田县匡河镇分水岭村、河铺镇林家咀村、平湖乡粉壁坳村；蕲春县大同镇小竹冲村、檀林铺镇富冲村、檀林铺镇枕头山村；黄梅县停前镇刘壁村、蔡山镇张王桂村、五祖镇日羊村。此外，黄州区还有陈策楼镇孟钵桥村、陶店乡望城村、堵城镇刘湾村；武穴市花桥镇刘六西村、大法寺镇李边村；浠水县关口镇豹龙庙村、汪岗镇陈庙河村、团陂镇贺坳村；英山县杨柳湾镇锣响坳村、杨柳湾镇新铺街村；红安县火连畈茶场火连畈村、二程镇关王寨村、七里坪镇东岳庙村[①]。

湖北省推进新型城镇化工作领导小组办公室表示，希望受到命名的“宜居村庄”珍惜荣誉，再接再厉，以美丽乡村建设为目标，积极实施提升工程，争取达到国家级“美丽宜居村庄”标准。

---

① 数据来源：湖北省推进新型城镇化工作领导小组办公室：《湖北省推进新型城镇化工作领导小组办公室关于命名第五批“宜居村庄”的通报》，2016.05.23.

二、绿色城市构建

湖北省坚持以习近平新时代中国特色社会主义思想为指导，认真贯彻落实党的十九大精神、习近平总书记关于城市工作系列重要论述和中央城市工作会议精神，从省内城市建设阶段性特征出发，坚持以人民为中心，以人民群众对美好生活的向往为导向，强化“生命共同体”理念，着眼于人与自然和谐共生，以解决具体问题为提质提效的着力点，集中力量破解一批事关城市建设绿色发展的突出问题，整治“城市病”，践行新理念，扎扎实实补上城市建设绿色发展短板，推动城市建设转型升级。

通过2018—2020的三年努力，全省城市（含各市州城区、直管市城区、神农架林区松柏镇、县城）做到：统筹推进城市水环境治理；着力加强废弃物处理处置；大力推进海绵城市和综合管廊建设；加快绿色交通体系建设；提升园林绿地建设水平。

（一）绿色城市建设重点任务[①]

1. 统筹推进城市水环境治理

建立从“源头到龙头”的全流程饮用水安全保障体系，所有城市饮用水水源地保护达到国家规定标准，建成一个以上备用水源；存在安全隐患的二次供水设施得到改造；城市公共供水普及率每年稳定在98%以上，水质100%达标，县（市、区）城市饮用水安全状况信息每季度向社会公布。每年完成地下老旧管网改造20%以上，公共供水管网漏损率控制在10%以内。大力实施雨污分流，全力推进截污纳管，城市生活污水处理率95%以上，达到国家标准要求。城市建成区生活污水全收集、全处理，基本消除黑臭水体。城区所有湖泊均要有专项保护规划和一河（湖）一策，实施红线蓝线管控，河湖面积不缩小，水质不下降，防洪能力不降低。统筹考虑河、湖、岸、植物、生物等生态要素，防涝、治污、生态一起抓。以水定城、以水定产，实施城市节水综合改造，创建节水型城市。对城市易涝点的雨水口和排水管渠进行改造，城市排涝能力比2017年提高30%以上，实现“小雨不积水、大雨不内涝”。

① 湖北省人民政府．湖北省城市建设绿色发展三年行动方案，2017-12-31.

2. 着力加强废弃物处理处置

2020年，城市生活垃圾实现全收集、全处理，力争做到全过程网上监测，无害化处理率达到98%。大力推行垃圾分类，试点地方生活垃圾回收利用率达到35%以上，其他地方达到20%以上。城市污泥无害化处理处置率地级市达到90%，县级市达到75%，县城达到60%以上。加强餐厨油烟集中治理，政府机关、公共设施、酒店宾馆、小餐饮集中点餐厨油烟做到集中收集处理，新建小区将油烟集中处理设施建设要求纳入规划条件，严格控制露天烧烤场地，对环境影响严重的及时整改。市、州、直管市城市餐厨垃圾合理利用和处理率达到70%以上，垃圾焚烧发电厂市州、直管市全覆盖，各市、州、直管市都建成建筑垃圾资源化利用处理设施。落实建筑施工扬尘防治责任制，达到建筑施工扬尘防治标准。

3. 大力推进海绵城市和综合管廊建设

把海绵城市建设指标纳入规划条件和项目审查环节，严格落实到位。新编城市规划全面落实海绵城市建设指标。系统开展江河、湖泊、湿地等水体生态修复，积极推进水系连通流动，因地制宜建设湿地公园、雨水花园等海绵绿地，推进老旧公园提质改造。到2020年，城市建成区20%以上的面积达到海绵城市的要求和标准。完成地下管线普查，建立综合管理信息系统。制定各专业管线年度建设计划，并与道路建设同步实施，杜绝“马路拉链”现象。编制综合管廊专项规划，推进地下空间“多规合一”。城市新区、各类园区、成片开发区域的新建道路根据功能需求，同步建设地下综合管廊。2020年，城市新区新建道路综合管廊配建率达到30%以上，城市道路综合管廊配建率达到2%以上。

4. 加快绿色交通体系建设

提倡“公交+慢行”出行模式。推行“窄马路、密路网”的城市道路布局理念，着力提高支路网密度，加强道路微循环，城市建成区路网密度达到规划要求。改善各类交通方式的换乘衔接，公交车覆盖半径适应城市需求，城市公共交通、步行、自行车等绿色出行分担率提高10%以上。打造连续成网的慢行系统，新建主次干道必须设置独立的非机动车道，老城区通过改造升级，实现非机动车出行的连续性。加快停车设施建设，各地2018年编制完成停车专项规划和分年度实施计划，2020 年完成规划建设任务。停车场充电桩配置率达到 10% 以上。

5. 提升园林绿地建设水平

划定城市生态保护红线、永久基本农田、城镇开发边界三条控制线，推动城市集约节约发展。优化城市绿地布局，留出城市风道、绿廊，构建完整连贯的绿地系统，实现“300 米见绿、500 米见园”，城市公园绿地 500 米服务半径覆盖率达到 85%，人均公园绿地面积设市城市不少于 14.6 平方米，县城不少于 11.4 平方米，老城区人均公园绿地面积不少于 5 平方米，建成区绿地率达到 39% 以上。设市城市至少建成一个具有一定规模，水、气、电等设施齐备，功能完善的防灾避险公园。城市的受损山体、水体、工矿废弃地、垃圾填埋场得到有效修复。

6. 加强公共厕所规划建设

按照“全面规划、合理布局、改建并重、卫生适用、方便群众、水厕为主、有利排运”的原则，进行公厕规划建设，着力解决城市如厕难题。按老城区 800 米、新区 500 米服务半径，实现公厕全覆盖。老城区可通过新建、附建和公共设施开放共享等方式，解决公厕不足问题。新区按环卫设施专项规划全部实施落地。中心城区公厕全部达到国家 A 级标准，公厕环境清洁卫生、设施设备良好，管理做到规范化、标准化。城市道路应设置明显的公厕标识指引系统，推广建设城市公厕智能引导系统，解决找厕难题。

7. 优化公共文体等设施配套

建设 15 分钟社区生活圈，依托社区邻里建设，配套完善公共文化体育设施。社区周边步行 15 分钟范围内，有小学、幼儿园、社区卫生、基层文化体育设施和菜市场。城市图书馆、博物馆、体育馆等大型公共设施免费向群众开放，并利用“互联网 +”提高城市公共设施使用效率。城市老旧小区改造率达到 50% 以上，配套完善水、电、气、管网、路灯等基础设施。

8. 强力推进智慧城市建设

充分利用现代信息技术，推动城市功能、空间的共享，推进城市智慧生活。打造智慧城建，市政基础设施监管平台实现全覆盖，智慧市政基础设施占基础设施投资比例达 1% 以上。打造智慧交通，建成城市公共交通诱导、智慧停车系统，提高通行效率。打造智慧服务，每个城市都建立涵盖社保、公交、金融、医疗、旅游、水电气缴费等范围的市民一卡通（各城市可根据各自情况自行增减一卡通内容），并逐步整合到手机端使用。促进共享经济发展，打造智慧政务，网上办理涉民服务和审批的比例大幅提高。探索建立市民信用等级管理，将市民遵守城市建设、管理法律法规和公共秩序的情况纳入信用体系。

9. 加强城市特色风貌塑造

完成总体城市设计和重点地区城市设计，将城市设计要求纳入规划条件和设计方案审查环节。加强城市历史文化挖掘，划定特色风貌街区或者历史文化街区，编制相应的保护规划，逐步修复完善，打造成城市的特色名片。开展历史建筑普查并向社会公布，明确责任单位、责任人员，严格保护，合理利用。加强荆楚派建筑风格应用，重大公共建筑应体现地域特征和时代风貌。着力治理城市环境容貌。2020 年，城市建成区违法建设得到全面处理，形成长效管控机制，坚决遏制新增违法建设。2020 年，城区主要街道蜘蛛网式架空线全部规整，新建道路（除工业园区外）、主次干道、历史街区、重点地区 10kV 以下的强电和弱电全部入地，建有地下综合管廊的街道，管线必须入廊。治理乱停乱靠，重点整治机动车占用非机动车道、盲道行为，保持盲道连续性。治理乱贴乱画，消除城市小广告，规范城区广告电招。治理城市老旧空间，背街小巷实现道路硬化、路灯亮化、环境整洁化。

10. 大力发展绿色建筑和装配式建筑

全面推进绿色建筑行动。2020 年，绿色建筑占新建建筑比例达到 50%，新建建筑能效比 2015 年提高 20%。设市城市建设 1 个以上绿色生态城区。大力发展装配式建筑，2020 年，装配式建筑占新建建筑的比例达到国家要求，各设市城市编制完成装配式建筑发展规划。加快推进装配式建筑全装修成品交房，装配化装修。

鼓励各地采取政府与社会资本合作（PPP）模式，引导投资的供给侧结构性改革，引导社会资本进入城市建设的民生领域、绿色发展项目。同时加大宣传力度，广泛发动群众，创造条件，借助“互联网 +”共享城市公共基础设施提供的服务，提高各类公共基础设施使用的效率。

（二）湖北省宜居示范城市

为挖掘和利用差异性、特殊性气候，推动生态环境保护与经济高质量发展，2017年12月，中国气象局印发工作意见，决定打造气候宜居、气候生态、农产品气候品质等国家气候标志系列品牌。“中国气候宜居城市”成为衡量地区优质气候生态资源的权威认定。

宜昌地处湖北省西南，地势西高东低，多山地丘陵，水系发达。特殊地理位置和地形特点使得宜昌既有丰富的气候资源，也有独特气候优势，不仅孕育了丰富的森林植被类型，也造就了绿水青山奇观美景和朝霞、云海、雾凇等多种气候景观。近年来，宜昌全面践行“绿水青山就是金山银山”理念，坚持“四季挖窝、三季植绿”，推进沿江化工企业“关改搬转”，加快“产业生态化、生态产业化”，着力谱写好生态修复、环境保护、绿色发展“一篇文章”，生态颜值“底色”更加靓丽。

2019年10月，经中国气象学会组织专家评审，宜昌在气候禀赋、气候生态环境、气候舒适性、气候景观、气候风险五大类41项气候宜居指标中，有35项达到优良，优良率为85.5%，评价结果表明宜昌具有良好的气候生态优势，符合国家气候宜居城市评定标准，获评“中国气候宜居城市”称号①。这是全国第三个、湖北首个获此殊荣的城市。宜昌市将以此为契机，依托良好的自然资源和宜居宜业环境，护好生态优势、讲好宜昌故事、做深气候文章，全方位、多角度丰富“中国气候宜居城市”品牌内涵，推动气候资源与旅游、康养、文化等产业融合发展，促进人与自然和谐共生。下一步，该市将深度挖掘气候资源，打造一批宜居、宜业、宜游生态气候品牌，让民众享受更加优质的生态气候，吸引更多的海内外游客来湖北分享自然生态美和文化美。

第三节　资源持续发展

地球上的能源是有限的，如果只伐树而不植树，森林也会变成荒原，如

① 资料来源：央广网.“三峡门户”湖北宜昌获评“中国气候宜居城市”，2019-12-12.

果毫无节制地开采消耗，世界的矿产能源资源也将会枯竭。目前人类所需能源中78%为地下化石资源（包括石油、煤、天然气），以当前的消耗速度不到200年便消耗殆尽。而随着世界人口的不断增加，能源紧缺的时期将会提前到来。因此，21世纪新能源的开发与利用，已不再是一个将来的话题，而是关系到人类的可持续发展，关系到人类子孙后代命运，是刻不容缓的一件大事。

所谓可持续发展，是指在开发自然、利用自然资源时，既满足当代人生存、发展的需求，同时又不损害后代人满足其需求的能力；既要保证今天经济的适度增长和结构优化，又要保持资源永久利用和环境优化，从而做到环境与经济的有机协调，实现持续共进、有序发展。

一、湖北省资源枯竭城市可持续发展

资源型城市（包括资源型地区）是以本地区矿产、森林等自然资源开采、加工为主导产业的城市类型[①]。一般当累计采出储量已达当初测定总量之70%以上，或以当前技术水平及开采能力仅能维持开采时间五年之城市，即将进入衰退或枯竭过程，就可将其称为资源枯竭型城市。也有专家称此类型之资源型城市为“资源衰退型城市”。湖北的资源枯竭型城市主要是以开采金属矿和非金属矿为主的资源型城市，现有4个：第一批（2008年3月17日）大冶市（铁矿、铜矿、硅灰石）；第二批（2009年3月）黄石市（铁矿）、潜江市（石油）、钟祥市（磷矿）。

资源型城市转型是世界趋势，我国已对促进资源型城市可持续发展进行了全面部署。为贯彻落实《国务院关于促进资源型城市可持续发展的若干意见》（国发〔2007〕38号）精神，湖北省立足自身发展实际，对促进资源枯竭城市可持续发展做出了新的探索。

① 国家计委宏观经济研究院课题组．我国资源型城市的界定与分类．宏观经济研究，2002（11）：37-39.

（一）深入推进体制机制创新[①]

1. 大力发展多种所有制经济

资源枯竭城市以产权制度改革为核心，继续深化国有企业改革，积极推行投资主体多元化，按照建立现代企业制度的要求，完善法人治理结构。进一步打破地区、行业、所有制限制，优化资源配置，推进兼并重组。积极推进主辅分离、辅业改制和分离企业办社会、厂办大集体改革，切实减轻企业负担。大力发展非公有制经济，积极培育和发展民营企业，落实中央在融资、财税、市场准入等方面的各项政策，创造促进非公有制经济加快发展的公平竞争环境。进一步加大对内对外开放的力度，打破地区封锁和市场分割，积极吸引区外、境外的各类生产要素参与资源枯竭城市转型。

2. 完善资源开发补偿机制

资源开发企业是资源补偿、生态环境保护与修复的责任主体。按照“谁开发、谁保护，谁受益、谁补偿，谁污染、谁治理，谁破坏、谁修复”的原则，改进和完善资源开发的生态补偿机制。严格执行并不断完善《湖北省矿山地质环境恢复治理备用金管理办法》（省政府令〔2007〕298号），各地按照“企业所有、专户储存、政府监管、专款专用”的原则，加强备用金的监管，确保备用金用于矿区生态环境恢复治理。

3. 完善资源性产品价格形成机制

湖北省财政、国土部门科学制定资源性产品成本的财务核算办法，把矿业权取得、资源开采、环境治理、生态修复、安全设施投入、基础设施建设、企业退出和转产等费用列入资源性产品的成本构成。推进矿产资源的有偿使用，新设矿业权要全面实行招拍挂制度，形成能够反映资源稀缺程度、市场供求关系、环境治理与修复成本的资源性产品价格机制。

4. 科学编制资源枯竭城市转型规划

资源枯竭城市人民政府以科学发展观为指导，按照国家及省级经济和社会发展总体规划、主体功能区规划的要求，与相关专项规划和区域规划充分衔接，深刻剖析转型的基础和环境，突出区位优势和特色，把转型规划编制

① 资料来源：湖北省人民政府关于促进资源枯竭城市可持续发展的实施意见，2010-07-29.

成为统领地方发展的总体战略规划。采取有效措施，充分征求社会公众的意见，认真听取本级人民代表大会、政治协商会议的意见，把转型规划编制作为凝聚人心、谋求共识的重要方式。转型规划经过科学论证，明确发展战略，量化主要目标，突出重点任务，政策措施要具备可操作性。

（二）培育壮大接续替代产业

1. 大力发展接续替代产业

资源枯竭城市积极应对金融危机，贯彻落实《湖北省十个重点产业调整和振兴实施方案》（鄂政发〔2009〕34 号），以市场为导向，以企业为主体，培育壮大接续替代产业。着力推进产业结构优化升级，降低对资源的依赖度，大力发展循环经济，促进发展方式转变。鼓励资源枯竭城市增强园区开发功能，打造招商引资平台，优化产业布局，发展信息、新材料、新能源、新医药等高新技术产业和节能环保产业。

2. 改造提升传统优势产业

资源枯竭城市出台对龙头企业转型、产业链延伸及关键环节建设的专项支持政策。充分挖掘和发挥现有工业基础优势，提高企业自主创新能力和技术装备水平，加快运用新技术、新工艺改造提升传统优势产业，提高资源利用效率和清洁生产水平。积极支持和鼓励资源型企业发展精深加工，拉长产业链条。推进资源枯竭城市现有工业企业在增产不增污和完成节能减排目标的基础上，进一步优化技术工艺，淘汰落后产能，调整产业和产品结构，发展国家鼓励的优质、高效、无污染产品。鼓励资源枯竭城市发展纺织服装等劳动密集型产业。

3. 建立现代产业体系

按照资源衰竭程度，分轻重缓急，统筹考虑资源型产业剩余生产能力转移，积极调整产业结构，结合比较优势适度多元化发展，构建现代产业体系。支持资源枯竭城市实施城乡一体化战略，加快发展现代农业，提高土地产出率、资源利用率和劳动生产率；积极开发利用农业资源，发展农副产品深加工，延长农业产业链条，提高农业的产业化水平和市场化程度。突出发展文化旅游和现代物流两大重点领域，因地制宜发展工业旅游、生态旅游产业和建设区域性物流中心。大力发展生产性服务业，积极发展面向民生的服务业，加快发展农村服务业。积极探索连锁经营、物流配送等现代流通方式，用现代流通、大规模流通带动现代生产。

（三）加强环境保护和生态修复

1. 搞好区域生态环境的综合治理

按照“谁治理、谁受益”的原则，引导各类市场主体参与生态环境综合治理，加快污染整治和生态修复工程建设。坚守“三个不大于”，即可再生资源的实际利用率不大于再生率，不可再生资源的实际利用率不大于代替它们的可再生资源的利用率，各类污染物的排放率不大于自净或治理速率。严格实行污染物总量控制、排污许可、限期治理和环境影响评价等环境管理制度；严格环境准入，一律不得审批不符合节能环保标准的项目；严格节能降耗减排目标责任制，坚决依法关闭严重浪费资源和污染环境的企业。完善环境和地质灾害监测预警体系与环境监察体系，建立健全突发性重大环境和地质灾害事件预防与应急处理机制。

2. 改善资源枯竭城市人居环境

资源枯竭城市要把生态建设和环境保护投入纳入公共财政支出的重点。按照可持续发展要求，科学制定并严格实施城乡规划，加大基础设施建设力度，增强和完善城市功能，创造宜居环境。加快完善污水处理、垃圾无害化处理等有显著环境效益的市政公用设施建设，加快重点污染企业的搬迁以及旧城区和城中村改造步伐，推进以城区绿化为主要内容的城市生态建设。

3. 加强矿山的生态环境保护

科学规划矿山资源的开发，制订相关标准和规范，依法开展规划环评，严格项目环评审批。资源开采前必须进行生态破坏和经济损失专项评估，对可能造成严重生态破坏和重大经济损失的，应禁止开采；经评估可以开采的，应编制环境影响报告、制定水土保持方案、土地复垦实施方案、矿山环境保护与综合治理方案，并报有关部门审批。各地、各有关部门要加强对资源开采活动的环境监理，切实预防环境污染和生态破坏。同步治理矿区“三废”和地质灾害，防止土地荒漠化、水土流失和水资源破坏。加强采空区、大型矿坑对地质结构、地下水造成危害的基础性研究，研究制定治理办法。省级地质灾害和矿山地质环境恢复治理资金在安排上对资源枯竭城市给予倾斜。

4. 积极开展矿山土地复垦

根据土地利用总体规划、矿产资源总体规划、矿山环境综合治理和保护规划以及土地开发整理专项规划，合理安排土地开发整理项目、城市地质项目，并向资源枯竭城市倾斜，安排的土地开发整理项目以土地复垦类型为主。做好土地复垦规划和计划，从征收的土地复垦费中列支专项资金，加大矿山废弃土地的复垦力度。省级土地开发复垦、高产农田建设资金优先安排资源枯竭城市。

5. 大力推进矿产资源综合利用

推广先进适用的开采技术、工艺和设备，提高矿山回采率、选矿和冶炼回收率及劳动生产率，减少物质能源消耗和污染物排放。加强资源综合勘察和评价，开发利用好各种共伴生资源，逐步实现尾矿有价元素的回收再利用。有关部门要制定专门的管理办法，矿山企业须对共伴生资源和尾矿、废弃物中的重要有价元素回收再利用。积极推动资源枯竭城市发展循环经济，大力推广清洁生产技术，组织开展循环经济试点，扩大循环经济规模。

（四）着力解决就业等突出社会问题

1. 努力为失业人员和新增劳动力就业创造条件

资源枯竭城市要坚持就业优先的原则，把扩大就业作为经济社会发展的优先目标。在解决好历史遗留问题的同时，重点完善就业政策体系和制度保障，按照国家和省关于加强就业和再就业工作的一系列部署的要求，认真贯彻落实各项就业扶持政策。充分发挥人力资源市场和职业介绍机构的作用，为劳动力转移就业提供服务。支持资源枯竭城市利用现有中高等职业技术学校或就业训练中心，建立就业实训基地，加强对城市下岗职工、新增劳动力和农村剩余劳动力的培训力度。鼓励自主创业和企业吸纳就业，促进创业带动就业，对下岗失业人员从事个体经营及吸纳下岗失业人员符合条件的企业，按规定享受有关优惠政策。

2. 积极推进棚户区改造

资源枯竭城市要将符合政策的棚户区改造与廉租住房、经济适用房建设相结合，统筹规划，同步实施。切实加强改造后住宅区的管理和服务工作，巩固改造成果。对棚户区改造安置的困难户，地方政府及企业要给予适当补助，确保让最需要安置的弱势群体、困难群众得到妥善安置。对难以实现商业开发的棚户区改造，各级财政要给予适当支持，重点用于新建小区内部和连接市政公共设施的供排水、供暖、供气、供电、道路的外部基础设施的建设，以及配套学校、医院的建设。

3. 进一步完善和落实各项社会保险和救助制度

进一步完善基本养老、失业、基本医疗等社会保险制度，依法做好各类人员参加社会保险工作，扩大覆盖面，落实参保人员社会保险待遇，积极筹措资金解决关闭破产企业退休人员和困难企业职工参加医疗保险的问题。完善社会救助制度，对符合条件的贫困人群按规定及时给予救助。防止在企业破产、改制过程中发生侵害人民群众合法权益的事件，努力维护社会稳定。

（五）加强资源勘察和矿业权管理

1. 加强对矿区周边及深部矿业权的管理

进一步完善湖北省矿产资源总体规划和勘察规划，编制区域规划、矿区规划和矿业权设置方案。现有大中型矿山的深部及其外围的资源勘察，原则上以协议出让方式由现有大中型矿山企业取得矿业权并进行矿产资源勘察。制订合理的开采计划，加强对优势矿产资源开采总量的控制。进一步做好危机矿山接替资源找矿工作，制定资源枯竭城市危机矿山接替资源勘察规划。加大矿业企业接替资源普查支持力度，鼓励大中型危机矿山企业开展“圈边探底”的勘察工作，引导矿业企业出资完成详查和勘探，增强危机矿山的资源保障能力。

2. 加强新矿区勘探与开发的管理

进一步推进地质矿产勘察机制创新，完善勘察风险投资制度和勘察基金管理运行机制。将大中型矿山外围和危机矿山接续替代资源勘察纳入各级地勘基金项目予以重点扶持，促进找矿新突破，提供更多资源支撑。对于新发现矿区，优先支持资源枯竭城市的矿业企业开发。市际之间的异地资源开发，由省人民政府协调。市内的异地资源开发，由市人民政府协调。支持优势企业走出去，勘察开发区外、境外资源。

（六）加强技术和人力资源平台建设

建设产业转型技术和人力资源支撑平台。有效整合技术研发资源，突破资源枯竭城市可持续发展的技术“瓶颈”制约。加强资源枯竭城市企业技术中心建设，加快以企业为主体的自主创新体系建设。推动大学、科研院所以产学研联合开发、技术转让和技术入股等方式参与资源枯竭城市经济转型，建立一批开放式、流动性和虚拟化产业技术研发与转移平台。积极引进产业转型急需的国外先进生产技术，重点抓好消化吸收及“二次创新”。积极吸引外部高端智库为转型发展建言献策，支持研发人才带技术成果到资源枯竭城市创办企业。省直有关部门和资源枯竭城市人民政府选派优秀干部双向挂职任职，培养和吸引一批复合型、专业型、技能型、实用型技术人才和大学毕业生到资源枯竭城市工作。

（七）加大政策支持力度

1. 加强对国家财力性转移支付资金的监督管理

按照“科学规划、细化预算、严格审计”的原则认真落实好国家财力性转移支付政策，加强对国家财力性转移支付资金的监管。由市财政部门会同发改部门依据转型规划制订资金使用具体工作方案，提出资金投向和重点项目建议，经本级人民政府初审，报省财政厅、省发展改革委审批后，由市财政部门编制预算执行。省审计厅负责每年对资源枯竭城市转移支付资金进行专项审计，确保资金用于转型，提高资金使用效率。资源枯竭城市将资金使用情况每半年上报省资源枯竭城市可持续发展领导小组办公室。

2. 积极争取国家扶持政策

省直有关部门要按照本省资源枯竭城市可持续发展目标，在农林牧水、城市建设、环境治理、交通、旅游、煤矿安全、重大装备自主化建设、重点产业调整振兴、发展接续替代产业和吸纳就业、提高自主创新能力及高技术产业发展、沉陷区治理与棚户区改造、厂办大集体改革等领域，继续做好向国家有关部门争取支持政策、国债、一般性和专项转移支付等工作。

3. 加大省级政策扶持力度

省直有关部门通过积极整合现有与资源枯竭城市转型工作有关的各类资金，提高财政资金使用效率，推动资源枯竭城市可持续发展。在社会保障、生态治理、人居环境和基础设施建设等公共投资方面和规划重大产业项目布局上优先考虑资源枯竭城市可持续发展需要，完善配套条件、简化程序、加快审批。

4. 进一步提升资源枯竭城市投融资能力

积极推进本省资源枯竭城市与国家开发银行签署金融合作协议。加强银企对接，鼓励金融机构加大对资源枯竭城市转型项目的支持力度。支持资源枯竭城市加快发展金融租赁、担保和再担保业务，进一步加强对中小企业的金融支持，鼓励和支持资源枯竭城市利用世行、亚行贷款及国外资本参与经济转型和发展接续替代产业。

（八）建立完善任务责任制度

1. 资源枯竭城市的可持续发展工作由省人民政府负总责

湖北省人民政府已发文成立资源枯竭城市可持续发展工作领导小组（鄂政办发〔2009〕81号），省发展改革委、省经济和信息化委、省教育厅、省科技厅、省财政厅、省人力资源和社会保障厅、省国土资源厅、省环境保护厅、省住房和城乡建设厅、省交通运输厅、省水利厅、省农业厅、省商务厅、省文化厅、人民银行武汉分行、省国资委、武汉海关、省国税局、省地税局、省林业局、省银监局等部门为成员单位，统筹研究和解决资源枯竭城市可持续发展重大问题和突出矛盾，协调配合制订产业、财政、金融、税收、土地、矿产、教育、社会保障、环保、基础设施建设等相关支持政策。领导小组办公室设在省发展改革委，具体负责相关组织、协调和推进工作。

2. 市人民政府是资源枯竭城市可持续发展的第一责任人

资源枯竭城市人民政府要对转型规划的主要目标和重点任务进行分解，明确责任主体，提出细致周密、操作性强的具体方案并组织实施，确保转型规划落实到位。深层次整合城市内外发展资源，加强资源枯竭城市各有关部门的协调配合，建立协商机制，共同推进资源枯竭城市可持续发展。黄石、潜江、大冶等市的转型工作要和武汉城市圈“两型”社会综改试验区建设紧密结合起来，统筹城乡发展，拓展城市和产业发展空间，主动承接产业转移，着力提升企业自主创新能力和产业技术能级，打通与武汉市的产业关联，延伸产业链，形成产业集聚。钟祥市的转型工作要和鄂西生态旅游文化圈建设紧密结合起来，以旅游、生态健康产业为核心，集中建设一批生态镇和生态健康产业园。

3. 资源型企业是落实可持续发展工作的主体

资源型企业要加强深化改革，加快自主创新，强化资源节约和环境保护意识，切实承担起环境治理恢复和接续替代产业发展的责任。经济效益较好的企业要及时主动地解决遗留问题，还清历史欠账，为资源的进一步开发和培育接续替代产业奠定基础。具备条件的企业要积极挖掘现有资源潜力，并积极谋划和开发异地后备资源，为资源枯竭时转产做好充分的准备。

4. 建立资源枯竭城市转型的科学考核机制

建立切实可行的评估体系，对经济转型、环境整治与生态保护、健全社会保障体系、解决失业问题、消除贫困、棚户区搬迁改造、沉陷区治理等各项任务的完成情况和转移支付资金的使用情况，定期进行考核。评估体系作为今后一段时期资源枯竭城市各级人民政府考核的重要依据，将资源枯竭城市转型纳入科学发展轨道。资源枯竭城市各级人民政府和有关部门要充分认识促进资源枯竭城市可持续发展工作的重要性、紧迫性和艰巨性，抓紧研究和制定相关政策措施，加大落实力度，努力开创资源枯竭城市全面、协调和可持续发展的新局面。

通过探索，2012 年前，湖北省资源枯竭城市基本完成传统支柱产业的延伸拓展和接续替代产业的合理布局，初步形成多元发展的产业格局，基本解决资源枯竭带来的突出矛盾和问题，历史遗留的沉陷区和棚户区问题得到治理和基本控制。2015 年前，资源枯竭城市传统支柱产业形成完整的产业链，接续替代产业形成规模，占 GDP 比重比 2009 年上升 10%，矿区和城市生态环境明显改善，初步建立起资源开发补偿机制，经济社会步入可持续发展轨道。

二、湖北省国家可持续发展实验区

国家可持续发展实验区是从 1986 年开始，由原国家科委会同原国家体改委和原国家计委等政府部门共同推动的一项地方性可持续发展综合示范试点工作。其旨在依靠科技进步、机制创新和制度建设，全面提高实验区的可持续发展能力，探索不同类型地区的经济、社会和资源环境协调发展的机制和模式，为不同类型地区实施可持续发展战略提供示范。

到21世纪之初，在中央各有关部门和地方政府的共同努力和参与下，在全国范围内建立国家实验区58个，省级实验区77个，遍及全国90%的省、自治区、直辖市。各实验区取得了良好的示范效果和积极广泛的社会反响，可持续发展实验区成为贯彻《中国21世纪议程》和可持续发展战略的基地。

从2005年开始至今，湖北省有多个县市区成功申报建设了国家可持续发展实验区，分别是：钟祥市、仙桃市、武汉市江岸区、武汉市汉阳区、神农架林区、宜昌市点军区、谷城县等。经过多年发展，湖北省可持续发展实验区建设成效明显，本书主要以襄阳市和宜昌市点军区作为案例重点介绍。

襄阳市委、市政府高度重视可持续发展实验区创建工作。2011年底，湖北省委常委、襄阳市委书记范锐平同志赴科技部汇报工作时，提出了创建国家可持续发展实验区的请求。在襄阳市第十六次人大第一次会议上，襄阳市将创建国家可持续发展实验区工作写入政府工作报告，列为重点推进项目。为促创建抓落实，襄阳市成立了创建国家可持续发展实验区领导小组，由市政府主要领导担任组长。多次组织召开成员单位协调会，加强部门协同配合，确保创建工作有序推进；通过低碳生活进社区等活动，加强宣传引导，促使可持续发展理念深入人心。一是强化调结构转方式力度，促进经济又好又快发展。首先，襄阳市紧紧抓住国家政策扶持机遇，大力发展新型工业，构筑绿色产业结构。尤其是新能源汽车产业布局较早，发展迅速，以东风汽车、骆驼蓄电池等企业为主体的新能源汽车研发与产业化步伐不断加快，全市新能源汽车产业实现成倍增长。其次，通过建设谷城县省级“循环经济”示范县和老河口市等3个循环经济工业园，积极打造废铅酸蓄电池资源化利用项目、再生铝及铝深加工项目等循环经济产业集群，使谷城、老河口成功创建为国家循环经济试验区。最后，大力建设企业技术创新平台，与清华大学等12所高校建立产学研合作联盟，校地企共建研究院（中心）7个。积极培育引进创新创业人才，新引进7个海内外创新创业团队和618名博士硕士[①]。

① 资料来源：2013年襄阳市政府工作报告，http：//xxgk.xiangyang.gov.cn/，2013-01-17.

二是强化推进措施，促进社会和文化事业稳步发展。为加快城乡一体化发展步伐，襄阳市重点推进襄州和襄城两个城乡一体化综合试点，每个县（市）区实施一个整镇推进试点。同时，进一步完善社会保障和公共服务体系。全市新增就业 11.3 万人，城镇登记失业率控制在 3.78% 以下，城乡居民养老保险制度实现全覆盖。着力推进“襄阳文化旅游核心区”、历史文化街区保护等重点工程和重大文化旅游产业项目，襄阳市被评为“全国文化体制改革工作先进地区”，并连续两届荣膺“湖北省文明城市”。三是强化保护措施，促进生态环境良性发展。襄阳市出台了《关于大力加强生态文明建设的意见》，将环境质量、生态保护、主要污染物总量减排等指标纳入各级党政领导干部综合考核评价体系。在经济快速发展的同时实现了环境质量状况的持续改善，全市饮用水源水质达标率达 100%，主要污染物总量减排任务全面达成。全市启动建设南渠生态廊道和岘山森林公园等生态景观项目 11 个，被评为“湖北省森林城市”，并在此基础上积极创建国家森林城市和国家生态园林城市。

宜昌市点军区以科技进步为先导，促进生态经济可持续发展，新型工业提速增效。一是严把项目准入关口。始终坚持可持续发展理念，注重引进“高技术含量、高投入、高效益、低污染”项目。二是培育高新技术产业。相继引进了磁电子工业园、和达利复合材料等新材料工业项目，以商招商引进韩国 LS 收购永鼎红旗、湖开电气公司。全区高新技术企业 6 家，占全区规模以上企业数的 46.15%，高新技术产业成为全区经济发展的重要支柱。此外，着力建设科技创新平台。新增省级企业技术中心 2 家、市级工程技术中心 1 家。三是深入推进现代化都市农业建设。点军区确定为全市现代都市农业综合改革试点地。农业产业化水平不断提升，“2+3”农业产业格局初步建成。规模以上农产品加工企业达到 2 家、省市级农业产业化龙头企业达到 5 家。培育优质农产品 8 个、获得有机食品认证 1 个、绿色食品认证 2 个、无公害食品认证 29 个、农产品出口资质认证 3 家。“一城两区”旅游重点工程建设加速推进。车溪景区完成提档升级改造，车溪村跻身全国少数民族特色村寨保护与发展示范村、湖北省旅游名村行列。点军农家乐被省旅游局确定为湖北省农家乐示范基地。“万村千乡市场工程”深入推进，商业网点遍及全区各村。四是以环境保护为基础，促进生态环境可持续发展。首先，加强对自然资源的有效监管和保护。实施天保工程森林管护 42 万亩，森林覆盖率达到 75.13%。其次，狠抓水资源开发利用。楠木溪等饮用水源环境保护工作得到加强，集中式饮用水水源水质达标率 100%。实施“引楠入福”工程、生物慢滤技术小型集中式供水工程以及整村推进工程，农村自来水普及率达到了 40% 以上。再次，村镇卫生环境得到有效改善。建生态家园示范户 2060 户，农村户用沼气建设项目达到 15500 户。最后，节能减排工作取得了实质性进展。企业的节能减排意识明显增强，每年节能减排节约资金达千万元。以城乡统筹为重点，促进人居环境可持续发展。五是扎实推进新农村建设。首先，着力改善群众生活。转移劳动力 17589 人，解决农村低收入人口 900 人。其次，着力改善村容村貌。完成乡镇集镇规划，城镇化水平达到 19%，实现农村公路“村村通”工程。最后，着力提升乡风文明。建成市级文明示范乡镇 2 个，文明新村 20 个，建成市级生态乡镇 1 个、市级生态村 3 个。六是着力完善城市基础设施建设。以宜万铁路、三峡翻坝高速公路建设为契机，拓展点军交通主骨架，形成点军“绿色交通”“环保交通”“生态交通”。建安置小区 2 个共 55249 平方米，房屋 618 套。七是积极推进社会事业全面发展。全面完成教育五年脱困进步工程，全区 10 所中小学办学条件得到根本性改善，九年义务教育完成率达到 99.5%，职业、成人教育不断加强。累计实现城镇新增就业人员 5778 人，城镇登记失业率控制在 4.2% 以内[①]。

第四节　绿色金融创新

以长江经济带绿色发展为政策导向，湖北绿色金融创新发展具有重大意义，是推动区域产业结构转型升级的新契机和新动能。党的十八届五中全会提出“创新、协调、绿色、开放、共享”五大发展理念，十九大报告全面阐述了加快生态文明体制改革、推进绿色发展、建设美丽中国的战略部署，绿色发展成为“十三五”乃至更长时期我国经济转型和社会发展的主要任务。金融作为推进绿色发展理念全面落实的重要力量，迫切需要加快体制、机制、

① 参见宜昌市人民政府网站，http：//www.yichang.gov.cn/.

服务等方面的创新步伐，以适应我国经济社会可持续发展要求，绿色金融成为这一背景下的必然选择。

绿色金融是使用多样化金融工具来保护生态环境、生物多样性的金融活动的统称[①]。目前，全球绿色金融的发展逐步进入了系统化、制度化的轨道，我国绿色金融的发展也进入起步阶段。2016年8月，中国人民银行等七部委联合发布《关于构建绿色金融体系的指导意见》，同年9月，在我国的倡导下绿色金融首次进入G20杭州峰会议程。2017年6月，国务院决定在浙江、江西、广东、贵州、新疆五省（自治区）建设绿色金融改革创新试验区，区域绿色金融发展迅速，各省区市都积极尝试和探索发展绿色金融，取得了一定进展。

作为生态资源大省，湖北是长江经济带的重要组成部分，是国家中部崛起战略的重要支点，如何在“共抓大保护、不搞大开发”的政策导向下实现绿色发展，成为当前湖北发展最为紧迫的时代命题。绿色金融顺应国家战略性发展需要，是推动区域产业结构升级与绿色转型的新契机和新动能，因此湖北绿色金融创新对长江经济带绿色发展以及中部崛起战略都具有重要意义。

一、湖北绿色金融创新发展的总体态势

近年来，湖北省人民政府认识到绿色金融在推动区域产业结构升级与绿色转型、实现经济可持续发展方面的重要作用，已逐步出台了多项绿色金融创新发展的相关支持政策。各级政府部门在“十三五”规划中将绿色金融发展作为阶段性重要任务，并在政府工作报告中对绿色金融的发展成果加以总结。同时，湖北省内各金融机构将推动绿色金融发展提升到战略高度，加大绿色信贷投放量，创新绿色债券、绿色保险、绿色基金等多样化金融工具。与全国其他地区相比，湖北的绿色金融发展虽然起步较晚，但发展快、层次高，未来完全有能力成为绿色金融强省和以绿色金融推动绿色发展的强省。其创新发展态势可以总结为四个方面。

---

① 安伟．绿色金融的内涵、机理和实践初探．经济经纬．2008（05）：156-158.

（一）持续践行绿色理念，服务战略经济转型

湖北省金融监管部门从处理好绿色信贷理念和传统经营理念、既有体系和绿色要求、业务发展和风险防范、多头信息和沟通协调、金融创新和激励约束等方面的关系着手，引导省内银行业按照生态文明建设的各项要求，大力推进绿色信贷“五个三”工程，把住绿色门槛、创新绿色产品、拓展业务领域、充分发挥绿色信贷在产业结构调整和生产方式转变中的导向性作用，有效优化金融资源配置，促进经济金融互利共赢。

在绿色信贷支持下，2017 年 1—5 月，湖北新兴行业实现加速发展，装备制造业增加值增长 12%，高于全部规模以上工业 4.2%，占比达到 29.8%；高技术制造业增加值增长 14.1%，主要高新产品产量保持快速增长，工业机器人、光缆、集成电路、印制电路板等产量分别增长 16.5%、20.3%、21%、96.1%。与此相对应，银行信贷资金持续退出高能耗、高污染、产能过剩的“两高一剩”产业。同一时期内，湖北省六大高耗能行业增加值仅增长 2.9%，同比回落 5.5%；重点去产能产品产量增速下降，水泥产量下降 0.5%，粗钢下降 1.7%，降幅同比分别扩大 4.5%、3.9%；生铁增长 1.4%，增速同比下降 0.5%[①]。绿色信贷对促进湖北省绿色产业发展、限制“两高一剩”行业增长发挥着越来越重要的作用。

（二）绿色信贷稳步增长，信贷结构不断优化

湖北省政府及银行业进一步加大力度支持湖北重点国家战略、科技创新、新型城镇化、轨道交通、高速公路、生态环保等领域重大项目建设，加快退出“两高一剩”行业，支持湖北优质企业“走出去”。同时，银行金融机构将客户环保信息作为授信调查、审查、审批的基本内容，建立环境和社会风险“一票否决制”，进一步加强对钢铁、水泥、平板玻璃、煤化工、多晶硅、风电设备、电解铝、船舶等“两高一剩”行业的限额管控。增强对湖北循环经济、低碳经济、节能减排、新能源、新材料等高技术项目和高科技企业创新项目的金融支持，加强银行金融机构与政府及企业的联系、联动、联合，实现信息共享。

---

① 参见：“2017 年湖北经济运行情况”新闻发布会，http：//www.hubei.gov.cn/，2018-01-19.

（三）创新绿色金融产品，探索绿色服务模式

湖北省金融机构以绿色信贷为绿色金融的主导产品，围绕银行业金融机构的绿色信贷产品种类、服务流程、风险控制等开展业务创新，积极探索开发碳配额质押融资等创新型绿色金融产品。同时，其他金融机构在绿色债券、绿色保险、绿色基金等新型绿色金融工具的创新方面也取得了一定成效。

第一，开发碳配额质押融资等碳金融产品。例如，兴业银行结合湖北拥有碳排放权交易市场的特点，开发了碳配额质押融资等碳金融产品，利用企业获得的碳配额资产作为担保，创新性地设计了碳配额估值、质押贷款、风险管理等一系列新型交易模式。

第二，发行绿色债券。近年来，湖北省相关金融机构发行“长江经济带水资源保护”专题绿色金融债券等多种债券用于生态环境综合治理等方面的项目建设。2017 年 6 月，湖北三峡集团在欧洲爱丁堡发行我国首单国际绿色债券 6.5 亿欧元，募集资金主要用于德国稳达海上风电和葡萄牙 ENEOP 陆上风电项目，这一绿色投资进一步巩固了湖北三峡集团在清洁能源领域引领者的地位。

第三，试点绿色保险。湖北是我国首批环境污染责任险试点地区之一，在该险种的落实过程中，湖北省积极探索将绿色保险与绿色信贷业务相结合，以企业的投保情况作为能否获得绿色信贷的重要参考指标。

2016 年 11 月，全国首单“碳保险”认购协议在湖北签署；2018 年 3 月 1 日正式施行的《荆门市生态环境保护条例》规定建立环境污染责任保险制度，标志着环境污染责任保险在全国非省会地市级城市立法。

第四，大力支持绿色基金的发展。湖北目前拥有碳交易股权投资基金、绿色产业基金等绿色基金产品，其中，基于省域和全国性核证自愿减排量项目（CCER）的股权投资基金规模达 10 亿元。2016 年 5 月，湖北省首个绿色主题产业基金——黄冈大别山绿色发展股权投资基金正式成立，总规模为 50 亿元；2016 年 6 月，宜昌市设立绿色发展投资基金，投资规模 200 亿；2017 年 1 月，由中国华融资产管理股份有限公司发起设立的“华融凯迪绿色产业基金管理有限公司”在湖北省武汉市正式揭牌开业。

第五，创新绿色金融服务。在创新绿色金融产品的同时，积极探索运营模式、服务平台、客户关系管理作为绿色金融的切入点，探索不同类型金融机构之间合作开展绿色金融服务新模式。例如，兴业银行推出节能减排融资服务、排放权金融服务、个人低碳金融服务；浦发银行推出《绿创未来：绿色金融综合服务方案2.0》；汉口银行与风投机构合作推出贷投联动产品等。

（四）打造绿色试点城市，推动绿色全面开展

绿色金融的发展模式同当地特定的生态资源环境与经济基础特征紧密相关。湖北省及各地市充分发挥区位、产业、资源、生态等优势，在实践绿色金融发展路径上各有侧重，积极探索金融助推生态经济发展的有效途径，积累差异化的绿色金融发展经验和实践案例，创造可复制推广的绿色金融发展模式，整体推进湖北绿色金融体系的建设。

作为全国老牌工业基地，黄石市属于典型的资源型城市，经多年高强度开采，矿产资源逐渐枯竭，被国务院确立为全国“资源枯竭转型试点城市”。为助力产业向绿色转型，中国人民银行黄石市中心支行出台了《关于金融支持黄石市资源枯竭型城市经济转型发展的指导意见》《金融支持经济转型六年规划》等一系列文件，积极引导辖区金融机构从资金配置、金融服务、产品创新等方面支持黄石传统产业转型。截至2017年6月，全市258家绿色企业及市政项目融资余额约125亿元，力促黄石入选全国首批12个产业转型升级示范区、湖北省科技金融结合试点城市、全国科技进步示范城市，辖内的大冶市也成为湖北省唯一的金融产品创新实验区。

十堰市具有地方生态农林产业优势资源，近年来中国银行十堰市竹溪支行通过梳理符合中国银行信贷审批政策的生态环保型小微企业名单，创新运用“中银信贷工厂”新模式，积极探索支持县域绿色小微企业发展的新路径。先后向竹溪县巨山林木育苗、绿之恋园林绿化、双竹生态食品、七仙女魔芋产业园等10家县域绿色小微企业提供数额不等的资金支持，支持企业绿色产能升级和扩大经营规模，累计授信金额达3800余万元，在助力竹溪县域生态建设上做出了积极贡献。

二、湖北绿色金融创新发展存在的主要问题

（一）政策体系不健全，中介服务体系不完善

1. 绿色金融政策体系不健全

2007 年以来，我国政府高度重视绿色金融的发展。中央部委会同中国人民银行、银监会（现为银保监会）等金融监管部门，联合国家环保总局（现为国家生态环境部），出台了多项旨在促进绿色金融发展的政策文件。其中，2007 年发布《关于落实环境保护政策法规防范信贷风险的意见》，规定对不符合环境保护要求的项目，金融机构不得提供任何形式的授信支持。2008 年发布《关于规范向中国人民银行征信系统提供企业环境违法信息工作的通知》，促进了绿色信贷投放量的快速增加。2016 年，我国绿色金融发展进入新时期，国家发改委、中国人民银行和银监会等七部委联合发布《关于构建绿色金融体系的指导意见》，将构建绿色金融体系上升至国家战略层面。

为贯彻落实中央部委的文件精神，北京、上海、福建等地区的环保厅（局）联合当地金融监管部门，出台了多项促进绿色金融发展的地方性文件。例如，2017 年 5 月，福建省发布《关于印发福建省绿色金融体系建设实施方案的通知》，提出 2020 年末全省银行业金融机构绿色金融服务提供的融资余额比“十二五”期末翻一番的具体目标，并落实了各政府部门的工作任务、保障措施；贵州、宁夏等地方政府还在文件中承诺运用财政、金融手段降低绿色项目的融资成本，提升社会资本投资绿色产业的预期资本回报。

相比而言，湖北省的绿色金融政策数量相对较少，从政策力度、政策措施、政策目标、政策反馈等方面来看绿色金融政策的效力不高。主要体现为地方政府、环保部门、金融监管部门等对绿色发展理念的重视程度不够，未形成统一认识。地方政府层面缺乏专门的绿色金融发展领导规划机构，现有措施多关注限制“两高一剩”行业信贷规模等短期目标，对绿色金融创新发展整体上缺乏具有长期性、一致性和连贯性的地方性规划。

2. 专业化服务体系较为薄弱

绿色金融业务涉及环境风险评估、碳交易定价等专业技术，对金融机构的风险评估和管理工作的要求较高，通常需要专门的业务部门开展相关服务。

同时，绿色金融还需要完善专业化的中介服务体系，建立包括信用评级、第三方认证、资产评估、信息咨询、环境风险评估等专业性服务机构。然而，一方面，当前多数湖北的金融机构尚未建立专门开展绿色金融业务的部门。另一方面，湖北也尚未启动对绿色金融相关专业服务机构的培育，缺乏环境损害鉴定、风险评估和数据监控服务等机构为绿色金融创新发展做支撑，从而导致对涉及绿色金融专业领域的技术识别和风险评估能力有限，一定程度上限制了金融机构对风电设备制造、垃圾处理等环保新兴产业的支持力度。其主要原因则在于绿色金融专业人才的缺乏。绿色金融专业技术服务需要具有金融、环保、法律等复合型专业背景的高素质人才，尽管湖北是我国高等教育大省，但在绿色金融复合型人才的培养方面还缺少针对性的相关措施。因此，湖北在绿色金融专业化中介服务体系构建的各环节均呈现较为薄弱的态势。

（二）绿色金融机制单一，政策激励措施缺乏

1. 绿色金融发展机制单一

首先，发展绿色金融的约束激励机制薄弱。湖北省在传统发展模式下形成的“重增长、轻环保”的观念仍存在一定惯性，各级地方政府虽然有一定的绿色发展意识，但尚未充分认识生态环境保护的迫切性。为了维持地方经济和财政收入的增速，存在容忍当地部分主导产业中高产值的“两高一剩”企业发展的现象，部分环境非友好的企业因高利润和高回报对商业银行等金融机构仍颇具吸引力。因此，如何建立约束激励机制推动地方政府重视绿色金融发展，如何建立财政金融激励、社会责任约束激发企业保护环境和减少污染的内在动力，这些都是值得深入探讨的问题。其次，绿色金融相关部门间的协调机制不完善。各级政府之间、政府各部门之间存在明显的顶层设计差异，对绿色发展的认识不一、规划发展模式不一、行动协调度低。政府部门与金融监管部门、环保部门之间缺乏有效的信息沟通机制，各自为政，缺乏关联信息的共享，缺乏跨部门协同监测、报告的相应机制。例如，部分地级市政府的绿色发展规划与省级政府不协调，各部门对绿色金融的数据统计口径差异巨大，企业主要污染物排放、治理情况等绿色信息的披露不具有强制性等。最后，绿色金融创新发展的配套机制不健全。绿色金融发展范式主要通过金融政策和产品服务的创新来实现，其核心是将绿色发展的融资成本和收益显性化，因此需要创新绿色金融资产的价格形成机制，以便通过价格信号有效地调节投资者的行为偏好。然而，绿色金融由于评估技术涉及面较广，传统的金融从业人员和投资者缺乏绿色技术、环保信息等专业识别能力，无法全面评估绿色企业和项目的风险。例如，2013 年以来，在湖北开始推进的绿色保险项目，由于缺乏鉴定环境污染损害程度、评估环境污染责任归属的专业机构，一直都面临难以全面推广的现实困境。

2. 绿色金融政策激励措施缺乏

2016 年发布的《关于构建绿色金融体系的指导意见》提出，要建立健全绿色金融激励措施。金融激励措施包括正向激励与负向激励，其中正向激励是运用贴息、再贷款、担保等激励手段促进绿色环保产业的发展，负向激励则是通过升息、限制贷款、征收污染税等措施限制“两高一剩”等环境污染产业的发展①。目前，湖北存在绿色融资活动成本较高的问题，而相应促进绿色金融发展的措施还停留在顶层设计层面，企业和金融机构参与绿色金融活动多出于政策性和企业社会责任方面的考量，经济利益层面的激励如税收减免、风险补偿等配套政策严重不足。过高的融资成本导致企业在绿色转型过程中的盈利能力下降或在短期内无法实现盈利，从而信用评级不高、绿色融资风险上升。过高的融资风险也在一定程度上限制了商业性金融机构参与绿色发展的积极性，导致企业绿色转型不可持续，面临虽有社会效益但短期无法实现经济效益的困境。此外，湖北绿色金融发展模式以支持具有正外部性的节能环保行业为主，对于高污染、高排放等负外部性行业的限制性激励措施仍存在落实不到位的现象。

（三）金融机构动力不足，公众参与意识较弱

1. 金融机构开展业务动力不足、能力欠缺

绿色金融存在绿色投融资期限不匹配、信息不对称、融资风险高、产品和分析工具缺失等问题，导致传统金融机构在开展绿色金融业务方面动力不足。湖北现有的绿色金融发展主要依靠省级政府和金融监管部门来推进，部

① 参见：关于构建绿色金融体系的指导意见 .https：//www.mee.gov.cn/，2016-08-31.

分基层商业性金融机构缺乏主动推进绿色金融发展的内在动力。其原因主要在于：一方面商业性金融机构的利润增长和风险控制目标存在对传统"高利润、高耗能"产业的路径依赖。另一方面基层单位缺乏对绿色发展理念的深入理解和认同，更常见的做法是简单采取"做减法"的方式排除这些企业，而没有充分认识到利用绿色金融创新促进区域产业结构转型升级的潜在经济价值。同时，已开展绿色金融实践的相关机构目前多以绿色信贷等产品的经营为主，缺乏绿色金融创新的长期规划和制度创新。例如，商业性金融机构的制度考核体系仍维持传统模式，基层管理者和员工的绿色发展责任意识往往受制于传统商业性考核压力而无法落到实处。现有从业人员对绿色金融相关知识的掌握程度不高，缺乏开展相关业务的专业培训和实践经验，导致不少金融机构总部开发出了创新性绿色金融产品，分支机构由于能力欠缺很少使用。

2. 公众参与绿色金融的意识较弱

"绿水青山就是金山银山"已经成为我国经济社会发展的核心理念，然而这一理念的践行不应停留在政府政策层面，应更加注重社会公众的广泛参与。公众参与绿色金融活动不仅可以强化全社会绿色发展意识，而且有利于公众表达自身对于环境保护的现实诉求，弥补政府力量的不足，与政府相关部门形成良性互动，监督社会绿色发展现象，使绿色发展真正成为公共利益的体现。

2015 年，国家环保部和教育部进行的全国公众环境意识测试中，湖北公众环保意识为 2.6 分，低于全国平均的 2.8 分，较弱的环保参与意识导致湖北省公众对绿色金融的参与热情不高。目前湖北绿色金融产品和服务主要针对企业或项目展开，除兴业银行发行了国内首张低碳信用卡外，其他银行几乎没有提供针对个人客户的产品与服务。面对公众的绿色金融产品是提升湖北公众绿色金融参与度的重要工具，传统金融机构如何开发面对大众的"互联网 + 绿色金融"产品值得深入研究。

（四）绿色金融创新不足，发展特色不鲜明

1. 绿色金融创新不足

绿色金融创新是金融机构为实现绿色产业和生态文明的可持续发展而进

行的金融创新活动，是推动绿色发展的重要动力。湖北省绿色金融的发展起步虽然较早，但相关创新不足，使得绿色金融促进湖北省绿色发展的影响被削弱，主要表现为可交易的绿色金融产品和服务相对单一，相关制度建设依然滞后。在产品和服务方面，湖北以绿色信贷的间接融资为主，绿色债券、项目 PPP 融资等创新型工具的应用仍处于起步阶段。在服务对象方面，相关产品创新以企业和项目为主，缺乏针对个人客户的产品创新。在机构治理方面，从事绿色金融业务的金融机构多沿用传统考核制度，缺乏适应绿色金融发展特色的创新。在市场交易制度方面，尽管湖北于 2014 年即开始碳市场建设和碳排放权交易试点，但当前还存在着诸如定价机制不合理、信息披露不充分等问题。

2. 发展特色不鲜明

目前，我国各省市都高度重视绿色金融市场的发展，开展绿色金融改革创新试验的浙江、江西、广东、贵州、新疆等省区发展各具特色。例如，浙江省侧重于绿色金融推动传统产业转型升级和中小城市整体绿色规划，贵州省和江西省探索支持绿色资源利用，新疆维吾尔自治区则重点依托“一带一路”倡议支持绿色优势产业。

相较而言，湖北绿色金融发展的特色还不够鲜明，绿色金融发展还没有与湖北产业结构特征相结合，没有与武汉城市圈“两型社会”建设深度融合，未形成绿色金融的湖北品牌效应。未来湖北省的绿色金融发展如何与产业结构、中西部的地域特征相结合，如何利用湖北省绿色金融的碳排放交易等既有优势扩大在中西部地区的影响力，都是值得深入探讨与解决的问题。

第五章 湖北省区域绿色发展

习近平总书记指出：“绿色发展，就其要义来讲，是要解决好人与自然和谐共生问题。”[①] 绿色发展是新发展理念的重要组成部分，与创新发展、协调发展、绿色发展、开放发展、共享发展相辅相成、相互作用，是全方位的变革，是构建高质量现代化经济体系的必然要求。加快形成绿色生产和生活方式，需要从调结构、优布局、强产业、节资源、绿生活方面着手。

第一节 湖北省区域绿色规划

中共十八届五中全会提出了“创新、协调、绿色、开放、共享”五大发展理念，其中“绿色发展”是具有原创性的发展观。纵观人类历史，主要有三类主流发展观：第一种是黑色发展，以生态环境资源换取经济发展；第二种是可持续发展，保证代际间和地区间的发展公平；第三种是绿色发展。与前两种发展观相比，绿色发展本质上是当代人对未来进行生态投资，即所谓“种树”，形成新增生态资本，使“后人乘凉”。从这个意义上来看，绿色发展不仅保证可持续发展，更保障后代人生态资本的持续增加和永续发展。

从一个国家的各类资本视角来看，我国“十一五”规划时就提出，中国最紧缺也最稀缺的资源是生态环境资源，而日益丰富的资本肯定是人力资本和物资资本。因此，根据不同资本的替代性，可以通过物资资本、人力资本、知识资本、技术资本对生态进行长期投资，形成生态资本积累。实际上，绿色发展本身就是科学发展观，真正体现了经济、社会、生态三位

① 习近平：《深入理解新发展理念》.

一体的理念[①]。

一、绿色发展规划的意义

绿色发展理念的提出，是我们党对生态文明理论与实践的认识不断深化的结果。党的十六大提出了生态文明的初步设想，大会提出我国小康社会的奋斗目标之一是“可持续发展能力不断增强，生态环境得到改善，资源利用效率显著提高，促进人与自然的和谐，推动整个社会走上生产发展、生活富裕、生态良好的文明发展道路。随后，党的十七大首次把生态文明写入党的报告。党的十八大则把生态文明建设放在突出地位，与经济建设、文化建设、社会建设、政治建设并列在一起，形成了“五位一体”总体布局的战略决策。党的十八届三中全会提出了要深化生态文明体制改革，并在党的十八届四中全会当中非常鲜明地提出，用严格的法律制度保护生态环境。2015年，中共中央、国务院近日印发《关于加快推进生态文明建设的意见》（以下简称《意见》），既是落实全会精神的重要举措，也是基于我国国情作出的战略部署。

《意见》在指导思想上明确提出了“蓝天常在、青山常在、绿水常在”的要求。在基本原则里强调，坚持把“绿色发展、循环发展、低碳发展”作为基本途径，经济社会发展必须与生态文明建设相协调[②]。同时，“十三五”规划首次将绿色发展理念纳入国家的五年规划，认为牢固树立创新、协调、绿色、开放、共享的新发展理念，是破解发展难题，厚植发展优势，实现“十三五”时期发展目标的重要途径。2017年10月18日，习近平总书记在十九大报告中指出要贯彻绿色发展理念，大力推进生态文明建设。党的第十九届五中全会提出，推动绿色发展，促进人与自然和谐共生。

2020年9月，中国向世界郑重宣布“双碳”目标，即二氧化碳排放力争于2030年前达到峰值，努力争取2060年前实现碳中和。“双碳”目标的提出将把我国的绿色发展之路提升到新的高度，成为我国未来数十年内经济社

---

① 胡鞍钢，“十三五”规划——最典型的绿色发展规划，光明日报，2016-01-08.

② 发展改革委主任解读《关于加快推进生态文明建设的意见》，发展改革委网站，2015-05-06.

会发展的主基调之一[①]。

二、绿色发展的目标

从“九五”到“十二五”，我国五年规划提出的目标几乎都是遏制生态环境不断恶化的基本趋势[②]。“十三五”规划建议首次提出生态环境质量总体改善的目标，“十四五”规划对绿色生态方面提出了具体发展目标。与过去的规划目标相比，在绿色发展方面，“十四五”规划具有标志性意义。因此，从本质上说，“十四五”规划是典型的绿色发展规划。

“十四五”规划对绿色生态方面提出的具体目标包含了：生态文明建设实现新进步，国土空间开发保护格局得到优化，生产生活方式绿色转型成效显著，能源资源配置更加合理、利用效率大幅提高，单位国内生产总值（GDP）能源消耗和二氧化碳排放分别降低 13.5%、18%，主要污染物排放总量持续减少，森林覆盖率提高到 24.1%，生态环境持续改善，生态安全屏障更加牢固，城乡人居环境明显改善。具体指标如下[③]：

表 5–1　“十四五”时期绿色生态指标

类别	指标	2020 年	2025 年	年均 / 累计	属性
绿色生态	单位 GDP 能源消耗降低（%）	–	–	〔13.5〕	约束性
	单位 GDP 二氧化碳排放降低（%）	–	–	〔18〕	约束性
	地级及以上城市空气质量优良天数比率（%）	87	87.5	–	约束性
	地表水达到或好于Ⅲ类水体比例（%）	83.4	85	–	约束性
	森林覆盖率（%）	23.2*	24.1	–	约束性

注：①〔 〕内为 5 年累计数。②带★的为 2019 年数据。③ 2020 年地级及以上城市空气质量优良天数比率和地表水达到或好于Ⅲ类水体比例指标值受新冠肺炎疫情等因素影响，明显高于正常年份。

单位 GDP 能源消耗降低。单位 GDP 能源消耗降低指每生产 1 单位 GDP 所消耗能源量与基期相比的降低比例。设置该指标，有利于引导提高能源利用效率，以能耗约束倒逼产业结构转型和发展动能转换。“十三五”时期，

① “双碳”战略引领绿色发展道路，中国经济时报，2021-12-31.

② 胡鞍钢，“十三五”规划——最典型的绿色发展规划，光明日报，2016-01-08.

③ “十四五”时期经济社会发展主要指标解读之绿色生态篇，中国计划出版社，2021-06-03.

我国单位 GDP 能源消耗降低 13.2%。由于产业结构偏重、投资占比偏高，我国单位 GDP 能耗约为 OECD 国家的 3 倍、世界平均水平的 1.5 倍，下降空间仍然较大。“十四五”时期，在非化石能源占能源消费总量比重达到 20% 左右的情况下，为使单位 GDP 二氧化碳排放下降 18%，要求单位 GDP 能源消耗降低 13%~14%。综合考虑经济增长和能源消费弹性变化趋势，预计“十四五”时期单位 GDP 能源消耗可降低 13.4%~14.2%。据此，将单位 GDP 能源消耗降低目标值设定为 13.5%。

单位 GDP 二氧化碳排放降低。单位 GDP 二氧化碳排放降低指每生产 1 单位 GDP 所产生二氧化碳排放量与基期相比的降低比例。设置该指标，有利于引导能源清洁低碳高效利用和产业绿色转型，确保 2030 年前实现碳排放达峰，展现我国负责任大国担当。“十三五”时期，我国单位 GDP 二氧化碳排放降低 18.8%，2020 年底比 2005 年降低 48.4%。按照 2030 年单位 GDP 二氧化碳排放比 2005 年下降 65% 以上的新承诺目标倒推，“十四五”和“十五五”时期单位 GDP 二氧化碳排放平均需降低 17.6%。考虑到减排潜力逐渐减小、减排难度逐渐加大，应将“十四五”降低幅度设定得高一些，为“十五五”碳排放尽早达峰留有一定空间裕度。“十四五”时期，通过实施二氧化碳排放达峰行动计划，深入推进能源、工业、建筑、交通等领域的低碳清洁化转型，严格控制化石能源特别是煤炭消费，大力发展非化石能源，可推动“十四五”时期单位 GDP 二氧化碳排放降低 18%。这与单位 GDP 能源消耗降低 13.5%、非化石能源占能源消费总量比重达到 20% 左右的目标，是一致的。

地级及以上城市空气质量优良。地级及以上城市空气质量优良天数比率 = 地级及以上城市环境空气质量指数（AQI）达到或优于国家质量二级标准（即 AQI<100）的天数 / 总天数 ×100%。AQI 监测对象包括 PM2.5、PM10、一氧化碳、氮氧化物、硫氧化物等。设置该指标，能够综合反映空气环境质量改善情况。“十三五”前 4 年，我国地级及以上城市空气质量优良天数比率从 76.7% 提高到 82.0%。2020 年新冠肺炎疫情导致工业发展受到阶段性冲击，地级及以上城市空气质量优良天数比率大幅提高至 87%，一定程度上高于正常年份。“十四五”时期，通过推动北方地区清洁取暖、工业窑炉治理、

非电行业超低排放改造等措施，主要空气污染物排放能够继续得到削减。在PM2.5浓度下降10%、O3浓度快速增长趋势得到遏制的情况下，预计2025年地级及以上城市空气质量优良天数比率可达87.5%。

地表水达到或好于Ⅲ类水体比例。地表水达到或好于Ⅲ类水体比例＝水质达到或优于Ⅲ类的国控地表水环境质量监测断面数/断面总数×100%。表征水环境质量的指标主要有：地表水达到或好于Ⅲ类水体比例、地表水中劣Ⅴ类水体比例等。考虑到2020年地表水中劣Ⅴ类水体比例已降至0.6%，因此设置地表水达到或好于Ⅲ类水体比例指标。“十三五”前4年，我国地表水达到或好于Ⅲ类水体比例从66.0%提高至74.9%。2020年新冠肺炎疫情导致生产生活活动强度降低，地表水达到或好于Ⅲ类水体比例大幅提高至83.4%，高出正常年份3%~4%。“十四五”时期，通过开展河湖水质改善技术指导、实施人工湿地水质净化工程、持续推进黑臭水体治理、加强工业园区综合整治和排污口排查整治、提高污水收集处理能力、治理改造或替换不达标水源、加强环境监督执法等措施，2025年地表水达到或好于Ⅲ类水体比例可达85%。

森林覆盖率。森林覆盖率＝森林面积/陆地国土面积×100%。设置该指标，有利于综合体现森林资源丰富程度、国土绿化状况和碳汇能力。“十三五”时期，我国森林覆盖率从21.7%提高到23%以上。按照《全国重要生态系统保护和修复重大工程总体规划（2021—2035年）》提出的2035年森林覆盖率达到26%的目标倒推，平均每五年需提高约1%。“十四五”时期，通过深化开展国土绿化行动、实施一批天然林保护工程和防护林体系建设工程、大力开展全民义务植树等措施，2025年森林覆盖率可达24.1%。

此外，“十四五”规划中围绕“推动绿色发展，促进人与自然和谐共生”主题，对绿色发展目标展开了详细的阐述。强调坚持绿水青山就是金山银山理念，坚持尊重自然、顺应自然、保护自然，坚持节约优先、保护优先、自然恢复为主，实施可持续发展战略，完善生态文明领域统筹协调机制，构建生态文明体系，推动经济社会发展全面绿色转型，建设美丽中国[①]。

① 《中华人民共和国国民经济和社会发展第十四个五年规划和2035年远景目标纲要》，2021-3-14.

三、绿色发展的路径

生态文明建设正处于压力叠加、负重前行的关键期和为人民提供更多优质生态产品的攻坚期，“十四五”时期将处于有条件有能力解决生态环境突出问题的窗口期[①]。要实现“十四五”规划中绿色发展目标，根据对《中共中央关于制定国民经济和社会发展第十四个五年规划和二〇三五年远景目标的建议》（以下简称《建议》）和《中国共产党第十九届中央委员会第五次全体会议公报》（以下简称《公报》）的主要内容，及部分解读材料的剖析，可以从以下几方面推进[②]。

第一，构建国土空间开发和保护新格局，从源头上避免生态破坏和环境污染。我国环境容量有限，生态系统脆弱，资源环境承载力空间分异巨大。以“胡焕庸线”为界，东南部分以平原、水网、低山丘陵和喀斯特地貌为主，以43%的国土承载着全国94%左右的人口；西北部分57%的国土，供养大约全国6%的人口，以草原、戈壁沙漠、绿洲和雪域高原为主，生态系统非常脆弱。“十四五”时期，应坚持实施生态保护红线监管制度，实施区域重大战略、区域协调发展战略、主体功能区战略，健全区域协调发展体制机制，完善新型城镇化战略，构建高质量发展的国土空间布局和支撑体系。这些战略的实施，可以从空间上确定了哪些区域必须严格保护，哪些区域可适度开发，哪些区域可较大规模开发，从而从源头上避免了生态破坏和环境污染。

第二，推动绿色低碳发展，在发展过程中解决生态环境问题。首先，推进供给侧结构性改革，优化产业结构与布局。其次，优化能源结构，提高非化石能源的能源消费占比和能源、资源循环利用效率。再次，推动生产生活方式的绿色转型。发动政府、企业、公众共同参与，把绿色发展广泛落实到基础设施建设、企业生产经营、人民生活消费等经济社会发展的各项事业之中，形成节约资源和保护环境的空间格局、产业结构、生产方式和生活方式。最后，强化绿色发展的法律和政策保障。发展绿色金融，制定有利于绿色低碳发展的产业政策。

---

① “十四五”时期绿色发展的总体思路和目标，中宏国研课题组，2020-06-22.

② “十四五”生态环境保护目标、任务与实现路径，环境保护，2022-01-01.

第三，推进清洁生产，在生产过程中解决环境问题。发展实体经济，是我国“十四五”和今后的长期目标。因此，在优化产业结构、合理配置能源结构的基础上，必须大力推进清洁生产，在生产过程中解决环境问题。如支持绿色技术创新，推进清洁生产，发展环保产业，推进重点行业和重要领域绿色化改造。推动能源清洁低碳安全高效利用，发展绿色建筑，开展绿色生活创建活动。推动企业实施清洁生产，强化农业清洁生产，开展强制性清洁生产审核，落实排放许可制度等。

第四，加强污染综合治理。从我国国情看，污染排放量大、环境风险高的生态环境状况还没有根本扭转。因此，持续打好污染防治攻坚战将是我国一项长期的环境保护战略。打好“十四五”污染防治攻坚战需突出如下几个特点，其一要突出精准治污、科学治污、依法治污。其二突出问题导向和区域性。其三突出多污染物协同控制。其四统筹推进污染防治与生态保护。

四、湖北省绿色发展规划举措

（一）武汉市绿色发展规划举措

1.《武汉市城市建设绿色发展实施方案（2018—2020年）》

为贯彻落实党的十九大精神和中央城市工作会议精神，顺应新时代城市建设工作要求和人民群众日益增长的美好生活需要，推动解决城市建设绿色发展不平衡不充分的问题，根据《省人民政府关于印发湖北省城市建设绿色发展三年行动方案的通知》精神，结合武汉市实际，制订《武汉市城市建设绿色发展实施方案（2018—2020年）》①。

（1）总体要求

坚持以习近平新时代中国特色社会主义思想为指导，结合武汉市城市建设阶段性特点，坚持以人民为中心，以满足人民群众对美好生活的向往为导向，以解决具体问题为提质提效的着力点，集中力量、突出重点，破解一批事关武汉城市建设绿色发展的突出问题，扎扎实实办好一批贴近人民群众需求的大事、实事，补上城市建设绿色发展中的“短板”，推动城市建设转型

---

① 关于印发武汉市城市建设绿色发展实施方案（2018-2020年）的通知，武汉市人民政府，2018-10-30.

升级。

（2）行动目标

通过三年努力，全市复杂水环境得到有效治理，大气环境质量得到有效改善，各类废弃物得到收集和处置，海绵城市理念和综合管廊建设在城市建设中得到广泛应用，绿色交通体系建设得到快速发展，城市人均绿地面积达到国家标准，公共厕所布局到位且管理规范，公共文化体育设施配套完善并得到合理利用，智慧城市建设得到加强，历史文化建筑全部实行清单管理，绿色建筑和装配式建筑得到大面积推广，城市面貌发生重大改观，城市建设走上集约、节约、生态发展的轨道。

（3）重点任务

规划主要涵盖了以下 10 个方面重点任务：统筹推进城市水环境治理；着力加强废弃物处置处理；大力推进海绵城市和综合管廊建设；加快绿色交通体系建设；提升园林绿地建设水平；加强公共厕所规划建设；优化公共文体等设施配套；强力推进智慧城市建设；加强城市特色风貌塑造；大力发展绿色建筑和装配式建筑。

（4）推进措施

①制订工作方案。各区人民政府、市人民政府各部门要对照标准开展评估，找出差距，对正在实施的相关行动计划进行调整，制订工作方案、年度工作计划及项目清单，明确责任单位、责任人、目标任务、完成时限等工作要求，报送市城乡建设委备案。

②加强考核督办。将城市建设绿色发展纳入全市绩效目标管理考核内容，由市绩效考评办负责组织，市人民政府督察室牵头，市城乡建设委配合，每年开展 1 ~ 2 次专项督查，年终进行考核。

③建立奖惩机制。将城市建设绿色发展工作考核结果运用到党政领导班子和领导干部年度考核评价中，与干部提拔使用挂钩。市财政安排专项奖补资金，对排名靠前的 5 个区给予奖补。对推进不力，未完成年度工作任务的相关部门和区人民政府负责人实施约谈问责。

（5）组织保障

①加强组织领导。成立市城市建设绿色发展三年行动指挥部，建立健全

由市人民政府市长领衔、分管副市长主抓、相关部门和单位齐抓共管的工作推进机制。指挥部办公室设在市城乡建设委，负责统筹协调全市城市建设绿色发展工作，承担指挥部日常工作。市人民政府各相关部门要按照各自职责，加强协调配合，合力推进本方案的实施，加强对各区工作的指导、协调、督办和考核。

②明确责任主体。各区人民政府是实施城市建设绿色发展工作的责任主体，要切实加强组织领导，成立相应的工作机构，统筹推进各项工作。

③有序推进实施。各区人民政府、市人民政府各相关部门要认真研究制订年度实施计划，将年度计划实施项目纳入每年的城建计划。财政、金融部门要研究出台支持措施。

④强化宣传引导。利用各种宣传媒体，充分调动群众参与城市建设绿色发展的积极性和创造性，推动城市公共基础设施共谋共建共享共维，提高各类公共基础设施使用效率，不断提升市民综合素质和城市文明程度。

2. 武汉 CBD 绿色生态城区专项规划

“建设生态文明是中华民族永续发展的千年大计”，党的十九大报告强调，必须坚持节约资源和保护环境的基本国策，坚定走生产发展、生活富裕、生态良好的文明发展道路。为呼应这一顶层设计，围绕“三化”大武汉这一中心议题，近年来，武汉中央商务区坚持创新、协调、绿色、开放、共享“五大发展理念”，致力于打造“绿色 CBD”，从蓝图勾画到实施落地，做出了有效探索：以超前规划引领设计建设，以国际视野配置资源要素，现代化、国际化、生态化的元素无处不在，成为“三化”大武汉的生动实践[①]。

（1）现代化——立体智能交通保障“畅达三镇”

武汉 CBD 发展日新月异，交通功能立体复合，构筑地上、地下全立体人行、车行、轨道交通无缝衔接的综合立体交通体系。CBD 规划两纵三横的路网骨架，共规划城市主次干道 42 条，是武汉市道路网密度最高的区域之一。18 条道路与周边现有道路相接，融入城市路网。地上井然有序，地下别有洞天。武汉 CBD 的市政管网，实现 6.1 千米华中首条地下综合管廊建设，彻底解决

① 武汉 CBD 六大绿色专项规划评审通过，长江日报，2018-09-19.

马路“开拉链”。这里也是武汉市首个实现强电入地、雨污分流的城市中心区。与此同时，为满足商务功能的密集型交通疏散的需要，武汉 CBD 内共规划 5 条地铁线路、9 个站点，3 个公交枢纽站点、30 余条公交线，立体式交通体系轻松畅达武汉三镇，公共交通出行比例在 60% 以上，达到国际发达城市水平。其中，被誉为亚洲最美的地铁站——武汉商务区站已建成运营，地上出口就达 17 个，地下步行可通达停车场以及核心区各栋写字楼电梯。260 万平方米的地下空间囊括地铁轨道交通、黄海路隧道、地下交通环廊、地下综合管廊、商业、停车场、人防设施等多个功能空间，合理布局，实现资源的有效利用和最优规划，大大拓展了武汉 CBD 的可持续发展效应。

（2）国际化——顶尖设计配套凸显“国际范儿”

从国际化的规划模式、精英团队到国际品牌、产业引入、商务配套，“国际化”是武汉 CBD 的独有魅力。武汉 CBD 采取“专题研究—国际征集—深化综合”的规划设计创新思路，聘请十余家国内外顶尖设计机构和知名专家学者先后参与 CBD 各阶段的研究、设计和咨询工作。从动议之初，武汉 CBD 就邀请麦肯锡等国际顶级策划机构进行项目战略定位，分别由中国城市规划研究院、英国 ATKINS 公司、美国泛亚易道公司完成功能定位、交通、景观三个专项研究，美国 SOM 公司完成总体结构规划，英国福斯特公司完成核心区城市设计，诺曼·福斯特、艾德里安·史密斯等国际建筑大师和数十家国际顶尖设计机构的参与，为武汉 CBD 定制了具有国际化视野的宏伟蓝图。

（3）生态化——资源循环利用求解“绿色发展”

武汉 CBD 是国内首个通过规划环评的 CBD，充分尊重土地自然肌理，用发展的眼光、人文的尺度，构建城市与生态和谐统一。武汉 CBD 按照环境优先的原则，最大限度地保护生态环境。众多绿地和 1500 亩的公园群组，随处可感受绿色 CBD 的“天然基因”。规划人均绿地面积达到 6.5 平方米，在国内外城市 CBD 中名列前茅，原王家墩机场保留的 255 亩 10 年以上原生水杉林，将被建成原生态森林公园，成为城市中心最珍贵的“绿色遗产”。公园的山水相依，是武汉 CBD 的天然“氧仓”和“绿肺”。山体公园占地 180 亩，形成山峰峡谷等景观特色；水体公园占地 750 亩，相当于 2 个中山公园；体育公园汇集各类体育、休闲、健身设施。依照传统景观文化理念，核心区打造“山南水北”的城市景观，核心景观轴将山体公园和水体公园进行连接，香樟、香橼、银杏、榉树、樱花、红枫带来五彩纷呈的四时景象。一条长约6.3千米的绿道，将园区内公园绿道系统串联成网，勾勒出宜人的慢行系统。此外，武汉CBD探索性地采用国际先进技术，使原机场跑道废弃的约10万立方米混凝土变身8万平方米人行道步砖，成为“两型社会”建设典范。

绿色不仅是永续发展的必要条件，更是人民对美好生活追求的重要体现。武汉CBD将坚持好绿色生态理念，永不停息生态建设的脚步。

（二）襄阳市绿色发展规划举措

为抢抓国家推进汉江生态经济带建设的机遇，襄阳市近年来主要抓了三方面工作：一是与汉江流域各主要城市联动，积极推动国家编制汉江流域全域规划，科学谋划汉江生态经济带开放开发，推动跨区域合作。目前，国务院已批复同意了《汉江生态经济带发展规划》。二是坚持发展第一要务不动摇，着力壮大经济实力，加快提升城市升级，切实增强我市作为汉江流域中心城市的影响力和辐射带动力。三是积极对接国家战略，编制实施汉江生态经济带襄阳沿江发展规划，加速探索形成汉江流域生态优先、绿色发展的襄阳模式，努力把汉江襄阳段打造成为汉江流域生态经济带建设先行示范区。

1. 汉江生态经济带襄阳沿江发展规划

2016年，国家发布《国民经济和社会发展第十三个五年规划纲要》，将“推进汉江生态经济带建设”纳入其中，这标志着汉江生态经济带正式上升为国家战略。汉江是长江最大支流，与长江、黄河、淮河一道并称“江河淮汉”。汉江流域历来是我国重要的粮食主产区、重要的生态功能区，现在更是连接长江经济带和新丝绸之路经济带的一条战略通道。推进汉江生态经济带综合开发与保护，对于促进中西部扶贫开发，带动区域协调发展，保护汉江生态环境，具有十分重要的战略意义。①

---

① 湖北襄阳加快打造流域中心城市 绿色发展舞动汉江生态经济带，中国经济网-《经济日报》，2019-01-16.

（1）有利于探索流域生态文明建设新模式

汉江生态经济带面临着承担保护生态环境和加快自身经济发展的双重任务，水源区的居民在肩负保护生态环境的同时，也要脱贫致富，也要共享改革发展的成果。加快汉江生态经济带建设，科学构建流域空间格局、农业发展格局、生态安全格局，建设生态文明示范区，可为全国流域综合开发和生态文明建设探索新经验、提供新模式。

（2）有利于促进长江经济带向纵深拓展

长江是全国“两横三纵”国土空间开发格局中的重要“一横”，是打造中国经济升级版的重要支撑带。依托黄金水道推动长江经济带发展，打造中国经济新支撑带，是党中央、国务院审时度势，谋划中国经济新棋局做出的既利当前又惠长远的重大战略决策。汉江是长江的最大支流，依托汉江通道，构建完善的现代交通网络体系，实现汉江与长江航运无缝连接，能最大限度地拓展长江经济带的腹地范围，推动长江经济带向豫南、鄂中、鄂西和陕南辐射。

（3）有利于加快形成良性互动的区域发展格局

基于汉江经济带优越的区位和交通条件，加快这一地区发展，有利于进一步增强汉江流域与长江、京广—京哈、陇海—兰新、包昆国家级发展轴的联系，有利于劳动力、资本、技术等生产要素在区域间的高效自由流动以及在更大范围、更广领域内进行配置，从而有利于自由、开放、平等、有序的跨越行政区、统一大市场的建立，有利于促进统筹东中西协调南北方、良性互动的区域发展格局的形成。

（4）有利于探索水源区、影响区、受水区区际利益协调新机制

汉江上游地区肩负保障南水北调中线工程水质安全的重大责任，调水工程的实施对汉江中下游水环境稀释自净能力、主航道稳定性、农业灌溉用水以及地下水位等带来不利影响。京津冀等受水区因调水工程而缓解了水资源短缺压力，是主要受益区。建设汉江生态经济带，探索受水区对水源区和影响区的利益补偿机制，将促进重大工程建设项目综合效益的最大化，推动不同利益诉求地区协同发展。

（5）有利于深化省际交界地区经济合作

汉江生态经济带地跨鄂豫陕三省，受到行政体制分割的影响，相互之间存在着日益激烈竞争。构建汉江生态经济带，以深化区域合作为主线，推进区域性基础设施共建、生态环境共保、公共服务共享，不仅可以使经济带减少发展中的相互掣肘，实现合作共赢，而且可以为省际交界地区，特别是欠发达的省际交界地区形成一体化发展格局积累经验和提供示范。

为深入贯彻落实国家长江经济带重大战略部署和习近平总书记关于推动长江经济带发展一系列重要讲话精神，贯彻落实湖北省委对襄阳提出打造“一极两中心”重大决策部署，积极对接汉江生态经济带发展规划和国家重大利好政策，体现襄阳以“最大作为”担当起长江最大支流高质量发展时代的重要任务，襄阳市委、市政府审时度势，开展《汉江生态经济带襄阳沿江发展规划》的编制工作，用于指导规范汉江的保护、整治、利用与管理工作。汉江生态经济带襄阳沿江发展规划包括 1 个总规划和 7 个专项规划（空间总体布局、生态环境保护与治理、水资源综合利用、综合交通运输、城镇化建设、产业发展、文化旅游）。规划方法科学、成果特色鲜明，具有较强的系统性、综合性和可操作性。

2. 争做国家沿江生态经济发展的样板区

国家发改委宏观经济研究院在调研的基础上，通过研究提出把汉江襄阳段打造成生态绿水青山、路畅岸安，产业现代高端、园区集聚，城市智慧便捷、宜业宜居，乡村田园风光、悠见乡愁，文化保护传承、汉风楚韵的美丽新汉江。具体目标就是：

①建设成为国家沿江生态经济发展样板区。依托襄阳在汉江流域的中心区位，发挥襄阳历史文化资源厚重、生态资源丰富优势，通过沿江 195 千米两岸生态环境保护、历史文化景观再造、绿色经济体系重塑、城镇和乡村格局优化，将汉江生态经济带襄阳段打造成中国滨江特色生态经济带名片。

②建设成为汉江生态经济带绿色发展先行区。依托襄阳沿江地区绿水青山的自然本底，按照不搞大开发，共抓大保护，生态优先，绿色发展的要求，以汉水生态建设和环境保护为切入点，通过汉江沿江带生态功能提升、绿色产业动能培育、环境综合治理能力建设、汉江资源综合利用、产江城融合互动、

制造业智能升级、创新要素集聚、智慧城市和美丽乡村互嵌、生态经济崛起等措施，加速形成汉江流域生态优先、绿色发展的襄阳模式，将汉江襄阳段打造成汉江流域生态经济带建设先行示范区。

③建设成为汉水文化集中展示体验区。充分挖掘和再发现汉水文化、三国文化、楚文化、古城文化的内涵和价值，践行“绿水青山就是金山银山”的理念，探索生态产业化路径，以文化传承促进襄阳现代经济发展，将生态优势转化为经济优势，建设滨江亲水生态经济走廊，通过汉江沿岸文化设施、旅游设施以及配套服务能力建设，重塑人与自然和谐共生的美丽景致，将汉江生态带襄阳段建设成为汉水文化、三国文化、楚文化、古城文化集中展示区和体验带。

3. 积极推进汉江生态经济带襄阳规划落地

汉江生态经济带襄阳沿江发展规划能否落实，推进机制是关键。应着重从三个方面推进：一是强化组织领导。汉江两岸保护与开发涉及多个部门，横跨多个区域，牵扯多方利益，需要一个强有力的领导机构将规划的美好蓝图转化为襄阳市的发展战略，将规划的思路转化为市直部门的具体行动，将规划的项目转化为美丽的现实。须调整完善襄阳市汉江生态经济带开放开发领导小组成员，统筹协调推进汉江两岸保护与开发工作。二是坚持刚性管理。强化规划的战略引领和刚性约束，增强规划的严肃性和连续性。汉江两岸 1 千米范围内建设项目必须报领导小组同意后方可立项。坚持“一张蓝图管到底”，通过持之以恒地建设，始终贯彻好规划总体意图，使“蓝图”变成现实。三是强力协调推进。制定沿江发展规划工作方案和三年行动计划，每年推进一批重大项目。健全领导包保制、责任分工制、进度通报制，制定路线图，明确任务书，确保汉江保护与开发工作有方案、有计划、有节点、有成效地快速推进。

（三）宜昌市绿色发展规划举措[①]

《宜昌城区城市建设绿色发展三年行动方案》是为推动解决宜昌市城区城市建设发展不平衡不充分问题，促进城市建设高质量发展，更好满足人民

---

① 《宜昌市人民政府关于印发宜昌城区城市建设绿色发展三年行动方案的通知》（宜府发〔2018〕20 号）.

群众日益增长的美好生活需要，根据《省人民政府关于印发湖北省城市建设绿色发展三年行动方案的通知》精神，结合宜昌实际，制定的方案。

以习近平新时代中国特色社会主义思想和习近平总书记视察湖北、考察长江时的重要讲话精神为指导，坚持以人民为中心的发展理念，遵循生态优先、绿色发展，以人为本、改善民生，聚焦短板、提升功能，创新举措、完善机制的原则，集中力量，突出重点，克难攻坚，务求实效，奋力开创宜昌城市建设绿色发展新局面。

1. 重点任务

（1）统筹推进城区水环境改善

保障饮用水安全。所有饮用水水源地保护达到国家规定标准，建成一个以上备用水源。从水源到水龙头全过程监管饮用水安全，定期监测、检测和评估饮用水水源、供水厂出水和用户水龙头水质等饮水安全状况，饮水安全状况信息定期向社会公开。规范城区新（改、扩）建住宅二次供水设施管理，结合旧城改造等同步推进二次供水设施改造。城区公共供水普及率每年稳定在 98% 以上，水质达标率保持 98% 以上。

加强节约用水管理。以水定城、以水定产，实施城市节水综合改造，创建国家节水型城市。严格执行国家有关用水标准和定额的相关规定，实行非居民用水超定额、超计划累进加价制度。加快对超过使用年限和材质落后的供水管网进行更新改造，每年完成地下老旧管网改造 20% 以上，公共供水管网漏损率控制在 10% 以内。提高污水处理尾水利用率，在工业生产、城市绿化、道路清扫、车辆冲洗、建筑施工以及生态景观等领域优先使用再生水。

完善城区排水功能。全面开展排水设施健康检测，基本建立城区排水地理信息智能管理系统。城区新（改、扩）建排水设施实行雨污分流制，加快贯通城区“断头管网”。结合老旧小区改造、不达标水体治理、道路改造等，加快推进老城区雨污分流改造，难以改造的，应采取截流、调蓄和治理等措施。推进城市易涝点治理和老旧管网疏浚，城市排洪能力比 2017 年提高 30% 以上。严格执行排水许可证制度，坚持达标接管，强化在线检测，加大对无证擅自接管、超标排入、雨污混接等违法行为监督执法力度。开展排水管网、泵站、污水处理厂一体化运营维护管理试点，探索供排水一体化管理。

深化水环境治理。深化控源截污、清淤疏浚、生态修复等措施，推进全面排查、流域治理、综合整治，建立健全长效管护机制，按要求完成运河、沙河、云池河、牌坊河、柏临河、黄柏河、罗家小河、鄢家河、紫阳河、卷桥河、联棚河 11 条不达标水体治理，2020 年底前基本消除城区建成区黑臭水体。加强城区生活污水处理厂运营监管，确保尾水稳定达到一级 A 标准排放。结合城市建设和发展，有序推进污水处理厂建设，提升污水处理能力，到 2020 年底，城区生活污水处理率达到 95%，城区建成区生活污水基本实现全收集、全处理。

推进水生态修复。编制城区蓝线规划，实施严格的蓝线管控，确保河湖面积不缩小，水质不下降，防洪能力不降低。因地制宜选择岸线修复、植被恢复、生态净化等措施，积极推进河道生态修复。挖掘宜昌山水资源优势，打造特色水景观，努力满足市民不断增长的亲水和休闲需求。

（2）不断提升园林绿地建设水平

锁定生态本底。严守资源环境生态红线，严格保护永久基本农田，严控城镇开发边界。构建“一带两心，三楔五脉，两环绕城”的生态景观系统格局，加快主城功能区和产业功能区 2 个环城森林圈，西陵后山和猇亭后山 2 大城市绿心，西陵后山—磨基山绿楔、龙盘湖—观音山绿楔、善溪冲—艾家店绿楔 3 个城市绿楔、5 个郊野公园的绿线划定和管控，留出城市通风廊道、绿肺和生态屏障。

实施生态修复。通过封山育林、边坡治理、绿化补植等措施完成城区 30 处、10 平方千米的山体保护和修复，加强城市垃圾填埋场、沿江化工转型升级等工矿废弃地的生态修复，提升城市生态系统的自我调节功能。

绿化增量提质。加强公园绿地特别是居住区级公园绿地建设，提升沿江大道、东山大道、江城大道、机场路、云集路、发展大道等城市主要道路绿化品质，开展屋顶绿化、悬挂绿化和垂直绿化建设。新建或改建 4 公顷以上设施齐备、功能完善的防灾避险公园。到 2020 年，城市公园绿地服务半径覆盖率达到 85% 以上，建成区绿地率达到 35% 以上，人均公园绿地面积不少于 14.6 平方米，老城区人均公园绿地面积不少于 5 平方米，实现“300 米见绿、500 米见园”，打造花园城市。

推进绿色殡葬。坚持绿色、生态、可持续发展的原则，推动构建以公益性为主题、营利性为补充、节地生态为导向的殡葬服务供给格局；实施标本兼治，持续推进“三沿五区”散坟整治，坚决整治毁林占地违规公墓，制止青山白化现象，依法查禁不可降解祭祀用品销售，引导文明低碳祭祀和节地生态安葬向纵深迈进。

（3）着力构建绿色交通体系

打造“公交＋慢行”绿色出行模式。加快推进城市轨道交通、快速公交、公交专用道、公交场站、港湾式公交站点、城市绿道、自行车道、步行道、人行立体过街等基础设施的建设和完善，改善各类交通方式的换乘衔接，创建“公交都市”，到 2020 年，实现公共交通分担率达到 30% 以上，独立路权自行车专用道路网密度达到 2.5 千米 / 平方千米。

优化路网结构。推行“窄马路、密路网”的城市道路布局理念，在宜昌市城市总体规划修改完成后，适时进行《宜昌市中心城区道路网专项规划》修编工作。进一步优化道路网结构，重点加强快速路和支路建设，打通大动脉，畅通微循环，有条件的居住小区和单位大院逐步实现内部道路公共化，严格控制新建项目在主干路上开设出入口，到 2020 年，城市建成区路网密度不小于 8 千米 / 平方千米。

加快停车设施建设。新建公共停车场，力争到 2020 年新增公共停车泊位 9000 个以上；结合新（改、扩）建项目，完善配建停车场；鼓励单位大院开放停车场，实现资源共享；建立智慧停车管理平台，提升停车泊位使用效率，有效缓解停车难问题。加快公共停车场充电设施建设，促进电动汽车的使用推广，新建公共停车泊位充电桩配置率达 10% 以上。

（4）加快提升基础设施建设水平

推进海绵城市建设。综合采取渗、滞、蓄、净、用、排等措施，增强城市排水防涝能力，最大限度减少城市开发建设对生态环境的影响。推广海绵型公园和绿地，因地制宜建设湿地公园、雨水花园等海绵绿地；非机动车道、人行道、步行街和停车场推广采用透水铺装；新建建筑和小区按照低影响开发的要求规划建设排水系统。到 2020 年，城市建成区 20% 以上面积达到海绵城市的要求和标准。

建设地下综合管线。完善地下管线综合管理体制。统筹各类管线敷设，综合利用地下空间资源，推进地下空间“多规合一”，杜绝“马路拉链”现象。根据功能需求，因地制宜随道路建设同步推进地下综合管廊建设，到2020年，城市新区道路综合管廊配建率达到30%以上，城市道路综合管廊配建率达到2%以上。

发展绿色建筑和装配式建筑。将绿色建筑和装配式建筑等相关要求纳入建设项目规划条件，政府投资的公益性建筑、大型公共建筑、保障性住房、10万平方米及以上的房地产项目全面执行绿色建筑标准，到2020年，绿色建筑占新建建筑比例达到50%，新建建筑能效比2015年提高20%。从2019年1月1日起，城市新建商品住宅中，全面推行一体化装修技术。编制装配式建筑发展规划，到2020年，装配式建筑占新建建筑的比例达到20%以上。进一步推动绿色生态城区建设。

完善公共服务设施配套。加大社区级设施的建设投入力度，配套完善菜市场、小学、幼儿园、社区卫生和基层文化体育设施，打造15分钟社区生活圈。巩固和提升宜昌市图书馆、规划展览馆、博物馆等大型公共设施免费向群众开放的成效，推动城区学校体育场馆对社会开放。

（5）不断强化城市废弃物处理处置

加强施工扬尘治理。落实建筑施工扬尘防治责任制。以房屋建筑和市政园林工程施工工地、房屋拆迁工地、预拌混凝土生产场地、未进入施工阶段的闲置空地和土方场平工程等为重点，进一步加强城区建筑施工扬尘污染防治，达到工地围挡、物料堆放覆盖、土方开挖湿法作业、路面硬化、出入车辆清洗、渣土车辆密闭运输“六个100%”要求。

加强废弃物处理处置。到2020年，城区生活垃圾实现全收集、全处理，提高有毒有害垃圾处理能力，无害化处理率达到98%以上。大力推行垃圾分类，建立“分类投放、分类收集、分类运输、分类处理”的生活垃圾处理体系，生活垃圾分类收集覆盖率达到35%以上。加强餐厨油烟集中治理，政府机关、公共设施、酒店宾馆、小餐饮集中点餐厨油烟做到集中收集处理，新建小区将油烟集中处理设施建设要求纳入规划条件，严格控制露天烧烤，对环境影响严重的及时整改。城区餐厨垃圾资源化利用和无害化处理率达到70%以上，研究和推动垃圾焚烧发电项目，建成建筑垃圾资源化利用处理设施。加快污泥干化项目建设，城市污泥无害化处理处置率达到90%以上。

扎实推进“厕所革命”。按照“全面规划、合理布局、改建并重、卫生适用、方便群众、水厕为主、有利排运”的原则，进行公厕规划建设。老城区可通过新建、附建和公共设施开放共享等方式，解决公厕不足问题，新区按环卫设施专项规划实施。中心城区公厕全部达到二类及以上标准，加强公厕标识指引系统和公厕智能引导系统建设。

（6）持续提升城市建设品质

全面加强城市设计。完成总体城市设计，每年编制3处以上重点地区区段城市设计并启动实施，将城市设计要求纳入规划条件和设计方案审查环节；加强城市历史文化挖掘，开展历史建筑普查，划定特色风貌街区或者历史文化街区，编制相应的历史文化保护与复兴规划，新建重大公共建筑应体现地域特征和时代风貌，展现宜昌城市特色。

全面推进老旧小区改造。坚持“共同缔造”理念，按照“先民生后提升、先规划后建设、先功能后景观、先地下后地上”的原则，重点解决影响居民基本生活的用水、用电、用气、交通出行及安全隐患等问题。到2020年，城区城市老旧小区改造率达到90%以上，基本实现应改尽改。

全面完成背街小巷整治。结合棚户区改造和老旧小区改造，全面梳理城区的老旧空间，做到系统排查、不留死角。以基础设施配套完善和空间环境改善提升为重点，加快推进背街小巷整治工作全面收尾，实现“硬化、绿化、美化、亮化”目标。

全面提升城市管理水平。继续推进社区网格化管理，治理乱停乱靠，重点整治机动车占用非机动车道、盲道行为，保持盲道连续性；治理乱搭乱建，强化违法建筑拆除力度和管控力度，到2020年底，基本清查处理完成建成区违法建设。治理乱贴乱画，规范城区广告店招，提升街道容貌；治理管线乱拉乱牵，对城区各类架空管线进行改造、整理、入地或拆除。

（7）努力建设新型智慧城市

以创建国家新型示范性智慧城市为目标，依托三峡云计算中心，打造智慧政务，涉民服务和审批通过网上办理的比例大幅提高；打造智慧服务，逐步建立涵盖社保、公交、医疗、旅游、水电气缴费等范围的市民一卡通，并逐步整合到手机端使用；打造智慧信用体系，依法归集市民遵守城市建设、管理法律法规和公共秩序的信用情况，依法加强披露和应用；打造智慧城建，智慧市政基础设施占基础设施投资比例达 1% 以上，市政基础设施监管平台实现全覆盖；推进智慧交通建设，建成城市公共交通诱导、智慧停车系统，提高通行效率。

2. 保障措施

（1）加强组织领导

市政府成立以市长任组长、分管副市长任副组长的宜昌城区城市建设绿色发展工作领导小组，领导小组下设办公室，办公室设在市住建委，具体负责统筹、协调、督办和验收考核工作。

（2）细化实施方案

本方案中相关考核指标已制定三年行动专项方案的，按考核要求及专项行动方案实施。未制定三年行动专项方案的，由牵头责任单位在 2018 年 10 月底前制定具体实施方案。各县（市）按照《湖北省城市建设绿色发展三年行动方案》要求，完成城市建设绿色发展三年行动方案和年度实施计划项目清单编制工作，报市住建委。

（3）强化资金保障

各相关部门按照考核标准和要求每年上报城建绿色发展项目，由领导小组办公室会同市财政局按照可用财力、考核需求和建设难度等拟定年度投资计划。市财政局按要求将年度实施计划项目纳入预算安排，待市人大审议批准后执行。

（4）强化技术支撑

以本地规划、设计等咨询机构为主体，建立专家人才库，对本方案推进过程中的重大技术问题进行指导，协助做好项目评估等工作。同时，编制城市建设绿色发展重点专项技术指南，提供项目技术支撑和保障，推进各专项工作落实。

（5）加强考核督办

领导小组办公室每年年底组织一次专项督查，对各相关部门、区人民政府和宜昌高新区管委会实行考核，考核结果报市委、市政府（本方案实施期间，若上级对相关工作考核指标有新的要求，按新要求执行）。同时将考核结果运用到党政领导班子和领导干部年度考核评价中，增加考核权重和分值。对各市直部门、区人民政府和宜昌高新区管委会考核结果排名靠前的给予奖补；对推进不力，未完成年度工作任务的实施问责。

（6）加强舆论引导

各区人民政府和宜昌高新区管委会加强宣传引导，充分调动群众参与城市绿色发展的积极性和创造性，推动基础设施共谋共建共享，提高市民综合素质和城市文明程度。

第二节　工业园区规划

一、十大重点产业发展规划

为充分发挥湖北省产业优势、科教优势、交通区位优势，加快推动重点产业高质量发展。湖北省发展改革委牵头会同省级有关部门起草的《湖北省十大重点产业高质量发展的意见》（以下简称《意见》），对标国家产业发展战略，紧扣国家赋予湖北省承担的四个国家级产业基地建设要求，聚焦集成电路、地球空间信息、新一代信息技术等基础好、条件优、潜力大的十大产业发力，意在培育壮大全省产业发展的战略新支撑和新增长极，加快湖北制造向湖北创造转变、湖北速度向湖北质量转变、湖北生产向湖北品牌转变。

十大重点产业具体是：集成电路、地球空间信息、新一代信息技术、智能制造、汽车、数字、生物、康养、新能源与新材料、航天航空等。每个重点产业又涵盖若干细分领域。规划到 2022 年，全省高新技术产业增加值占 GDP 的比重超过 20%，高新技术制造业增加值占工业增加值比重超过 40%，分别较 2018 年底提升 2.90、0.67 个百分点。

推进十大重点产业高质量发展的十大实施举措包含了：1. 抓专项规划编

制，主要由省相关部门组织编制十大重点产业专项发展规划，配套制定专项产业政策。各地要围绕专项规划，按照重点领域和空间布局、发展目标、主要任务，制定本地实施方案；2. 抓创新平台搭建，创建武汉综合性国家产业创新中心，建设襄阳、宜昌等国家创新型试点城市，实现十大重点产业创新平台全覆盖；3. 抓产业集群打造，着力在十大重点产业打造一批新兴产业集群。壮大"武襄十随汽车产业走廊"、光谷"芯屏端网"等现有优势产业集群等；4. 抓支持资金筹措，充分利用长江产业基金等新旧动能转换基金，支持设立十大重点产业专项基金，形成重点产业基金群；5. 抓优势品牌培育，完善品牌培育、评价、扶持机制，积极创新培育一批新兴品牌；6. 抓高端人才集聚，每个产业细分领域至少引进 1 名院士级顶尖技术人才，至少引进 5 名世界制造业 500 强企业高管；7. 抓重大项目谋划，聚焦十大重点产业，着力招商育商，积极储备和推进一批重大项目；8. 抓基础设施完善，提高"江海直达"航线运行质量，优化中欧班列（武汉）国际运输功能，推进湖北国际物流核心枢纽建设等；9. 抓智库联盟创建，成立湖北省产业高质量发展智库团，推进每个产业成立一个产业技术创新联盟；10. 抓协同机制推进，成立由省政府主要领导同志任组长、分管领导同志任副组长，省直有关部门主要负责人为成员的省推进产业高质量发展工作领导小组。

（一）推进十大产业高质量发展的主要特点

湖北省推进十大产业高质量发展的特点可以用"早、高、精、实"四个字来概括。

一是工作部署立足于"早"。2018 年 4 月底，习近平总书记来湖北省视察时，提出了"四个切实"的殷殷嘱托，省委省政府立即部署省发改委起草《湖北省十大重点产业高质量发展的意见》。从目前来看，湖北省是全国最早谋划产业高质量发展的省份之一。

二是发展定位立足于"高"。体现在抢占产业发展"制高点"，以大数据智能化为引领，聚焦集成电路、地球空间信息、新一代信息技术高新技术产业，推动湖北省经济实现质量变革、效率变革、动力变革。体现在抢占人才发展"制高点"，抓高端人才集聚，每个产业细分领域至少引进 1 名院士级顶尖技术人才，至少引进 5 名世界制造业 500 强企业高管；体现在抢占技术发展“制高点”，抓智库联盟创建，成立湖北省产业高质量发展智库团，推进每个产业成立一个产业技术创新联盟。这些措施处处立足于“高点起步”，处处体现了高质量发展要求。

三是产业谋划立足于“精”。我们不是简单地按照通俗的产业门类来选取，也不是面面俱到，而是突出“四个紧扣”，选择对湖北未来经济社会发展起到关键性、支撑性和引领性作用的10个重点产业及43个细分领域。紧扣国家战略需求，围绕国家新能源和智能网联汽车基地、国家存储器基地、国家商业航天产业基地、国家网络安全人才与创新基地四大国家级产业基地，着力突破核心技术；紧扣产业发展的前沿领域，选取量子技术、人工智能、脑科学、石墨烯等产业，抢占未来产业发展先机。紧扣湖北省产业研发和人才优势，选取新一代信息技术、地球空间信息、高端装备、生物医药等优势产业，带动湖北省产业迈入价值链中高端。紧扣新时代消费升级热点，瞄准满足人民群众对美好生活需要的产业，选取医疗健康、养老等新型消费产业，推动湖北省产业结构优化升级。

四是推进措施立足于“实”。针对十大重点产业，提出了具体实施举措，每一条实施举措都明确了量化工作任务和目标。如抓专项规划编制，要求各地各部门围绕专项规划和本地实施方案，制定年度行动计划，细化工作分工，明确实施时间表、路线图；抓创新平台搭建，每个产业都要建设国家级的创新平台，如建设先进存储国家产业创新中心、智能汽车产业创新中心、激光产业创新中心等十大产业创新中心；抓支持资金筹措，每个产业都要设立十大重点产业专项基金，形成重点产业基金群。抓重大项目谋划，要建立十大重点产业项目库，五年内十大重点产业的储备项目投资总规模力争超过10万亿元。

（二）相关举措

1. 继续支持传统产业发展

传统产业是湖北省经济发展的大底盘，地位举足轻重，但如今增长乏力；高新技术产业代表着产业发展方向，是引领湖北省产业结构升级的重要力量，但势强力弱。重点产业与传统产业的发展要形成相互促进，质效量良性互动的大格局。因此，两手抓，两手都要硬。一是要以重点产业的培育引领带动传统产业。发挥重点产业“引擎”作用。如智能制造是信息化与工业化深度融合的表现，是全球制造业变革的重要方向。例如美国“再工业化”计划、德国“工业 4.0”计划、我国的“中国制造 2025”都是推动工业高质量发展的引擎。二是重点产业的发展是培育新增长极，传统产业是发展的基础和底盘。要做大增量，做强存量。三是既要重视重点产业的发展，也要重视传统产业的高质量发展。大力发展高新技术产业是实现湖北省经济新增长点的关键，传统产业仍是经济发展的主导，这就要求重点产业要高起点推进，传统产业要高质量提升。湖北省发改委依然会对传统产业转型升级给予政策和资金支持，对符合国家支持范围的企业和项目，做好衔接服务等工作。

2.“芯屏端网”产业集群发展

近年来，在省委、省政府的正确领导下，湖北省“芯屏端网”世界级产业集群建设得到较快发展。主要体现在以下 5 方面：一是产业体系逐步健全。全省已形成芯、屏、端、网全覆盖的生产企业和产品，产业链逐步完善，上下游配套能力逐步加强。二是产业规模不断壮大。目前，全省拥有“芯屏端网”相关企业近 400 家，产业规模 3000 余亿元。三是产业集群效应逐步显现。全省涌现出长江存储、武汉新芯等一批拥有自主知识产权的研发生产企业；京东方、华星光电、天马、华为、小米、联想等知名领军企业云集湖北，集聚发展趋势明显。四是产业创新能力不断提升。全省现已集聚了一批国内一流的大学和院所，拥有一大批外资和本土企业研发中心，成长和引进了一批高水平的创新创业人才，科技创新成果丰硕。五是产业集群发展模式得以探索。以“基金 + 项目”的模式，争取国家大基金投入，吸引社会资本参与重大项目建设模式卓有成效。

所有这些都奠定了湖北省培育世界级“芯屏端网”产业集群良好的产业基础。下一步将按照省委、省政府提出的“一芯两带三区”战略和省委省政府《关于推进全省十大重点产业高质量发展的意见》，围绕培育“芯屏端网”世界级产业集群，做好以下 6 方面工作：一是着力加强规划引领。二是着力加强创新生态建设。三是着力推进项目建设。四是着力加强龙头企业培育。五是着力推进产业集聚集约发展。六是着力优化营商环境。

二、典型绿色工业园区建设

（一）绿色工厂

绿色工厂是指实现厂房集约化、原料无害化、生产洁净化、废物资源化、能源低碳化的工厂，是国家绿色制造体系的核心支撑单元，侧重于生产过程的绿色化。2016 年起，我国着手推进绿色制造体系建设。绿色制造也称为环境意识制造、面向环境的制造等，是一个综合考虑环境影响和资源效益的现代化制造模式。其目标是使产品从设计、制造、包装、运输、使用到报废处理的整个产品全寿命周期中，对环境的影响（负作用）最小，资源利用率最高，并使企业经济效益和社会效益协调优化，并在基础设施、管理体系、能源与资源投入、产品、环境排放、环境绩效等方面有系列的综合评价指标。工信部从 2017 年开始开展评选绿色制造名单，已连续举办 4 年，此前，湖北省有 18 家企业被评为“绿色工厂[①]”。

东风雷诺汽车有限公司作为三大车企之一，东风始终坚守绿色发展理念，致力于建设可持续的绿色发展模式。在国务院提出创建“绿色工厂”方针以来，积极响应，严格履行绿色工厂评价通则。东风雷诺早在工厂建设时就严格执行国家的环保标准，并于 2016 年 8 月通过了 ISO14001 环境管理体系认证和环境标志认证。在严格执行国内环保法律法规及标准要求的同时，东风雷诺还不断将国外环保方面先进方法和经验引进来，在节能降耗、绿色工艺、“三废”控制、环保车型等方面不断取得新的进步。东风雷诺武汉工厂还获得了日产—雷诺联盟“改善最优”奖项。为推动“绿色供应链”建设，带动供应链合作伙伴积极开展节能减排行动，东风雷诺逐步建立责任延伸机制，实现链上企业绿色化。东风本田公司、东本零部件公司每年对表现优秀的供应商颁发“环境友好奖”。在生产日常中，不断探索减排新途径，开展废物综合利用工作。旗下郑州日产开发污水循环利用模式，对经污水处理站处理后的中水回用于工厂厂区绿化浇灌和车间冲厕，年节水 32273 吨，达到节能、降耗、

① 数据来源于湖北省“牢记四个切实殷殷嘱托，推进湖北高质量发展”系列新闻发布会第五场。

减污、增效的目的。

亚细亚在 2018 年 11 月获得国家工信部颁发的“国家绿色工厂”称号，成为华中地区首家获得该称号的陶瓷企业。众所周知，建筑陶瓷行业是一个很重的行业，每块砖的形成都需要上千度高温的焙烧，所以，陶企一直是排放大户。此番，亚细亚能够与蒙牛、华为、格力等知名企业共同上榜，是因为该企业勇于扛起社会责任、环保的重任，真正做到了企业的可持续发展。从 2013 年到 2018 年，亚细亚在环保方面，投资上亿元，研发出 8 个专利生产技术，成为行业内唯一一个将废弃排放标准降低至国标 50% 以下的企业。

宜昌人福药业有限责任公司是一家具有 65 年历史的大型综合性制药企业，国家麻醉药品定点研发生产企业、国家重点高新技术企业，也是亚洲最大的麻醉镇痛药品生产厂家。2018 年 11 月，宜昌人福被工信部确定为“国家级绿色工厂”，全省制药企业独此一家。宜昌人福在 2017 年还荣获第四届“湖北省环境保护政府奖”。在企业领导的带领下，宜昌人福药业实行战略转型升级，主动关闭了高污染、高能耗的 VC、抗生素等大宗原料药的生产线，全面转向生产技术含量高、附加值高、能耗低、污染小的麻精系列药品。宜昌人福在发展过程中，还不断改进产品生产工艺，在保证高质量的同时要求达到低消耗、低污染的目的，企业先进的污染物处理工艺，使各项污染物均达标排放，无论在产品质量、运行效率及可靠度、能源消耗或环境保护等方面均为同行业内佼佼者[①]。创建“绿色工厂”，走低消耗低排放的绿色发展之路，是企业直面现今生态环境问题的必然选择，也是企业履行环境责任的实质。

（二）绿色园区

湖北省绿色光电国际创新园被认定为新一批的 4 个最高级别的国家国际科技合作创新园区之一。湖北东湖国家绿色光电国际创新园位于中国光谷核心腹地、国家光电子产业基地——武汉未来科技城未来二路，总规划 1000 亩，起步区 273 亩。园区主要吸纳光电等新兴产业，具备科技研发能力和一定国际合作背景的成长性企业入驻。光电创新园最大的特点，就是立足自主创新，

① 来源于湖北省生态环境厅统计数据。

通过加强全球合作，消化吸收国外先进技术，并实现本土企业的再创新。园区引入激光和光伏等全球领军企业来设立科研分支机构，并搭建新一代工业激光器、光伏电池和下一代互联网接入系统等七大国际合作研发平台，让企业不出国门，就能在家门口谈判，进行跨国技术合作。

（三）农业绿色发展先行区

绿色是农业的底色，也是农业发展最大的优势和最宝贵的资源。习近平总书记指出，推进农业绿色发展是农业发展观的一场深刻革命。当前，我国经济已由高速增长阶段转向高质量发展阶段，农业既是国民经济的基础，也关乎百姓“舌尖上的安全”。以绿色发展为导向，走出一条产出高效、产品安全、资源节约、环境友好的农业高质量发展道路，成为发展现代新型农业的必然选择。

11 月 4 日，农业农村部、国家发展改革委、科技部、财政部、自然资源部、生态环境部、水利部、国家林业和草原局公布通知，正式发布了第二批国家农业绿色发展先行区名单，通知确定大冶市，十堰市郧阳区等 41 个县（市、区）成为第二批国家农业绿色发展先行区。湖北省大冶市国家农业绿色发展先行区以绿色规划为基础，以特色产业为龙头，形成了休闲观光、养生养老为核心的“一区两园 N 朵金花”的休闲农业和乡村旅游全域发展格局，形成以“一菜”（鑫东有机蔬菜）、“两茶”（白茶和油茶）、“三花”（玫瑰花、栀子花、荷花）、“四果”（保安狗血桃、向阳香李、陈贵草莓、金牛蓝莓）等特色产业为主导的休闲农业产业体系，形成了三产融合发展新模式。在鑫东生态农业有限公司，自动化喷头正在对田间作物进行肥料喷灌。而基地所使用的肥料，全部都是天然有机肥。

郧阳区国家农业绿色发展先行区——郧阳区近年来大力推广“自然生草 + 绿肥、有机肥 + 配方肥、有机肥 + 秸秆覆盖”等化肥减量增效面积 12.5 万亩，全区农作物秸秆综合利用率 85%，农业生产环境持续改善。郧阳区按照“1+2+N”产业布局，大力推进务工产业、袜业产业和香菇产业绿色发展，全区建成“制菌、种植、加工”三个香菇产业园，在 19 个乡镇建设百万棒级制棒车间 30 个，原材料基地 100 万亩，“一社一司”组织 340 个。累计培育农业“三品一标”品牌总数 103 个，其中有机产品 13 个、绿色产品 45 个、地标产品 8 个。成功打造“郧阳花菇”“郧阳黑猪”“郧阳白羽乌鸡”“武当道茶”“汉江柑橘”“郧阳红薯粉条”等多个区域公共品牌。先后培育规上农产品加工企业 51 家，省市级农业产业化重点龙头企业 43 家。绿色发展，任重道远。郧阳区将坚决贯彻落实习近平总书记关于生态文明建设的重要思想，以改革破解难题，以探索创造经验，进一步推进国家农业绿色发展先行区建设，实现工作思路举措和领导方法的根本转变，让绿色发展之路越走越宽。

（四）绿色化工区

1. 武汉化学工业园

武汉化学工业区位于武汉主城区以东的长江边，与中心城区和大型居住区之间有严东湖、严西湖、九峰城市森林保护区等天然生态隔离屏障，规划总面积 89.1 平方千米。规划布局园区采取“组团式”布局结构，布置两大功能组团，即北湖产业组团和左岭综合组团。北湖产业组团以核心项目 80 万吨 / 年乙烯为产业，配套布局下游产品加工园区、港口物流园区以及生产服务中心等，建设用地规模 30.5 平方千米。左岭综合组团以现有葛化为基础设施产品升级和产业拓展，建设用地规模 8.9 平方千米；主要以无机化工原料生产为主，发展精细化工产品。生态环境化工区规划设置有两大绿化隔离带，分别是东西向白浒山、严东湖至长江的生态绿化带与南北向武汉绕城公路、武钢间的绿化隔离带，有效地将化工新城与主城区和东湖风景开发区安全地隔离开。规划在化工新城规划区与主城区共有三条生态廊道：南北向的长江—九峰森林公园廊道，东西向的东湖—九峰森林公园廊道，长江水体形成的河流廊道，有效对规划区的大气污染进行阻隔和吸滞，极大程度地保持大区域的生态格局和生态的稳定性。化工区建立三级排水控制系统，一级为厂内控制系统，二级为北湖水系控制系统，三级为入江控制系统，建立严格的雨污分流排水体制，确保北湖地区水质安全。建设理念引进大型化工区“一体化”先进理念，采用总体一次规划、分期开发、滚动建设的模式。产品项目一体化以乙烯、丙烯、苯等上游产品及有机化工中间体、三大合成材料等下游产品形成完整的产品链，在区内落户的企业以上、下游的化工产品为纽带连成一体，实现整体规划，合理布局，联系紧密，有序建设。公用辅助一体化对区内项目所需的水、电、汽（气）等，统一规划，集中建设，形成供水、供电、供汽（气）为一体的公用工程“岛”，实行公用产品和服务统一供给；物流传输一体化通过区内与各生产装置连成一体的专用传送管廊及仓储、码头、铁路和公路等一体化的物流传输系统，将区内的原料、能源和中间体安全、快捷地送达目的地。环境保护一体化按照“减量化、再利用、资源化”的理念，通过在生产过程中运用环境无害化技术和清洁生产工艺，对废水和废弃物的统一处理或利用，形成一体化的清洁生产机制和环境，使化工区达到生产与生态的平衡，发展与环境的和谐。

2. 黄冈化工园

黄冈是长江流经湖北的最后一站，也是国家、省级重点生态功能区。根据省委、省政府的要求，黄冈市要深入推进化工污染整治，推动长江经济带的绿色发展。为适应长江大保护的需要，黄冈出台《进一步规范化工产业发展的指导意见》，进一步优化化工产业布局，促进产业转型升级。在该意见中，该市化工产业分为重点发展、限制发展、禁止发展三类区域。重点发展区域3个：黄州火车站经济开发区（黄冈化工园）、武穴田镇“两型”社会循环经济试验区、武穴经济开发区火车站工业园。重点发展区域要严格按照规划要求，加强园区基础设施建设，建设现代化的化工园区。据有关工作人员介绍，火车站开发区在化工园还未成立之时，就十分重视环保问题。2008年，园区管委会自筹资金60万元，编制《黄冈化工园环境影响评价报告》对园区进行区域环评，获得省环保局的正式批复，成为武汉城市圈内第一家通过区域环评的园区。化工园正式成立后，更是将环保问题作为工作的重中之重。积极创新园区环保体制机制，从市环保局抽调专人组建园区环保督察所，创新化工企业污染排放许可和实施排污交易制度，有效控制化工污染物排放。并科学规划，合理布局，在行政、居住区与各工业区设置了合理的隔离间距，在冶炼焦化区和精细化工区间设置了卫生防护距离并进行了隔离带的绿化工作。对落户企业进行综合评估，实行产业政策、环境评估、安全评价、科技含量四个“一票否决”制度。从源头上防止一些污染重、排放大、资源利用不高的企业混入园区。

第三节　湖北省重点流域生态规划

一、重点流域生态规划概述

湖北是长江干流径流里程最长的省份，是三峡库坝区和南水北调中线工程核心水源区所在地，是长江流域重要的水源涵养地和国家重要生态屏障。近年来，聚焦“长江大保护”，湖北紧扣“生态修复、环境保护和绿色发展”三篇文章，从表层修复、源头治理，到综合保护，逐步恢复荆楚大地“天蓝、地绿、山青、水净”的良好生态环境。

为强化“共抓大保护、不搞大开发”的工作导向，湖北省把修复长江、汉江、清江生态环境摆在压倒性位置，落实重点流域、库区水污染防治规划，贯彻实施《湖北长江经济带生态环境保护规划》。科学制定“三江”地区产业准入清单，按照“应改尽改、不改搬迁”的原则，推动“三江”流域传统产业转型升级。以长江两岸造林绿化工程为重点，加快“三江”沿线防护林体系和流域水土保持带建设。着力推进“三江”沿线主要湿地建设及城市岸线生态防护工程建设，对重要支流实施清洁小流域治理。湖北省着眼修复生态添绿色，加快实施三江（长江、汉江、清江）等重点流域和三湖（洪湖、梁子湖、长湖）等重点湖泊以及三库（三峡库区、丹江口库区、漳河水库）等重点区域水污染防治规划，大力实施武汉城市圈碧水工程规划，加快推进大东湖生态水网构建工程和江湖连通工程，构建人水和谐的水生态系统。

在生态修复方面，湖北把修复长江生态环境摆在压倒性位置。湖北以系统性的举措来推进山水林田湖草一体化修复，实施长江防护林建设、水土流失治理、河湖湿地保护等一批生态重大工程；把全省 22.3% 的版图面积纳入了生态红线的保护范围；实现 4230 条河流、755 个湖泊河湖长制的全覆盖，为长江大保护提供最严格的保护标准和政策保障，目前，长江绿色生态廊道正在形成。

在环境保护方面，湖北壮士断腕破解“化工围江”，关改搬转沿江化工企业 115 家；疏堵结合推进“三非”整治，取缔各类码头 1211 个，建成运营的砂石集并中心 43 个，关停封堵或并入污水处理厂入河排污口 181 个；近两年腾退岸线 150 千米，复绿 1.2 万亩；统筹打好蓝天、碧水、净土三大保卫战。

在绿色发展方面，近年来湖北积极践行绿水青山就是金山银山的理念，大力发展生态农业、生态工业、生态旅游等绿色产业，积极培育发展新动能，同时加快淘汰落后产能，在生态环境容量上过紧日子，严守生态保护红线。长江岸线如今再现一江碧水、两岸青山的美丽画卷，人与自然和谐共生、绿色发展的新生态正在形成。

二、重点流域生态规划意义

重点流域生态规划有利于牢固树立和践行绿水青山就是金山银山的理念，持续改善城乡人居环境，推进绿色发展，完善城乡生态系统保护制度，引导形成绿色生产生活方式，打造宜居、宜业、宜游、宜养的荆楚新生态。

具体来讲，首先，从政治层面上体现了湖北认真贯彻落实习近平总书记视察湖北，考察长江做出的重要讲话精神，是湖北省探索生态优先、绿色发展的实际举措。其次，统筹推进“三江”流域生态健康工程、“四山”生态保护工程、“千湖”碧水工程、生物多样性保护工程，体现了习近平生态文明思想，是山水林田湖草生命共同体在湖北生态保护中的具体体现。再次，体现了湖北作为水利大省、千湖之省推进生态文明建设，突出抓好水系生态屏障保护与修复的决心。中小河流重点段、病险水库加固、农村饮水安全、大型灌区节水改造、水土保持生态环境建设和大型泵站更新改造等一直是湖北省的投资重点。但是湖北省水利设施体系存在较为严重的肠梗阻现象，集中表现为农村中小型泵站、中型灌渠、小型河道淤塞严重，这就好比人体的主动脉畅通无阻，但毛细血管出现阻塞。因此，专家们提出“‘千湖’碧水工程”，将改善湖泊生态系统、保护和恢复河湖湿地生态系统、河网综合整治和生态化改造作为未来五年的重点工作来推进。

三、重点流域生态规划举措

湖北省长江大保护标志性战役已经初战告捷，正在向纵深推进。湖北省委、省政府坚定不移抓好长江大保护战略落实，把保护修复长江生态环境摆在压倒性位置，全力做好生态修复、环境保护、绿色发展“三篇文章”。湖北省政府成立标志性战役省指挥部和15个专项战役指挥部，全力打好沿江化工企业关改搬转、城市黑臭水体整治、农业面源污染整治、长江干线非法码头整治等长江大保护十大标志性战役。湖北省委、省政府主要领导先后多次沿江巡查环境整治、岸线复绿、非法砂石码头整治、化工企业关改搬转等情况，相关单位对长江沿线情况开展暗查暗访，拍摄暗访短片，通报曝光突出的问题，并督促加快整改。重点流域生态规划具体举措有：

长江沿线产业布局不断优化，全省沿江1千米范围内的101家化工企业完成关改搬转，有效破解“化工围江”问题。取缔各类码头1211个，腾退岸线150千米，清退港口吞吐能力1.56亿吨，岸滩岸线生态复绿809万平方米。禁养区内关停搬迁畜禽养殖场12784家（户），拆除127万余亩围栏围网和网箱养殖，取缔27万余亩投肥（粪）养殖和4.5万亩珍珠养殖。全省完成58个泊位岸电建设和50%以上已建集装箱码头岸电设施改造。长江两岸完成造林绿化60余万亩。整改435个入河排污口。134个城市污水处理厂实施提标改造。建成乡镇垃圾中转站276个，治理存量垃圾872万余立方米[①]。水质修复取得实效，推进“水资源、水环境、水生态”三水共治，共实施水污染物减排项目1916个，新增污水处理能力82万余吨/日、污水收集管网1379千米、河道清淤470.5万立方米。2018年，湖北省地表水环境质量状况稳中趋好，全省179个河流监测断面，水质优良断面比例为89.4%，同比提高2.8个百分点，较2015年提高5.2个百分点；劣V类断面比例为1.1%，同比下降2.8个百分点，较2015年下降4.4个百分点。纳入国家考核的114个断面中，水质优良断面比例为86%，同比提高1.8个百分点，高出全国15个百分点，劣V类断面比例为1.8%，同比下降2.6个百分点，低于全国4.9个百分点。全省地表水河流高锰酸盐指数、氨氮和总磷等主要污染指标，年均浓度均值与2015年相比分别下降6.5%、33.3%和19.4%。

不生态，就淘汰。围绕长江大保护，湖北执行最严格的标准，并推出一

① 湖北“生态立省”：系统推进长江大保护

系列措施。近年来，湖北瞄准化工污染、非法码头、非法采砂、入河排污口、岸线保护等，开展“六大专项整治”；紧盯城市黑臭水体、农业面源污染、城乡生活污水等，打响长江大保护十大标志性战役；“关改搬转”了沿江1千米范围内的115家化工企业，破解“化工围江”。（2）稳步推动长江生态修复。将全省约22%的面积纳入红线范围进行保护监管。开展“绿盾2018”自然保护区监督检查专项行动，核查违法违规问题线索3409个，整改完成率90%。大力开展“清废”专项行动，国家交办湖北省的386个问题，已解除挂牌督办384个。统筹山水林田湖草系统治理，153个生态环保项目被纳入生态环境部项目储备库，10个沿江城市开展长江生态环境保护修复驻点和联合研究。“退一步”水清岸绿。曾经的武昌长江江滩余家头段遍布船厂、港口、码头、砂场，人们架网捕鱼、养猪种菜，如今只见滩涂平整，天蓝水清；在兴发集团宜昌新材料产业园，临江范围内的厂房早已拆除，取而代之的是滨江绿地，漫步其中，宛如公园。

紧盯生态环境保护督察问题整改，统筹推进中央生态环保督察整改、“回头看”及专项督察交办问题整改和省级环保督察工作。中央生态环保督察反馈的各类问题均得到扎实的办理。生态环境保护“党政同责，一岗双责”要求进一步压紧压实。

数据显示，仅2018年，湖北全省各地环保部门共立案5166件，同比增长20%；实施行政处罚案件3977件，同比增长14%；罚款金额约3.6亿元，同比增长42%。

第六章　湖北省绿色发展绩效评价

第一节　绿色发展评价研究基础

党的十八届五中全会提出创新、协调、绿色、开放、共享的发展理念，并写进“十三五”规划建议，作为推进“十三五”时期我国经济社会发展的基本理念。“十三五”规划建议明确要求：要“坚持绿色富国、绿色惠民，为人民提供更多优质生态产品，推动形成绿色发展方式和生活方式，协同推进人民富裕、国家富强、中国美丽。”绿色发展作为五大发展理念的重要组成部分，是党中央在深刻总结国内外发展经验教训、分析国内外发展大势的基础上形成的，凝聚着对经济社会发展规律以及自然规律的深入思考，对于“十三五”时期乃至推动我国经济社会的可持续发展、破解资源环境困局、促进生态文明建设、实现人与自然和谐发展具有重要的理论和现实指导意义。因此，从宏观视角对我国绿色发展状况进行客观而准确的评估，切实有力地推进我国经济社会的绿色发展，贯彻落实“十三五”规划要求是摆在各级政府部门实际工作者和学界理论工作者面前的一个重大课题。

目前，国内外众多学者不断对绿色发展指标体系和绿色指数进行探索和研究，根据研究内容的不同，主要将其分为四大类，宏观经济（国民经济核算）、生态环境（侧重生态环境的绿色发展指数）、资源能源（侧重资源能源的绿色发展指数）、生活质量（侧重生活质量的绿色发展指数）。

宏观经济（国民经济核算指数）方面：2001 年，国家统计局对全国自然资源进行核算，包括土地、矿产、森林、水资源这四种自然资源；2004 年，国家统计局和国家环保总局成立绿色 GDP 联合课题小组，启动“绿色 GDP 核算体系研究”，完成了《中国资源环境经济核算体系框架》；2006 年，中国首次对外发布《中国绿色国民经济核算研究报告》。除了对绿色 GDP 和绿色 GDP 核算的研究，宏观经济方面还涉及对可持续发展指标体系和评价方法的研究，由科技部组织的“中国可持续发展指标体系”共涉及296个指标，中科院可持续发展研究课题组提出的指标体系，从资源、发展、经济、环境和管理五个方面衡量可持续发展的程度。

生态环境（侧重生态环境的绿色发展指数）方面：顾海兵（2003）提出了绿色经济指数，他认为单纯的 GDP 核算不能完全反映经济发展的趋势，绿色经济指数的测算可以加入固体废物堆放量、空气质量和未达标废水排放这几个指标[①]。杨多贵（2006）提出建立“绿色国家”，他在计算国家绿色发展指数（GDI）的基础上，通过分析绿色发展指数和经济发展水平的关系，提出人类发展阶段的概念模型，认为绿色发展道路应该经历黄色文明、黑色文明和绿色文明三个阶段[②]。有些对生态环境方面的绿色指数研究主要集中在特定的领域和行业，张云宁（2014）研究了辽宁油田公司绿色企业发展的策略，构建了 23 个具体考核评价指标的绿色油田建设评价指标体系，旨在提高企业可持续发展和提高企业的竞争力[③]。苏利阳、郑红霞等（2013）对中国省际工业绿色发展进行了评估，首次从绿色生产、绿色产业、绿色产品三个方面衡量工业绿色发展的进展，构建了 9 个指标在内的工业绿色发展指标体系，包括 3 个资源消耗指标和 6 个污染物排放指标，总结出 2005—2010 年期间全国工业绿色发展绩效指数的变动趋势[④]。

资源能源（侧重资源能源的绿色发展指数）方面：资源能源的绿色指数相关研究首先是集中在资源承载力方面，其次是能源以及能源消费结构。骆正山（2005）提出了包括资源开发利用水平、经济发展水平、社会发展水平、环境保护水平和智力支持水平等指标的矿产资源评价体系，旨在反映矿产

① 顾海兵．怎样科学分析经济形势 [J]. 北京统计，2003（2/3）：45–47.

② 杨多贵，高飞鹏．“绿色”发展道路的理论解析 [J]. 科学管理研究，2006，24（5）：20–23.

③ 张云宁．辽河油田公司绿色企业发展策略研究 [D]. 东北石油大学，2014.

④ 苏利阳，郑红霞，王毅．中国省际工业绿色发展评估 [J]. 中国人口．资源与环境，2013，23（08）：116–122.

资源可持续开发综合水平[①]。罗攀（2010）构建了县域土地资源可持续利用评价指标体系，由目标层、准则层、指标层以及亚指标层4个层次构成，从生产性、安全性、保护性、经济性和社会可接受性五个方面和38个指标组成[②]。陈轩昂（2013）以常州市为例，构建了土地资源综合监管体系[③]。我国对能源绿色发展指数方面的研究主要集中在高耗能高排放的产业上，劼茂华（2010）构建了煤炭企业可持续发展的评价指标体系，由3个层次10个具体指标构成[④]。牛苗苗（2012）对中国煤炭业的生态效率进行了研究，构建了煤炭产业生态效率评价指标体系[⑤]。

生活质量（侧重生活质量的绿色发展指数）方面：随着人类生活水平的提高，对绿色指数的研究开始往居民生活质量这一方面发展。2008年，加拿大的Globe Scan公司发起了一项关于消费者行为习惯对环境影响的全球调查，目的在于研究人们平时的生活方式和消费习惯对资源和环境的影响。李晓西等（2014）在可持续发展的基础上，构建 “人类绿色发展指数”，通过12个具体的指标测算了123个国家在绿色发展的数值可持续性消费方面[⑥]，周成西（2009）构建了可持续性消费评估指标体系，其中包含消费经济系统、消费社会系统、消费环境系统、消费资源系统和消费支撑系统5个方面和33个具体指标[⑦]。杜延军（2013）从经济、社会、资源和生态环境四个方面，分4个层级共65个初级指标，构建了我国可持续性消费水平的指标体系[⑧]。

---

① 骆正山．矿产资源可持续开发评价指标体系的研究 [J]. 金属矿山，2005（4）：1–3.

② 罗攀，朱红梅，黄春来，等．县域土地资源可持续利用评价指标体系研究 [J]. 湖南农业科学，2010（6）：16–17.

③ 陈轩昂．土地资源综合监管指标体系构建研究——以常州市为例 [D]. 南京师范大学．

④ 劼茂华，杨森，张子娟．煤炭企业可持续发展评价研究 [J]. 煤炭经济研究，2010，30（2）：34–37.

⑤ 牛苗苗．中国煤炭产业的生态效率研究 [D]. 中国地质大学，2012.

⑥ 李晓西，刘一萌，宋涛．人类绿色发展指数的测算 [J]. 中国社会科学，2014（6）：69–95，207–208.

⑦ 周成西．基于AHP法的可持续消费评估指标体系设计研究 [J]. 商场现代化，2009（12）：31–32.

⑧ 杜延军．可持续性消费评价指标体系及综合评价模型 [J]. 生态经济，2013（8）：73–76.

一、国家绿色发展评价体系

党的十八大报告指出，要加强生态文明制度建设，把资源消耗、环境损害、生态效益纳入经济社会发展评价体系，建立体现生态文明要求的目标体系、考核办法、奖惩机制。生态文明建设是一项庞大的系统工程，必须构建系统完备、科学规范、运行高效的制度体系，用制度推进建设、规范行为、落实目标、惩罚问责，使制度成为保障生态文明建设的重要条件。2015 年 4 月，中共中央、国务院发布《关于加快推进生态文明建设的意见》中明确指出，绿色发展、循环发展、低碳发展是生态文明建设的基本途径，十八届五中全会把绿色发展上升为指导“十三五”时期经济社会发展的五大新发展理念之一，要求推动形成绿色发展方式和生活方式。党的十九大报告指出，必须树立和践行绿水青山就是金山银山的理念，坚持节约资源和保护环境的基本国策，形成绿色发展方式和生活方式。第十九届五中全会提出，推动绿色发展，促进人与自然和谐共生。生态文明和绿色发展是辩证统一的关系，生态文明是绿色发展的追求目标和客观结果，绿色发展是生态文明的实现路径和必然要求。

党的十八大以来，党中央和国务院为深入推动绿色发展，陆续出台了《中华人民共和国国民经济和社会发展第十三个五年规划纲要》《长江经济带发展规划纲要》《关于创新体制机制推进农业绿色发展的意见》《关于加强长江经济带工业绿色发展的指导意见》《关于构建现代环境治理体系的指导意见》《关于加快建立绿色生产和消费法规政策体系的意见》《关于组织推荐绿色技术的通知》《关于组织开展绿色产业示范基地建设的通知》《关于加快建立健全绿色低碳循环发展经济体系的指导意见》《关于推动城乡建设绿色发展的意见》《关于加快建立绿色生产和消费法规政策体系的意见》《关于促进绿色智能家电消费若干措施的通知》等系列政策文件，从国家到流域等不同区域、从农业到工业等不同领域，引领生态文明建设和绿色发展。

2016 年 12 月中共中央办公厅、国务院办公厅印发《生态文明建设目标评价考核办法》。根据《生态文明建设目标评价考核办法》的相关要求，国家发展改革委、国家统计局、环境保护部、中央组织部等部门制定印发了《绿色发展指标体系》和《生态文明建设考核目标体系》，为开展生态文明建设评价考核提供依据，这是我国生态文明建设史上首次建立生态文明建设目标评价考核制度。

表 6–1 绿色发展指标体系

一级指标	序号	二级指标	计量单位	指标类型	权数（%）	数据来源
一、资源利用（权数=29.3%）	1	能源消费总量	万吨标准煤	◆	1.83	国家统计局、国家发展改革委
	2	单位 GDP 能源消耗降低	%	★	2.75	国家统计局、国家发展改革委
	3	单位 GDP 二氧化碳排放降低	%	★	2.75	国家发展改革委、国家统计局
	4	非化石能源占一次能源消费比重	%	★	2.75	国家统计局、国家能源局
	5	用水总量	亿立方米	◆	1.83	水利部
	6	万元 GDP 用水量下降	%	★	2.75	水利部、国家统计局
	7	单位工业增加值用水量降低率	%	◆	1.83	水利部、国家统计局
	8	农田灌溉水有效利用系数	—	◆	1.83	水利部
	9	耕地保有量	亿亩	★	2.75	国土资源部
	10	新增建设用地规模	万亩	★	2.75	国土资源部
	11	单位 GDP 建设用地面积降低率	%	◆	1.83	国土资源部、国家统计局
	12	资源产出率	万元 / 吨	◆	1.83	国家统计局、国家发展改革委
	13	一般工业固体废物综合利用率	%	△	0.92	环境保护部、工业和信息化部
	14	农作物秸秆综合利用率	%	△	0.92	农业部
二、环境治理（权数=16.5%）	15	化学需氧量排放总量减少	%	★	2.75	环境保护部
	16	氨氮排放总量减少	%	★	2.75	环境保护部
	17	二氧化硫排放总量减少	%	★	2.75	环境保护部
	18	氮氧化物排放总量减少	%	★	2.75	环境保护部
	19	危险废物处置利用率	%	△	0.92	环境保护部
	20	生活垃圾无害化处理率	%	◆	1.83	住房城乡建设部

续表

一级指标	序号	二级指标	计量单位	指标类型	权数（%）	数据来源
二、环境治理（权数=16.5%）	21	污水集中处理率	%	◆	1.83	住房城乡建设部
	22	环境污染治理投资占 GDP 比重	%	△	0.92	住房城乡建设部、环境保护部、国家统计局
三、环境质量（权数=19.3%）	23	地级及以上城市空气质量优良天数比率	%	★	2.75	环境保护部
	24	细颗粒物（PM2.5）未达标地级及以上城市浓度下降	%	★	2.75	环境保护部
	25	地表水达到或好于Ⅲ类水体比例	%	★	2.75	环境保护部、水利部
	26	地表水劣Ⅴ类水体比例	%	★	2.75	环境保护部、水利部
	27	重要江河湖泊水功能区水质达标率	%	◆	1.83	水利部
	28	地级及以上城市集中式饮用水水源水质达到或优于Ⅲ类比例	%	◆	1.83	环境保护部、水利部
	29	近岸海域水质优良（一、二类）比例	%	◆	1.83	国家海洋局、环境保护部
	30	受污染耕地安全利用率	%	△	0.92	农业部
	31	单位耕地面积化肥使用量	千克/公顷	△	0.92	国家统计局
	32	单位耕地面积农药使用量	千克/公顷	△	0.92	国家统计局
四、生态保护（权数=16.5%）	33	森林覆盖率	%	★	2.75	国家林业局
	34	森林蓄积量	亿立方米	★	2.75	国家林业局
	35	草原综合植被覆盖度	%	◆	1.83	农业部
	36	自然岸线保有率	%	◆	1.83	国家海洋局
	37	湿地保护率	%	◆	1.83	国家林业局、国家海洋局
	38	陆域自然保护区面积	万公顷	△	0.92	环境保护部、国家林业局
	39	海洋保护区面积	万公顷	△	0.92	国家海洋局
	40	新增水土流失治理面积	万公顷	△	0.92	水利部
	41	可治理沙化土地治理率	%	◆	1.83	国家林业局
	42	新增矿山恢复治理面积	公顷	△	0.92	国土资源部
五、增长质量（权数=9.2%）	43	人均 GDP 增长率	%	◆	1.83	国家统计局
	44	居民人均可支配收入	元/人	◆	1.83	国家统计局
	45	第三产业增加值占 GDP 比重	%	◆	1.83	国家统计局

续表

一级指标	序号	二级指标	计量单位	指标类型	权数（%）	数据来源
五、增长质量（权数=9.2%）	46	战略性新兴产业增加值占 GDP 比重	%	◆	1.83	国家统计局
	47	研究与试验发展经费支出占 GDP 比重	%	◆	1.83	国家统计局
六、绿色生活（权数=9.2%）	48	公共机构人均能耗降低率	%	△	0.92	国管局
	49	绿色产品市场占有率（高效节能产品市场占有率）	%	△	0.92	国家发展改革委、工业和信息化部、质检总局
	50	新能源汽车保有量增长率	%	◆	1.83	公安部
	51	绿色出行（城镇每万人口公共交通客运量）	万人次/万人	△	0.92	交通运输部、国家统计局
	52	城镇绿色建筑占新建建筑比重	%	△	0.92	住房城乡建设部
	53	城市建成区绿地率	%	△	0.92	住房城乡建设部
	54	农村自来水普及率	%	◆	1.83	水利部
	55	农村卫生厕所普及率	%	△	0.92	国家卫生计生委
七、公众满意程度	56	公众对生态环境质量满意程度	%	—	—	国家统计局

注：1. 标★的为《国民经济和社会发展第十三个五年规划纲要》确定的资源环境约束性指标；标◆的为《国民经济和社会发展第十三个五年规划纲要》和《中共中央、国务院关于加快推进生态文明建设的意见》等提出的主要监测评价指标；标△的为其他绿色发展重要监测评价指标。根据其重要程度，按总权数为 100%，三类指标的权数之比为 3 ∶ 2 ∶ 1 计算，标★的指标权数为 2.75%，标◆的指标权数为 1.83%，标△的指标权数为 0.92%。6 个一级指标的权数分别由其所包含的二级指标权数汇总生成。

2. 绿色发展指标体系采用综合指数法进行测算，“十三五”期间，以 2015 年为基期，结合“十三五”规划纲要和相关部门规划目标，测算全国及分地区绿色发展指数和资源利用指数、环境治理指数、环境质量指数、生态保护指数、增长质量指数、绿色生活指数 6 个分类指数。绿色发展指数由除“公众满意程度”之外的 55 个指标个体指数加权平均计算而成。

计算公式为：

$$Z=\sum_{i=1}^{N} W_i Y_i \quad (N=1,\ 2,\ \cdots,\ 55)$$

其中，Z 为绿色发展指数，Y_i 为个体指数，N 为指标个数，W_i 为指标 Y_i 的权数。

绿色发展指标按评价作用分为正向和逆向指标，按指标数据性质分为绝对数和相对数指标，需对各个指标进行无量纲化处理。具体处理方法是将绝对数指标转化成相对数指标，将逆向指标转化成正向指标，将总量控制指标转化成年度增长控制指标，然后再计算个体指数。

3. 公众满意程度为主观调查指标，通过国家统计局组织的抽样调查来反映公众对生态环境的满意程度。调查采取分层多阶段抽样调查方法，通过采用计算机辅助电话调查系统，随机抽取城镇和乡村居民进行电话访问，根据调查结果综合计算 31 个省（区、市）的公众满意程度。该指标不参与总指数的计算，进行单独评价与分析，其分值纳入生态文明建设考核目标体系。

4. 国家负责对各省、自治区、直辖市的生态文明建设进行监测评价，对有些地区没有的地域性指标，相关指标不参与总指数计算，其权数平均分摊至其他指标，体现差异化；各省、自治区、直辖市根据国家绿色发展指标体系，并结合当地实际制定本地区绿色发展指标体系，对辖区内市（县）的生态文明建设进行监测评价。各地区绿色发展指标体系的基本框架应与国家保持一致，部分具体指标的选择、权数的构成以及目标值的确定，可根据实际进行适当调整，进一步体现当地的主体功能定位和差异化评价要求。

5. 绿色发展指数所需数据来自各地区、各部门的年度统计，各部门负责按时提供数据，并对数据质量负责。

表 6–2　生态文明建设考核目标体系

目标类别	目标类分值	序号	子目标名称	子目标分值	目标来源	数据来源
一、资源利用	30	1	单位 GDP 能源消耗降低★	4	规划纲要	国家统计局、国家发展改革委
		2	单位 GDP 二氧化碳排放降低★	4	规划纲要	国家发展改革委、国家统计局
		3	非化石能源占一次能源消费比重★	4	规划纲要	国家统计局、国家能源局
		4	能源消费总量	3	规划纲要	国家统计局、国家发展改革委
		5	万元 GDP 用水量下降★	4	规划纲要	水利部、国家统计局
		6	用水总量	3	规划纲要	水利部
		7	耕地保有量★	4	规划纲要	国土资源部
		8	新增建设用地规模★	4	规划纲要	国土资源部
二、生态环境保护	40	9	地级及以上城市空气质量优良天数比率★	5	规划纲要	环境保护部
		10	细颗粒物（PM2.5）未达标地级及以上城市浓度下降★	5	规划纲要	环境保护部
		11	地表水达到或好于Ⅲ类水体比例★	（3）[a] （5）[b]	规划纲要	环境保护部、水利部
		12	近岸海域水质优良（一、二类）比例	（2）[a]	水十条	国家海洋局、环境保护部
		13	地表水劣Ⅴ类水体比例★	5	规划纲要	环境保护部、水利部
		14	化学需氧量排放总量减少★	2	规划纲要	环境保护部
		15	氨氮排放总量减少★	2	规划纲要	环境保护部

续表

目标类别	目标类分值	序号	子目标名称	子目标分值	目标来源	数据来源
二、生态环境保护	40	16	二氧化硫排放总量减少★	2	规划纲要	环境保护部
		17	氮氧化物排放总量减少★	2	规划纲要	环境保护部
		18	森林覆盖率★	4	规划纲要	国家林业局
		19	森林蓄积量★	5	规划纲要	国家林业局
		20	草原综合植被覆盖率	3	规划纲要	农业部
三、年度评价结果	20	21	各地区生态文明建设年度评价的综合情况	20	—	国家统计局、国家发展改革委、环境保护部等有关部门
四、公众满意程度	10	22	居民对本地区生态文明建设、生态环境改善的满意程度	10	—	国家统计局等有关部门
五、生态环境事件	扣分项	23	地区重特大突发环境事件、造成恶劣社会影响的其他环境污染责任事件、严重生态破坏责任事件的发生情况	扣分项	—	环境保护部、国家林业局等有关部门

注：1. 标★的为《国民经济和社会发展第十三个五年规划纲要》确定的资源环境约束性目标。

2.“资源利用”“生态环境保护”类目标采用有关部门组织开展专项考核认定的数据，完成的地区有关目标得满分，未完成的地区有关目标不得分，超额完成的地区按照超额比例与目标得分的乘积进行加分。

3.“非化石能源占一次能源消费比重”子目标主要考核各地区可再生能源占能源消费总量比重；“能源消费总量”子目标主要考核各地区能源消费增量控制目标的完成情况。

4.“地表水达到或好于Ⅲ类水体比例”“近岸海域水质优良（一、二类）比例”子目标分值中括号外右上角标注“a”的，为天津市、河北省、辽宁省、上海市、江苏省、浙江省、福建省、山东省、广东省、广西壮族自治区、海南省等沿海省份分值；括号外右上角标注“b”的，为沿海省份之外省、自治区、直辖市分值。

5.“年度评价结果”采用“十三五”期间各地区年度绿色发展指数，每年绿色发展指数最高的地区得 4 分，其他地区的得分按照指数排名顺序依次减少 0.1 分。

6.“公众满意程度”指标采用国家统计局组织的居民对本地区生态文明建设、生态环境改善满意程度抽样调查，通过每年调查居民对本地区生态环境质量表示满意和比较满意的人数占调查人数的比例，并将五年的年度调查结果算术平均值乘以该目标分值，得到各省、自治区、直辖市“公众满意程度”分值。

7.“生态环境事件”为扣分项，每发生一起重特大突发环境事件、造成恶劣社会影响的其他环境污染责任事件、严重生态破坏责任事件的地区扣 5 分，该项总扣分不超过 20 分。具体由环境保护部、国家林业局等部门根据《国务院办公厅关于印发国家突发环境事件应急预案的通知》等有关文件规定进行认定。

8.根据各地区约束性目标完成情况，生态文明建设目标考核对有关地区进行扣分或降档处理：仅 1 项约束性目标未完成的地区该项考核目标不得分，考核总分不再扣分；2 项约束性目标未完成的地区在相关考核目标不得分的基础上，在考核总分中再扣除 2 项未完成约束性目标的分值；3

项（含）以上约束性目标未完成的地区考核等级直接确定为不合格。其他非约束性目标未完成的地区有关目标不得分，考核总分中不再扣分。①

二、湖北绿色发展评价体系

2017年7月，湖北省结合实际情况，由省发展改革委、省统计局、省环境保护厅、省委组织部制定了湖北省“绿色发展”评价考核具体方案，即《湖北省绿色发展指标体系》和《湖北省生态文明建设考核目标体系》。其中《湖北省绿色发展指标体系》是对地区生态文明建设状况水平进行客观评价，重在引导，每年进行一次；《湖北省生态文明建设考核目标体系》重点是对地方党委政府生态文明建设目标任务完成情况进行考核，重在约束，每五年进行一次。可以说，绿色发展指标体系是“方向标”，考核目标体系是“指挥棒”，两者相得益彰、各有侧重地推动全省各地区落实生态文明建设和绿色发展的重点工作。

表6–3　　湖北省绿色发展指标体系

一级指标	序号	二级指标	计量单位	指标类型	权数（%）	数据来源
一、资源利用（权数=27.83%）	1	能源消费总量	万吨标准煤	◆	2.062	省统计局、省发展改革委
	2	单位GDP能源消耗降低	%	★	3.093	省统计局、省发展改革委
	3	单位GDP二氧化碳排放降低	%	★	3.093	省发展改革委、省统计局
	4	用水总量	亿立方米	◆	2.062	省水利厅
	5	万元GDP用水量下降	%	★	3.093	省水利厅、省统计局
	6	单位工业增加值用水量降低率	%	◆	2.062	省水利厅、省统计局
	7	农业灌溉水有效利用系数	—	◆	2.062	省水利厅
	8	耕地保有量	万亩	★	3.093	省国土资源厅
	9	新增建设用地规模	亩	★	3.093	省国土资源厅
	10	单位GDP建设用地面积降低率	%	◆	2.062	省国土资源厅、省统计局
	11	一般工业固体废物综合利用率	%	△	1.031	省环保厅、省经信委
	12	农作物秸秆综合利用率	%	△	1.031	省农业厅

① 《绿色发展指标体系》《生态文明建设考核目标体系》（发改环资〔2016〕2635号）。

续表

一级指标	序号	二级指标	计量单位	指标类型	权数（%）	数据来源
二、环境治理（权数=18.56%）	13	化学需氧量排放总量减少	%	★	3.093	省环保厅
	14	氨氮排放总量减少	%	★	3.093	省环保厅
	15	二氧化硫排放总量减少	%	★	3.093	省环保厅
	16	氮氧化物排放总量减少	%	★	3.093	省环保厅
二、环境治理（权数=18.56%）	17	危险废物处置利用率	%	△	1.031	省环保厅
	18	生活垃圾无害化处理率	%	◆	2.062	省住建厅
	19	污水集中处理率	%	◆	2.062	省住建厅
	20	环境污染治理投资占 GDP 比重	%	△	1.031	省住建厅、省环保厅、省统计局
三、环境质量（权数=18.56%）	21	地级及以上城市空气质量优良天数比率	%	★	3.093	省环保厅
	22	细颗粒物（PM2.5）未达标地级及以上城市浓度下降	%	★	3.093	省环保厅
	23	地表水达到或好于Ⅲ类水体比例	%	★	3.093	省环保厅、省水利厅
	24	地表水劣 V 类水体比例	%	★	3.093	省环保厅、省水利厅
	25	重要江河湖泊水功能区水质达标率	%	◆	2.062	省水利厅
	26	地级及以上城市集中式饮用水水源水质达到或优于Ⅲ类比例	%	◆	2.062	省环保厅、省水利厅
	27	单位耕地面积化肥使用量	千克/公顷	△	1.031	省统计局
	28	单位耕地面积农药使用量	千克/公顷	△	1.031	省统计局
四、生态保护（权数=15.46%）	29	森林覆盖率	%	★	3.093	省林业厅
	30	森林蓄积量	万立方米	★	3.093	省林业厅
	31	湿地保有量	万公顷	◆	2.062	省林业厅
	32	湿地保护率	%	◆	2.062	省林业厅、省水利厅
	33	陆域自然保护区面积	万公顷	△	1.031	省环保厅、省林业厅
	34	新增水土流失治理面积	公顷	△	1.031	省水利厅
	35	可治理沙化土地治理率	%	◆	2.062	省林业厅
	36	新增矿山恢复治理面积	公顷	△	1.031	省国土资源厅
五、增长质量（权数=10.31%）	37	人均 GDP 增长率	%	◆	2.062	省统计局
	38	居民人均可支配收入	元/人	◆	2.062	省统计局
	39	第三产业增加值占 GDP 比重	%	◆	2.062	省统计局

续表

一级指标	序号	二级指标	计量单位	指标类型	权数（%）	数据来源
五、增长质量（权数=10.31%）	40	战略性新兴产业增加值占GDP比重	%	◆	2.062	省统计局
	41	研究与试验发展经费支出占GDP比重	%	◆	2.062	省统计局
	42	公共机构人均能耗降低率	%	△	1.031	省机关事务管理局
六、绿色生活（权数=9.28%）	43	新能源汽车保有量增长率	%	◆	2.062	省公安厅
	44	绿色出行（城镇每万人口公共交通客运量）	万人次/万人	△	1.031	省交通运输厅、省统计局
	45	城镇绿色建筑占新建建筑比重	%	△	1.031	省住建厅
	46	城市建成区绿地率	%	△	1.031	省住建厅
	47	农村自来水普及率	%	◆	2.062	省水利厅
	48	农村卫生厕所普及率	%	△	1.031	省卫生计生委
七、公众满意程度	49	公众对生态环境质量满意程度	%	—	—	省统计局

注：1. 标★的为《湖北省国民经济和社会发展第十三个五年规划纲要》确定的资源环境约束性指标；标◆的为《湖北省国民经济和社会发展第十三个五年规划纲要》和《中共湖北省委、湖北省人民政府关于加快推进生态文明建设的实施意见》等提出的主要监测评价指标；标△的为其他绿色发展重要监测评价指标。根据其重要程度，按总权数为100%，三类指标的权数之比为3∶2∶1计算，标★的指标权数为3.093%，标◆的指标权数为2.062%，标△的指标权数为1.031%。6个一级指标的权数分别由其所包含的二级指标权数汇总生成。

2. 绿色发展指标体系采用综合指数法进行测算，“十三五”期间，以2015年为基期，结合省“十三五”规划纲要和相关部门规划目标，测算全省及分市、州、直管市、神农架林区绿色发展指数和资源利用指数、环境治理指数、环境质量指数、生态保护指数、增长质量指数、绿色生活指数6个分类指数。绿色发展指数由除“公众满意程度”之外的48个指标个体指数加权平均计算而成。

计算公式为：$Z=\sum W_iY_i$（$N=1，2，\cdots，48$）

其中，Z为绿色发展指数，Y_i为指标的个体指数，N为指标个数，W_i为指标Y_i的权数。

绿色发展指标按评价作用分为正向和逆向指标，按指标数据性质分为绝对数和相对数指标，需对各个指标进行无量纲化处理。具体处理方法是将绝对数指标转化成相对数指标，将逆向指标转化成正向指标，将总量控制指标转化成年度增长控制指标，然后再计算个体指数。

3. 公众满意程度为主观调查指标，通过省统计局组织的抽样调查来反映公众对生态环境的满意程度。调查采取分层多阶段抽样调查方法，通过采用计算机辅助电话调查系统，随机抽取城镇和乡村居民进行电话访问，根据调查结果综合计算17个市、州、直管市、神农架林区的公众满意程度。该指标不参与总指数的计算，进行单独评价与分析，其分值纳入生态文明建设考核目标体系。

4. 省负责对各市、州、直管市、神农架林区的生态文明建设进行监测评价，对有些地区没有的地域性指标，相关指标不参与总指数计算，其权数平均分摊至其他指标，体现差异化；各市、州根据省绿色发展指标体系，并结合当地实际制定本地区绿色发展指标体系，对辖区内县（市、区）的生态文明建设进行监测评价，并将评价结果报省。各地区绿色发展指标体系的基本框架应与省保持一致，部分具体指标的选择、权数的构成以及目标值的确定，可根据实际进行适当调整，进一步体现当地的主体功能定位和差异化评价要求。

5. 绿色发展指数所需数据来自各部门的年度统计，各部门负责按时提供数据，并对数据质量负责。

表 6-4　　湖北省生态文明建设考核目标体系

目标类分值	序号	子目标名称	子目标分值	目标来源	数据来源
30	1	单位 GDP 能源消耗降低★	5	省规划纲要	省统计局、省发展改革委
	2	单位 GDP 二氧化碳排放降低★	4	省规划纲要	省发展改革委、省统计局
	3	能源消费总量	3	省规划纲要	省统计局、省发展改革委
	4	万元 GDP 用水量下降★	5	省规划纲要	省水利厅、省统计局
	5	用水总量	3	省委意见	省水利厅
	6	耕地保有量★	5	省规划纲要	省国土资源厅
	7	新增建设用地规模★	5	省规划纲要	省国土资源厅
40	8	地级及以上城市空气质量优良天数比率★	5	省规划纲要	省环保厅
	9	细颗粒物（PM2.5）未达标地级及以上城市浓度下降★	5	省规划纲要	省环保厅
	10	地表水达到或好于Ⅲ类水体比例★	5	省规划纲要	省环保厅、省水利厅
	11	地表水劣Ⅴ类水体比例★	5	省规划纲要	省环保厅、省水利厅
	12	化学需氧量排放总量减少★	2	省规划纲要	省环保厅
	13	氨氮排放总量减少★	2	省规划纲要	省环保厅
	14	二氧化硫排放总量减少★	2	省规划纲要	省环保厅
	15	氮氧化物排放总量减少★	2	省规划纲要	省环保厅
	16	森林覆盖率★	4	省规划纲要	省林业厅
	17	森林蓄积量★	5	省规划纲要	省林业厅
	18	湿地保有量	3	省委意见	省林业厅
20	19	各地区生态文明建设年度评价的综合情况	20	—	省统计局、省发展改革委、省环保厅等有关部门
10	20	居民对本地区生态文明建设、生态环境改善的满意程度	10	—	省统计局等有关部门
扣分项	21	地区重特大突发环境事件、造成恶劣社会影响的其他环境污染责任事件、严重生态破坏责任事件的发生情况	扣分项	—	省环保厅、省林业厅等有关部门

注：1. 标★的为《湖北省国民经济和社会发展第十三个五年规划纲要》确定的资源环境约束性目标。

2.“资源利用”“生态环境保护”类目标采用有关部门组织开展专项考核认定的数据，完成的地区有关目标得满分，未完成的地区有关目标不得分，超额完成的地区按照超额比例与目标得分的乘积进行加分。

3.“能源消费总量”子目标主要考核各地区能源消费增量控制目标的完成情况。

4.“年度评价结果”采用“十三五”期间各地区年度绿色发展指数，每年绿色发展指数最高的地区得4分，其他地区的得分按照指数排名顺序依次减少0.2分。

5.“公众满意程度”指标采用省统计局组织的居民对本地区生态文明建设、生态环境改善满意程度抽样调查，通过每年调查居民对本地区生态环境质量表示满意和比较满意的人数占调查人数的比例，并将五年的年度调查结果算术平均值乘以该目标分值，得到各市（州）、直管市、神农架林区“公众满意程度”分值。

6.“生态环境事件”为扣分项，每发生一起重特大突发环境事件、造成恶劣社会影响的其他环境污染责任事件、严重生态破坏责任事件的地区扣5分，该项总扣分不超过20分。具体由省环保厅、省林业厅等部门根据《国务院办公厅关于印发国家突发环境事件应急预案的通知》等有关文件规定进行认定。

7.根据各地区约束性目标完成情况，生态文明建设目标考核对有关地区进行扣分或降档处理：仅1项约束性目标未完成的地区该项考核目标不得分，考核总分不再扣分；2项约束性目标未完成的地区在相关考核目标不得分的基础上，在考核总分中再扣除2项未完成约束性目标的分值；3项（含）以上约束性目标未完成的地区考核等级直接确定为不合格。其他非约束性目标未完成的地区有关目标不得分，考核总分中不再扣分。[①]

三、绿色发展评价体系论证

自2010年开始，北京师范大学经济与资源管理研究院、西南财经大学发展研究院和国家统计局中国经济景气监测中心三家机构连续7年联合编著、发布了“中国绿色发展指数系列报告”。“中国绿色发展指数系列报告”被认为是中国最早的“绿色发展评价指标”[②]。

据该报告的领衔作者之一——北京师范大学学术委员会副主任、北师大经济与资源管理研究院名誉院长李晓西教授认为：绿色发展，是兼顾发展质量和发展效益的又好又快发展，是对资源高效利用、对环境全面保护的发展，是以提高人民生活水平为目的的发展，是统筹兼顾、全面协调的发展。“中国绿色发展指数系列报告”研究的初衷是希望在研究和总结国内外绿色发展和可持续发展等相关理论和实践的基础上，结合中国增长和发展的现实建立起一套绿色发展的监测指标体系和指数测算体系，用以测度中国绿色发展的

---

① 《湖北省绿色发展指标体系》和《湖北省生态文明建设考核目标体系》的通知》（鄂发改环资[2017]333号）.

② 北京师范大学经济与资源管理研究院 西南财经大学发展.2016《中国绿色发展指数报告：区域比较》[M].北京师范大学出版社，2017.

现状和各地区绿色转型的进展情况。

中国绿色发展指数包括中国省际绿色发展指数和中国城市绿色发展指数两套体系。中国省际绿色发展指数指标体系于 2010 年建立，并在 2011 年根据专家和社会意见，进行了一定的调整和完善，形成了相对稳定的指标体系。中国城市绿色发展指数指标体系于 2011 年建立，在多位专家、学者的指导下，指标体系逐年改进、逐步完善。其中省际指标从 2010 年的 55 项增加至 2016 年的 62 项，城市指标从 2011 年的 43 项增加至 2016 年的 45 项。

2016 年中国省际绿色发展指数指标体系相比之前，新增了反映创新水平及互联网发展水平的两个指标，分别是“技术市场成交额占 GDP 的比重”和“人均互联网宽带接入端口”，集中体现了中国绿色发展的新实践和时代特征。

表 6–5　中国省际绿色发展指数指标体系

一级指标	二级指标	三级指标	
经济增长绿化度	绿色增长效率指标	1. 人均地区生产总值	6. 单位地区生产总值化学需氧量排放量
		2. 单位地区生产总值能耗	7. 单位地区生产总值氮氧化物排放量
		3. 非化石能源消费量占能源消费的比重	8. 单位地区生产总值氨氮排放量
		4. 单位地区生产总值二氧化碳排放量	9. 技术市场成交额占 GDP 的比重
		5. 单位地区生产总值二氧化硫排放量	10. 人均城镇生活消费用电
	第一产业指标	11. 第一产业劳动生产率	13. 节灌率
		12. 土地产出率	14. 有效灌溉面积占耕地面积比重
	第二产业指标	15. 第二产业劳动生产率	18. 工业固体废物综合利用率
		16. 单位工业增加值水耗	19. 工业用水重复利用率
		17. 规模以上工业增加值能耗	20. 六大高载能行业产值占工业总产值比重
	第三产业指标	21. 第三产业劳动生产率	23. 第三产业从业人员比重
		22. 第三产业增加值比重	
资源环境承载潜力	资源丰裕与生态保护指标	24. 人均水资源量	27. 自然保护区面积占辖区面积比重
		25. 人均森林面积	28. 湿地面积占国土面积比重
		26. 森林覆盖率	29. 人均活立木总蓄积量

续表

一级指标	二级指标	三级指标	
资源环境承载潜力	环境压力与气候变化指标	30. 单位土地面积二氧化碳排放量	37. 人均氮氧化物排放量
		31. 人均二氧化碳排放量	38. 单位土地面积氨氮排放量
		32. 单位土地面积二氧化硫排放量	39. 人均氨氮排放量
		33. 人均二氧化硫排放量	40. 单位耕地面积化肥施用量
		34. 单位土地面积化学需氧量排放量	41. 单位耕地面积农药使用量
		35. 人均化学需氧量排放量	42. 人均公路交通氮氧化物排放量
		36. 单位土地面积氮氧化物排放量	
政府政策支持度	绿色投资指标	43. 环境保护支出占财政支出比重	45. 农村人均改水、改厕的政府投资
		44. 环境污染治理投资占地区生产总值比重	46. 单位耕地面积退耕还林投资完成额
			47. 科教文卫支出占财政支出比重
	基础设施指标	48. 城市人均绿地面积	53. 人均城市公共交通运营线路网长度
		49. 城市用水普及率	54. 农村累计已改水受益人口占农村人口比重
		50. 城市污水处理率	
		51. 城市生活垃圾无害化处理率	55. 人均互联网宽带接入端口
		52. 城市每万人拥有公交车辆	56. 建成区绿化覆盖率
	环境治理指标	57. 人均当年新增造林面积	60. 工业氮氧化物去除率
		58. 工业二氧化硫去除率	61. 工业废水氨氮去除率
		59. 工业废水化学需氧量去除率	62. 突发环境事件次数

注：1. 本表内容由课题组在2016年及之前历次研讨会上讨论确定、确认。2. 中国绿色发展指数纵向比较指标体系也同样采用此表。

2016年中国城市绿色发展指数指标体系相比之前，为了反映中国绿色发展的新实践和突出时代特征，在数据可得性的基础上，增加了“互联网宽带接入用户数”这一反映互联网发展水平的指标。

表6–6　　中国城市绿色发展指数指标体系

一级指标	二级指标	三级指标	
经济增长绿化度	绿色增长效率指标	1. 人均地区生产总值	5. 单位地区生产总值二氧化硫排放量
		2. 单位地区生产总值能耗	6. 单位地区生产总值化学需氧量排放量
		3. 人均城镇生活消费用电	7. 单位地区生产总值氮氧化物排放量
		4. 单位地区生产总值二氧化碳排放量	8. 单位地区生产总值氨氮排放量

续表

一级指标	二级指标	三级指标	
经济增长绿化度	第一产业指标	9. 第一产业劳动生产率	
	第二产业指标	10. 第二产业劳动生产率	13. 工业固体废物综合利用率
		11. 单位工业增加值水耗	14. 工业用水重复利用率
		12. 单位工业增加值能耗	
	第三产业指标	15. 第三产业劳动生产率	17. 第三产业从业人员比重
		16. 第三产业增加值比重	
资源环境承载潜力	资源丰裕与生态保护指标	18. 人均水资源量	
	环境压力与气候变化指标	19. 单位土地面积二氧化碳排放量	27. 单位土地面积氨氮排放量
		20. 人均二氧化碳排放量	28. 人均氨氮排放量
		21. 单位土地面积二氧化硫排放量	29. 空气质量达到二级以上天数占全年比重
		22. 人均二氧化硫排放量	30. 首要污染物可吸入颗粒物天数占全年比重
		23. 单位土地面积化学需氧量排放量	
		24. 人均化学需氧量排放量	31. 可吸入细颗粒物（PM2.5）浓度年均值
		25. 单位土地面积氮氧化物排放量	
		26. 人均氮氧化物排放量	
政府政策支持度	绿色投资指标	32. 环境保护支出占财政支出比重	34. 科教文卫支出占财政支出比重
		33. 城市环境基础设施建设投资占全市固定资产投资比重	
	基础设施指标	35. 人均绿地面积	39. 生活垃圾无害化处理率
		36. 建成区绿化覆盖率	40. 互联网宽带接入用户数
		37. 用水普及率	41. 每万人拥有公共汽车
		38. 城市生活污水处理率	
	环境治理指标	42. 工业二氧化硫去除率	44. 工业氮氧化物去除率
		43. 工业废水化学需氧量去除率	45. 工业废水氨氮去除率

注：本表内容由课题组在 2016 年及之前历次研讨会上讨论确定、确认。

第二节 绿色发展评价体系构建

一、绿色发展评价研究思路

湖北省绿色发展指标体系（表 6–3）包括资源利用、环境质量、绿色生活和公众满意程度等几个方面，共计 49 个绿色发展指标。根据国家统计局公布的《绿色发展指数计算方法》的要求，除公众对生态环境质量满意程度指标外，其余 48 个绿色发展指标按照不同性质，将其转化为可以直接用于个体指数计算的绿色发展统计指标。

绿色发展指标按评价作用分为正向和逆向指标，按指标数据性质分为绝对数和相对数指标，需对各个指标进行处理。具体处理方法是将绝对数指标转化成相对数指标，将逆向指标转化成正向指标，然后再计算个体指数。绿色发展指数采用综合指数法进行测算，分五个步骤进行。第一步，进行数据收集、审核、确认；第二步，计算绿色发展统计指标，同时对数据缺失的指标进行处理；第三步，对绿色发展统计指标值进行标准化处理，计算个体指数；第四步，通过个体指数加权，计算 6 个分类指数；第五步，通过分类指数加权，计算绿色发展指数。

二、绿色发展指数设计计算

（一）绿色发展统计指标

按照 48 个绿色发展指标的不同性质（表 6–3），需要将其转换为可以直接用于个体指数计算的绿色发展统计指标。

（二）数据缺失指标的处理

1. 对于有些地区没有的地域性指标，相关指标不参与总指数计算，其权数在一级指标分类内按照三类指标权数的 3 ∶ 2 ∶ 1 分摊至其他指标，所在的一级指标权数保持不变，体现差异化。

2. 对于目前暂无数据的指标，其个体指数赋值为最低值，其权数不变，参与指数计算。

（三）标准化处理

对绿色发展统计指标值进行标准化处理，计算个体指数。计算公式为：

$$正向型指标：Y_i = \frac{X_i - X_{i,\ \min}}{X_{i,\ \max} - X_{i,\ \min}} \times 40 + 60$$

$$逆向型指标：Y_i = \frac{X_{i,\ \max} - X_i}{X_{i,\ \max} - X_{i,\ \min}} \times 40 + 60$$

其中 Y_i 为第 i 个指标的个体指数，X_i 为该指标在报告期的绿色发展统计指标值，$X_{i,\ \max}$ 为该指标在报告期 17 个市、州、直管市、神农架林区绿色发展统计指标值中的最大值，$X_{i,\ \min}$ 为该指标在报告期 17 个市、州、直管市、神农架林区绿色发展统计指标值中的最小值。

（四）分类指数

对个体指数进行加权，计算 6 个分类指数。计算公式为：

$$F_j = \frac{\sum_{i=nj}^{nj} W_i Y_i}{\sum_{i=mj}^{nj} W_i} \quad （j=1，2，\cdots，6）$$

其中 F_j 为第 j 个分类指数，Y_i 为指标 Xi 的个体指数，W_i 为第 i 个指标 X_i 的权数，m_j 为第 j 个分类中第一个评价指标在整个评价体系中的序号，n_j 为第 j 个分类中最后一个评价指标在整个评价指标体系中的序号。

（五）绿色发展指数

对 6 个分类指数进行加权，得出绿色发展指数。计算公式为：

$$Z=F_1 \times \sum_{i=1}^{12} W_i + F_2 \times \sum_{i=13}^{20} W_i + F_3 \times \sum_{i=21}^{28} W_i + F_4 \times \sum_{i=29}^{36} W_i + F_5 \times \sum_{i=37}^{41} W_i + F_6 \times \sum_{i=41}^{48} W_i$$

其中 Z 为绿色发展指数，W_i 为第 i 个指标 X_i 的权数。

三、绿色发展指标内涵解析

1. 能源消费总量

“能源消费总量”对应的绿色发展统计指标为“能源消费总量增长率”。由于该指标为绝对数指标无法进行地区间比较，根据《绿色发展指标体系》

规定将其转化为相对数指标。

能源消费总量增长率指在一定时期内能源消费总量的增长速度。

能源消费总量增长率 =（本期能源消费总量 ÷ 上期能源消费总量 –1）×100%

2. 单位 GDP 能源消耗降低

“单位 GDP 能源消耗降低”对应的绿色发展统计指标为“单位 GDP 能耗降低率”。

单位 GDP 能耗降低率指报告期单位国内生产总值能源消耗（简称：单位 GDP 能耗）与基期单位国内生产总值能源消耗相比的降低幅度。计算公式为：单位 GDP 能耗降低率 =（本期单位 GDP 能耗 ÷ 上期单位 GDP 能耗 –1）×100%

3. 单位 GDP 二氧化碳排放降低

“单位 GDP 二氧化碳排放降低”对应的绿色发展统计指标为“单位 GDP 二氧化碳排放降低率”。

单位 GDP 二氧化碳排放降低率指一定时期内，每产出一个单位的国内生产总值所排放的二氧化碳量相比前一时期的降低率。反映国家或地区应对气候变化、减缓与控制二氧化碳排放方面的工作成效。计算公式为：单位 GDP 二氧化碳排放降低率 =（本年单位 GDP 二氧化碳排放量 ÷ 上年单位 GDP 二氧化碳排放量 –1）×100%

4. 用水总量

“用水总量”对应的绿色发展统计指标为“用水总量增长率”。由于该指标为绝对数指标无法进行地区间比较，根据《绿色发展指标体系》规定将其转化为相对数指标。

用水总量指报告期内各类用水户取用的包括输水损失在内的毛用水量，包括农业用水、工业用水、生活用水、生态环境补水四类。

用水总量增长率指在一定时期内用水总量的增长速度。计算公式为：用水总量增长率 =（本期用水总量 ÷ 上期用水总量 –1）×100%

5. 万元 GDP 用水量下降

“万元 GDP 用水量下降”对应的绿色发展统计指标为“单位 GDP 用水

总量下降率”。由于该指标为绝对数指标无法进行地区间比较，根据《绿色发展指标体系》规定将其转化为相对数指标。

单位GDP用水总量下降率指一定时期用水总量与地区生产总值的比值与上一年度相比下降的幅度。反映出一个地区水资源节约集约利用的程度，计算公式为：单位GDP用水总量下降率=（本年单位GDP用水总量÷上年单位GDP用水总量-1）×100%

6. 单位工业增加值用水量降低率

“单位工业增加值用水量降低率”指标直接使用。

单位工业增加值用水量指报告期内工业用水量与工业增加值（以万元计，按可比价计算）的比值。工业用水指工矿企业在生产过程中用于制造、加工、冷却、空调、净化、洗涤等方面的用水，按新水取用量计，不包括企业内部的重复利用水量。

单位工业增加值用水量降低率指报告期内单位工业增加值用水量比上年的降低比率。计算公式为：单位工业增加值用水量降低率=（本期单位工业增加值用水量÷上期单位工业增加值用水量-1）×100%

7. 农业灌溉水有效利用系数

“农业灌溉水有效利用系数”对应的绿色发展统计指标为“农田灌溉水有效利用系数”。由于该指标为绝对数指标无法进行地区间比较，根据《绿色发展指标体系》规定将其转化为相对数指标。

农田灌溉水有效利用系数指报告期内灌入田间可被作物吸收利用的水量与灌溉系统取用的灌溉总水量的比值。计算公式为：农田灌溉水有效利用系数=净灌溉水量÷取用灌溉总水量

8. 耕地保有量

“耕地保有量”对应的绿色发展统计指标为“耕地面积增长率”。由于该指标为绝对数指标无法进行地区间比较，根据《绿色发展指标体系》规定将其转化为相对数指标。

耕地指种植农作物的土地，包括熟地，新开发、复垦、整理地，休闲地（含轮歇地、轮作地）；以种植农作物（含蔬菜）为主，间有零星果树、桑树或其他树木的土地；平均每年能保证收获一季的已垦滩地和海涂。耕地中

包括南方宽度< 1.0 米，北方宽度< 2.0 米固定的沟、渠、路和地坎（埂）；临时种植药材、草皮、花卉、苗木等的耕地，临时种植果树、茶树和林木且耕作层未破坏的耕地，以及其他临时改变用途的耕地。

报告期年末耕地面积等于上年结转的耕地面积，减去去年各项建设占用、农业结构调整、灾毁及生态退耕面积，加上年内土地开发、复垦、土地整理、农业结构调整及其他方式增加的耕地面积。计算公式为：耕地面积 = 上年末耕地面积 – 年内减少耕地面积 + 年内增加耕地面积 增长率 =（本期耕地面积 ÷ 上期耕地面积 –1）× 100%

9. 新增建设用地规模

“新增建设用地规模”对应的绿色发展统计指标为“人均新增建设用地面积”。由于该指标为绝对数指标无法进行地区间比较，根据《绿色发展指标体系》规定将其转化为相对数指标。

人均新增建设用地面积指报告期内的新增建设用地面积与年末常住人口的比值。计算公式为：人均新增建设用地面积 = 新增建设用地面积 ÷ 年末常住人口

10. 单位 GDP 建设用地面积降低率

“单位 GDP 建设用地面积降低率”指标直接使用。

单位 GDP 建设用地面积指报告期末建设用地面积与国内（地区）生产总值（以万元计，按可比价计算）的比值。计算公式为：单位 GDP 建设用地面积 = 建设用地面积 ÷ GDP（可比价）

单位 GDP 建设用地面积降低率指报告期内单位 GDP 建设用地面积比上年的降低比率，建设用地指实际开发用地。计算公式为：单位 GDP 建设用地面积降低率 =（1– 本期单位 GDP 建设用地面积 ÷ 上期单位 GDP 建设用地面积）× 100%

11. 一般工业固体废物综合利用率

“一般工业固体废物综合利用率”指标直接使用。

一般工业固体废物综合利用率指报告期内一般工业固体废物综合利用量占一般工业固体废物产生量与综合利用往年贮存量之和的百分比。一般工业固体废物综合利用量指报告期内企业通过回收、加工、循环、交换等方式，

从固体废物中提取或者使其转化为可以利用的资源、能源和其他原材料的固体废物量（包括当年利用的往年工业固体废物累计贮存量）。计算公式为：

一般工业固体废物综合利用率 = 一般工业固体废物综合利用量 ÷（一般工业固体废物产生量 + 综合利用往年贮存量）× 100%

12. 农作物秸秆综合利用率

“农作物秸秆综合利用率”指标直接使用。

农作物秸秆综合利用率指报告期内综合利用的秸秆量占秸秆可收集资源量的百分比。秸秆综合利用包括秸秆肥料化、饲料化、基料化、原料化、燃料化利用，如：秸秆气化、秸秆饲料、秸秆还田、秸秆编织、秸秆燃料等。计算公式为：

农作物秸秆综合利用率 = 综合利用秸秆量 ÷ 秸秆可收集资源量 × 100%

13. 化学需氧量排放总量减少

“化学需氧量排放总量减少”对应的绿色发展统计指标为“化学需氧量排放量降低率”。

化学需氧量排放量降低率是指报告期当年工业、农业、城镇生活、集中式污染治理设施的化学需氧量排放总量相比前一时期的降低率。计算公式为：

化学需氧量排放量 = 工业化学需氧量排放量 + 农业化学需氧量排放量 + 城镇生活化学需氧量排放量 + 集中式污染治理设施化学需氧量排放量

化学需氧量排放量降低率 =（本年化学需氧量排放总量 ÷ 上年化学需氧量排放总量 −1）× 100%

14. 氨氮排放总量减少

“氨氮排放总量减少”对应的绿色发展统计指标为“氨氮排放量降低率”。

氨氮排放量降低率是指报告期当年工业、农业、城镇生活、集中式污染治理设施的氨氮排放总量相比前一时期的降低率。计算公式为：氨氮排放量 = 工业氨氮排放量 + 农业氨氮排放量 + 城镇生活氨氮排放量 + 集中式污染治理设施氨氮排放量　氨氮排放量降低率 =（本年氨氮排放总量 ÷ 上年氨氮排放总量 −1）× 100%

15. 二氧化硫排放总量减少

“二氧化硫排放总量减少”对应的绿色发展统计指标为“二氧化硫排放

量降低率”。

二氧化硫排放量降低率是指报告期当年工业、城镇生活、集中式污染治理设施的二氧化硫排放总量相比前一时期的降低率。计算公式为：二氧化硫排放量 = 工业二氧化硫排放量 + 城镇生活二氧化硫排放量 + 集中式污染治理设施二氧化硫排放量　二氧化硫排放量降低率 =（本年二氧化硫排放总量 ÷ 上年二氧化硫排放总量 –1）× 100%

16. 氨氮化物排放总量减少

“氨氮化物排放总量减少”对应的绿色发展统计指标为“氨氮化物排放量降低率”。

氨氮化物排放量降低率是指报告期当年工业、城镇生活、机动车、集中式污染治理设施的氮氧化物排放总量相比前一时期的降低率。计算公式为：氮氧化物排放量 = 工业氮氧化物排放量 + 城镇生活氮氧化物排放量 + 机动车氮氧化物排放量 + 集中式污染治理设施氮氧化物排放量

氨氮化物排放量降低率 =（本年氨氮化物排放总量 ÷ 上年氨氮化物排放总量 –1）× 100%

17. 危险废物处置利用率

“危险废物处置利用率”指标直接使用。

危险废物处置利用率是指报告期内危险废物处置和综合利用量占危险废物产生量与处置和综合利用往年贮存量之和的百分比。危险废物指列入国家危险废物名录或者根据国家规定的危险废物鉴别标准和鉴别方法认定的，具有爆炸性、易燃性、易氧化性、毒性、腐蚀性、易传染性疾病等危险特性之一的废物。计算公式为：危险废物处置利用率 =（危险废物处置量 + 危险废物综合利用量）÷（危险废物产生量 + 处置往年贮存量 + 综合利用往年贮存量）× 100%

18. 生活垃圾无害化处理率

“生活垃圾无害化处理率”指标直接使用。

生活垃圾无害化处理率是指报告期生活垃圾无害化处理量与生活垃圾产生量比率。在统计上，由于生活垃圾产生量不易取得，可用清运量代替。按城市生活垃圾无害化处理率和县城生活垃圾无害化处理率分别报送。

生活垃圾清运量指报告期收集和运送到各生活垃圾处理场（厂）和生活垃圾最终消纳点的生活垃圾数量。生活垃圾指城市日常生活或为城市日常生活提供服务的活动中产生的固体废物以及法律行政规定的视为城市生活垃圾的固体废物。包括：居民生活垃圾、商业垃圾、集市贸易市场垃圾、街道清扫垃圾、公共场所垃圾和机关、学校、厂矿等单位的生活垃圾。计算公式为：生活垃圾无害化处理率＝生活垃圾无害化处理量 ÷ 生活垃圾清运量 ×100%

19. 污水集中处理率

“污水集中处理率”指标直接使用。

污水集中处理率是指报告期内由污水处理厂处理的污水量占污水排放量的比例。按城市污水集中处理率和县城污水集中处理率分别报送。污水处理厂是指处理市政排水管网收集的生活污水及符合排入城镇下水道相关要求的工业废水的污水处理厂。计算公式为：污水集中处理率＝污水处理厂污水处理量 ÷ 污水排放量 ×100%

20. 环境污染治理投资占 GDP 比重

“环境污染治理投资占 GDP 比重”指标直接使用。

环境污染治理投资占 GDP 比重是指报告期当年环境污染治理投资总额与国内（地区）生产总值（以万元计，按当年价计算）的比值。计算公式为：环境污染治理投资占 GDP 比重＝环境污染治理投资 ÷GDP（当年价）×100%

21. 地级及以上城市空气质量优良天数比率

“地级及以上城市空气质量优良天数比率”指标直接使用。

地级及以上城市空气质量优良天数比率指地级及以上城市空气质量指数为 0 ～ 100 的天数占全年天数的百分比。根据《环境空气质量指数（AQI）技术规定（试行）》（HJ633—2012）规定：空气质量指数（AQI）划分为 0 ～ 50、51 ～ 100、101 ～ 150、151 ～ 200、201 ～ 300 和大于 300 六档，对应空气质量的六个级别，从一级优，二级良，三级轻度污染，四级中度污染，直至五级重度污染，六级严重污染。计算公式为：地级及以上城市空气质量优良天数比率＝Σ 地级及以上城市空气质量优良天数 ÷（城市个数 × 全年天数）×100%

22. 细颗粒物（PM2.5）未达标地级及以上城市浓度下降

“细颗粒物（PM2.5）未达标地级及以上城市浓度下降”对应的绿色发展统计指标为“细颗粒物（PM2.5）未达标地级及以上城市浓度降低率”。

地级及以上城市 PM2.5 年平均浓度是指全国所有地级及以上城市 PM2.5 年平均浓度的算术平均值。采用算术平均法依次计算城市监测点位单点日平均浓度、城市日平均浓度、城市年平均浓度、区域年平均浓度。具体计算方法参照《环境空气质量评价技术规范（试行）》（HJ 663—2013）。

PM2.5 年平均浓度二级浓度限值为 35 微克 / 立方米，适用于城市区域。统计范围为未达标的地级及以上城市。计算公式为：细颗粒物（PM2.5）浓度降低率 =（1- 当年年平均浓度 ÷ 上年年平均浓度）× 100%

23. 地表水达到或好于Ⅲ类水体比例

“地表水达到或好于Ⅲ类水体比例”指标直接使用。

地表水达到或好于Ⅲ类水体比例指根据各区水污染防治目标责任书确定的地表水质考核断面水质状况，计算得出的断面达到或好于Ⅲ类水质比例。计算公式为：

地表水达到或好于Ⅲ类水体比例 = 地表水水质达到或好于Ⅲ类的监测断面数 ÷ 监测断面总数 × 100%

指标评价数据选用各断面年均值评价，评价因子为《地表水环境质量标准》GB3838-2002 表 1 中除水温、粪大肠菌群、总氮以外的 21 项指标，分别是 pH 值、溶解氧、高锰酸盐指数、五日生化需氧量、氨氮、石油类、挥发酚、汞、铅、总磷、化学需氧量、铜、锌、氟化物、硒、砷、镉、铬（六价）、氰化物、阴离子表面活性剂、硫化物。

24. 地表水劣 V 类水体比例

“地表水劣 V 类水体比例”指标直接使用。

地表水劣 V 类水体比例指根据各区水污染防治目标责任书确定的地表水质考核断面水质状况，计算得出的劣 V 类水质断面比例。计算公式为：

地表水劣 V 类水体比例 = 地表水水质为劣 V 类的监测断面数 ÷ 监测断面总数 × 100%

指标评价数据选用各断面年均值评价，评价因子为《地表水环境质量标准》（GB 3838—2002）表 1 中除水温、粪大肠菌群、总氮以外的 21 项指标，分别是 pH 值、溶解氧、高锰酸盐指数、五日生化需氧量、氨氮、石油类、挥发酚、汞、铅、总磷、化学需氧量、铜、锌、氟化物、硒、砷、镉、铬（六价）、氰化物、阴离子表面活性剂、硫化物等。

25. 重要江河湖泊水功能区水质达标率

“重要江河湖泊水功能区水质达标率”指标直接使用。

重要江河湖泊水功能区水质达标率是指报告期内水质评价达标的水功能区数量与全部参与考核的水功能区数量的百分比。计算公式为：重要江河湖泊水功能区水质达标率 = 水质评价达标的水功能区数 ÷ 参与考核的水功能区数 ×100%

26. 地级及以上城市集中式饮用水水源水质达到或优于Ⅲ类比例

“地级及以上城市集中式饮用水水源水质达到或优于Ⅲ类比例”指标直接使用。

地级及以上城市集中式饮用水水源水质达到或优于Ⅲ类比例是指报告期内地级及以上城市各集中式饮用水水源地一级保护区内水质达到或优于《地表水环境质量标准》（GB 3838—2002）或《地下水质量标准》（GB/T 14848—93）的Ⅲ类标准的取水量之和占各集中式饮用水水源地取水总量的百分比。计算公式为：地级及以上城市集中式饮用水水源水质达到或优于Ⅲ类比例 = 达标水源数量之和 ÷ 饮用水水源总数量 ×100%

27. 单位耕地面积化肥使用量

“单位耕地面积化肥使用量”指标直接使用。

耕地是指种植农作物的土地，包括熟地，新开发、复垦、整理地，休闲地（含轮歇地、轮作地）；以种植农作物（含蔬菜）为主，间有零星果树、桑树或其他树木的土地；平均每年能保证收获一季的已垦滩地和海涂。耕地中包括南方宽度＜ 1.0 米，北方宽度＜ 2.0 米固定的沟、渠、路和地坎（埂）；临时种植药材、草皮、花卉、苗木等的耕地，以及其他临时改变用途的耕地。

报告期年末耕地面积等于上年结转的耕地面积，减去去年各项建设占用、农业结构调整、灾毁及生态退耕面积，加上年内土地开发、复垦、土地整理、农业结构调整及其他方式增加的耕地面积。计算公式为：耕地面积 = 上年末

耕地面积—年内减少耕地面积 + 年内增加耕地面积

化肥使用量是指报告期内实际用于农业生产的主要化肥品种数量。化肥包括氮肥、磷肥、钾肥和复合肥。化肥使用量要求按折纯量计算数量。折纯量是指把氮肥、磷肥、钾肥分别按含氮、含五氧化二磷、含氧化钾的百分之一百成分进行折算后的数量。复合肥按其所含主要成分折算。

单位耕地面积化肥使用量 = 化肥使用量 ÷ 耕地面积

28. 单位耕地面积农药使用量

“单位耕地面积农药使用量”指标直接使用。耕地面积计算可参照指标 27 中计算方式。

农药使用量是指报告期内实际用于农业生产的农药数量。农药使用量要求按折百量计算数量。折百量是指农药成品药液含有效成分（原药）的含量。

单位耕地面积农药使用量 = 农药使用量 ÷ 耕地面积

29. 森林覆盖率

“森林覆盖率”指标直接使用。

森林覆盖率是指报告期末以行政区域为单位的森林面积占区域土地总面积的百分比。森林面积指郁闭度 0.2 以上的乔木林地面积和竹林面积，国家特别规定的灌木林地面积、农田林网以及村旁、路旁、水旁、宅旁林木的覆盖面积。计算公式为：森林覆盖率 = 森林面积 ÷ 土地总面积 ×100%

30. 森林蓄积量

“森林蓄积量”对应的绿色发展指标为“乔木林单位面积蓄积量”，由于该指标为绝对数指标无法进行地区间比较，根据《绿色发展指标体系》规定将其转化为相对数指标，使用“乔木林单位面积蓄积量”指标代替。

乔木林单位面积蓄积量指乔木林蓄积量与乔木林面积之比。计算公式为：乔木林单位面积蓄积量 = 乔木林蓄积量 ÷ 乔木林面积

31. 湿地保有量

“湿地保有量”对应的绿色发展指标为“湿地面积占国土面积比例”，由于该指标为绝对数指标无法进行地区间比较，根据《绿色发展指标体系》规定将其转化为相对数指标，使用“湿地面积占国土面积比例”指标代替。

湿地指天然或人工、长久或暂时性的沼泽地、泥炭地或水域地带，包括

静止或流动、淡水、半咸水、咸水体，低潮时水深不超过6米的水域以及海岸地带地区的珊瑚滩和海草床、滩涂、红树林、河口、河流、淡水沼泽、沼泽森林、湖泊、盐沼及盐湖。

湿地面积占国土面积比例是指湿地总面积占区域土地总面积的百分比，计算公式为：湿地保有量 = 湿地总面积 ÷ 土地总面积 ×100%

32. 湿地保护率

“湿地保护率”指标直接使用。

湿地指天然或人工、长久或暂时性的沼泽地、泥炭地或水域地带，包括静止或流动、淡水、半咸水、咸水体，低潮时水深不超过6米的水域以及海岸地带地区的珊瑚滩和海草床、滩涂、红树林、河口、河流、淡水沼泽、沼泽森林、湖泊、盐沼及盐湖。

湿地保护面积指报告期末受到各类方式保护的湿地面积总和，包括位于国际重要湿地、湿地类型自然保护区、湿地公园、湿地保护小区内的各类湿地面积。

湿地保护率指列入保护范围的湿地面积占湿地总面积的百分比。计算公式为：湿地保护率 = 湿地保护面积 ÷ 湿地总面积 ×100%

33. 陆域自然保护区面积

“陆域自然保护区面积”对应的绿色发展指标为“陆域自然保护区面积占国土面积比例”，由于该指标为绝对数指标无法进行地区间比较，根据《绿色发展指标体系》规定将其转化为相对数指标，使用“陆域自然保护区面积占国土面积比例”指标代替。

自然保护区是指为了保护自然环境和自然资源，促进国民经济的持续发展，将一定面积的陆地和水体划分出来，并经各级人民政府批准而进行特殊保护和管理的区域面积。

陆域自然保护区面积是指国家、省、市、县各级陆地自然保护区的总面积。

陆域自然保护区面积占国土面积比例是指陆域自然保护区面积占区域土地总面积的百分比，计算公式为：陆域自然保护区面积占国土面积比例 = 陆域自然保护区面积 ÷ 土地总面积 ×100%

34. 新增水土流失治理面积

“新增水土流失治理面积”对应的绿色发展统计指标为“新增水土流失治理面积任务完成率”。

水土流失面积是指土壤侵蚀强度为轻度和轻度以上的土地面积。新增水土流失治理面积是指报告期内在水土流失的面积上，按综合治理原则，实施了各种水土流失治理措施，达到国家治理标准的水土流失面积的总和。

新增水土流失治理面积任务完成率是指新增水土流失治理面积占水土流失面积的百分比。计算公式为：新增水土流失治理面积任务完成率 = 新增水土流失治理面积 ÷ 水土流失面积 ×100%

35. 可治理沙化土地治理率

“可治理沙化土地治理率”指标直接使用。

可治理沙化土地是指在目前的技术经济状况下，气候、水资源等条件许可，经过人为干预，能恢复林草植被，表现出风沙活动减轻，土地退化状况好转，生态改善等特征的沙化土地。

可治理沙化土地治理率是指完成治理的沙化土地面积占可治理沙化土地总面积的百分比。计算公式为：可治理沙化土地治理率 = 完成治理的沙化土地面积 ÷ 可治理沙化土地总面积 ×100%

36. 新增矿山恢复治理面积

“新增矿山恢复治理面积”指标直接使用。

新增矿山恢复治理面积指报告期内恢复治理的矿山面积，包括复垦、地面塌陷治理、还林、还草、建设使用等面积。

37. 人均 GDP 增长率

“人均 GDP 增长率”指标直接使用。

人均 GDP 指一个国家（或地区）的 GDP 与年平均常住人口数之比。年平均人口数是上年年末常住人口数与本年年末常住人口数的算术平均值。对于一个地区来说，称为人均地区生产总值。

人均 GDP 增长率指在一定时间内人均 GDP 的增长速度。计算公式为：人均 GDP 增长率 =（本期人均 GDP ÷ 上期人均 GDP−1）×100%

38. 居民人均可支配收入

"居民人均可支配收入"指标直接使用。

居民人均可支配收入是指调查户在调查期内得到的可支配收入按照居民家庭人口平均的收入水平。计算公式为：居民人均可支配收入 =（∑居民家庭可支配收入 × 调查户权数）÷（居民家庭人口数 × 调查户权数）

39. 第三产业增加值占 GDP 比重

"第三产业增加值占 GDP 比重"指标直接使用。

第三产业增加值占 GDP 比重是指报告期内第三产业增加值占国内（地区）生产总值的比重。三次产业是根据社会生产活动历史发展的顺序对产业结构的划分，产品直接取自自然界的部门称为第一产业，对初级产品进行再加工的部门称为第二产业，为生产和消费提供各种服务的部门称为第三产业。计算公式为：第三产业增加值占 GDP 比重 = 第三产业增加值 ÷ GDP × 100%

40. 战略性新兴产业增加值占 GDP 比重

"战略性新兴产业增加值占 GDP 比重"对应的绿色发展统计指标为"工业战略性新兴产业总产值占规模以上工业总产值比重"。

计算公式为：工业战略性新兴产业总产值占规模以上工业总产值比重 = 工业战略性新兴产业总产值 ÷ 规模以上工业总产值 × 100%

战略性新兴产业是以重大技术突破和重大发展需求为基础，对经济社会全局和长远发展具有重大引领带动作用，知识技术密集、物质资源消耗少、成长潜力大、综合效益好的产业。根据《国务院关于加快培育和发展战略性新兴产业的决定》及国家统计局发布的《战略性新兴产业分类（2012）》，战略性新兴产业包括节能环保产业、新一代信息技术产业、生物产业、高端装备制造产业、新能源产业、新材料产业、新能源汽车产业。

41. 研究与试验发展经费支出占 GDP 比重

"研究与试验发展经费支出相对于 GDP 的比例"指标直接使用。

研究与试验发展经费支出占 GDP 比重是指全社会研究与试验发展（R&D）经费支出和国内生产总值的比率。研究与试验发展（R&D）是指在科学技术领域，为增加知识总量以及运用这些知识去创造新的应用而进行的系统的、创造性的活动，包括基础研究、应用研究和试验发展三类活动。计算公式为：

研究与试验发展经费支出占 GDP 比重 = 全社会研究与试验发展（R&D）÷ 经费支出国内生产总值 ×100%

42. 公共机构人均能耗降低率

“公共机构人均能耗降低率”指标直接使用。

公共机构是指全部或者部分使用财政性资金的国家机关、事业单位和团体组织。国家机关包括党的机关、人大常委会机关、行政机关、政协机关、审判机关、检察机关等；事业单位包括全部或部分使用财政性资金的教育、科技、文化、卫生、体育等事业单位及国家机关所属事业单位；团体组织包括全部或部分使用财政性资金的工、青、妇等团体组织和有关组织。

公共机构人均能耗是指报告期内公共机构能源消费量与用能人数的比值。计算公式为：公共机构人均能耗 = 公共机构能源消费量 ÷ 用能人数

公共机构人均能耗降低率是指报告期公共机构人均能耗比上年的降低比率。计算公式为：公共机构人均能耗降低率 =（本年公共机构人均能耗 ÷ 上年公共机构人均能耗 –1）×100%

43. 新能源汽车保有量增长率

“新能源汽车保有量增长率”指标直接使用。

新能源汽车是指采用非常规的车用燃料作为动力来源（或使用常规的车用燃料、采用新型车载动力装置），综合车辆的动力控制和驱动方面的先进技术，形成的技术原理先进、具有新技术、新结构的汽车。

新能源汽车保有量是指报告期内已登记的新能源汽车保有数量。新能源汽车保有量增长率是指当年新能源汽车保有量比上年增长的比率。计算公式为：

新能源汽车保有量增长率 =（当年新能源汽车保有量 ÷ 上年新能源汽车保有量 –1）×100%

44. 绿色出行（城镇每万人口公共交通客运量）

“绿色出行（城镇每万人口公共交通客运量）”指标直接使用。

城市公共交通客运总量是指报告期内城市公共交通各种运输方式运送乘客的总人次。县城公共交通客运总量是指报告期内县城公共交通各种运输方式运送乘客的总人次。城镇公交客运总量是城市公共交通客运总量和县城公

共交通客运总量之和，计算公式为：城镇公交客运总量 = 城市公共交通客运总量 + 县城公共交通客运总量

城镇每万人口公共交通客运量是指报告期内城镇公交客运总量（万人次）与城镇总人口（万人）的比值。

计算公式为：城镇每万人口公共交通客运量 = 城镇公交客运总量 ÷ 城镇总人口

45. 城镇绿色建筑占新建建筑比重

“城镇绿色建筑占新建建筑比重”指标直接使用。

城镇新建绿色建筑面积是指报告期内城镇新建民用建筑（住宅建筑和公共建筑）中按照绿色建筑相关标准设计、施工并已全部完工，达到住人和使用条件，经验收鉴定合格或达到竣工验收标准，可正式移交使用的各栋民用建筑面积的总和。城镇新建建筑面积是指报告期内城镇新建民用建筑（住宅建筑和公共建筑）中按照相关标准设计、施工并已全部完工，达到住人和使用条件，经验收鉴定合格或达到竣工验收标准，可正式移交使用的各栋民用建筑面积的总和。计算公式为：城镇绿色建筑占新建建筑比重 = 城镇新建绿色建筑面积 ÷ 新建建筑面积 ×100%

46. 城市建成区绿地率

“城市建成区绿地率”指标直接使用。

城市建成区绿地率指报告期末建成区内绿地面积占建成区面积的百分比。绿地面积指报告期末用作园林和绿化的各种绿地面积。包括公园绿地、生产绿地、防护绿地、附属绿地和其他绿地的面积。计算公式为：城市建成绿地率 = 建成区绿地面积 ÷ 建成区面积 ×100%

47. 农村自来水普及率

“农村自来水普及率”指标直接使用。

农村自来水普及率是指报告期内农村饮用自来水人口数占农村人口总数的百分比。农村人口是指居住和生活在县域（不含）以下的乡镇、村的常住人口。计算公式为：农村自来水普及率 = 农村饮用自来水人口数 ÷ 农村人口总数 ×100%

48. 农村卫生厕所普及率

“农村卫生厕所普及率”指标直接使用。

农村卫生厕所普及率是指报告期内使用各类卫生厕所的农户数占农村总户数的百分比。其中农村卫生厕所包括三格化粪池式、双瓮漏斗式、三联沼气池式、粪尿分集式、完整下水道水冲式、双坑交替式和其他类型（通风改良式、阁楼式、深坑防冻式等）卫生厕所。农村总户数是指县域（不含）以下农户总数。计算公式为：农村卫生厕所普及率 = 使用各类卫生厕所的农户数 ÷ 农村总户数 ×100%

第三节　绿色发展指数解读

一、中国绿色发展指数的构建与完善

（一）绿色发展指数编制的主要思路

一是突出绿色与发展的结合。绿色发展的核心是“既要发展，又要绿色”。绿色发展指数将二者结合于产业发展的绿色程度、环境资源的保护程度、政府在规划与领导经济发展中对绿色发展的关注程度三个方面。

二是突出各省（区、市）和城市绿色发展水平与进度的比较。绿色发展指数选取的样本是 30 个省（区、市）和 100 个城市。中国作为一个大国，各省（区、市）和城市资源禀赋及经济发展各具特色，各有短长。比较各省（区、市）和城市的绿色发展，既可交流先进经验，也可促进后起奋进。

三是突出政府绿色管理的引导作用。政府行为、科技能力及公众参与，是推动绿色发展的三支重要力量，尤其是政府行为，是最为重要的。政府在经济社会中的主导作用非常大，因此，绿色发展指数在选择指标和分类时，希望突出地方政府业绩评价，希望能够督促各地政府在绿色发展方面争先创优。

四是突出绿色生成的重要性。绿色经济是多方面的，绿色消费就是其中非常重要的内容。起初设立“绿色指数”，旨在测量消费者选择的生活方式在住房、交通、食品和商品四个方面对环境的影响。但我国绿色发展的矛盾

重点还是处于生产方面，特别是工业生活方面，这不仅体现企业的力量，还体现政府的作用。因此，绿色发展指数重点评估绿色生产的影响。

五是在数据搜集中强调来源的公开性与权威性。绿色发展指数的基础数据全部来源于公开出版的年鉴或相关部门公布的权威指标数据，如《中国统计年鉴》等。

（二）绿色发展指数指标体系的建立

《中国省际绿色发展指数指标体系》和《中国城市绿色发展指数指标体系》包括 3 个一级指标：经济增长绿化度、资源环境承载潜力和政府政策支持度。经济增长绿化度反映的是生产对资源消耗以及对环境的影响程度，资源环境承载潜力体现的是自然资源与环境所能承载的潜力，政府政策支持度反映的是社会组织者处理解决生态、资源、环境与经济增长矛盾的水平与力度。

3 个一级指标从测度绿色发展指数的目的看，希望突出经济增长中蕴含的绿色程度，希望强调政府政策的支持力度，也希望反映资源与环境承载的潜力。其次，3 个一级指标符合状态、压力、响应的分类思路。经济绿色增长的程度和水平是绿色发展的现实状态，资源环境承载潜力是绿色发展的压力体现，政府政策支持则反映了政府的响应。再次，3 个一级指标体现了“一体双力”，经济绿色增长是主体，资源环境是基础推力，政府政策是引导拉力，三者结合为经济绿色发展提供了基础性保证。最后，3 个一级指标是反复取舍的结果。

《中国省际绿色发展指数指标体系》和《中国城市绿色发展指数指标体系》包括 9 个二级指标：绿色增长效率指标、第一产业指标、第二产业指标、第三产业指标、资源丰裕与生态保护指标、环境压力与气候变化指标、绿色投资指标、基础设施指标、环境治理指标。二级指标的确定采取的方法是两次归类、适度调整。其含义就是，在确定了一级指标和选择三级指标后，三级指标先按一级指标指向归类，然后，一级指标内的三级指标按其性质接近程度再度归类。

在《中国省际绿色发展指数指标体系》和《中国城市绿色发展指数指标体系》三级指标方面，因省（区、市）和城市的差异，省际绿色发展指数和城市绿色发展指数略有不同。省际绿色发展指数于2010年建立，最初包括55个三级指标，经多年完善，目前调整为62个指标。城市绿色发展指数于2011年建立，最初包括43个三级指标，目前经完善调整为45个指标。所有三级指标选择遵循如下的标准：一是所选指标或与经济增长绿化度，或与资源环境承载潜力，或与政府政策支持度有重要的联系，能对二级指标指数形成有实质性的贡献。二是数据的可得性。通过搜集各种统计年鉴，进行排查，并要求数据是连续可得，不是随机抽样数据。三是明确正指标或逆指标。四是强调了水平指标而弃用了变化指标。五是选择用典型性或代表性指标。六是重视指标的相互制约关系。所有三级指标均表征中国省（区、市）或城市的绿色发展情况，体现了中国省（区、市）或城市的绿色发展水平。

（三）绿色发展指数指标体系的完善

1. 指标体系的修订

自2010年以来，《中国省际绿色发展指数指标体系》的3个一级指标从确定至今，一直都没有任何修订。二级指标方面，一是2011年的研究报告对其中的3个二级指标名称进行了修订；二是“环境与气候变化指标”修订为“环境压力与气候变化指标”；三是“基础设施和城市管理指标”修订为”基础设施指标”。之后二级指标名称沿用至今，城市绿色发展指数指标体系也沿用了这一修订。三级指标方面，在深入研究的基础上，结合数据的可得性、直观性与重要性，省际绿色发展指数总共进行了2次修订。第一次是2011年，新增10个指标，删除了5个指标，同时对8个指标的名称进行了规范，对5个指标的计算方法进行了调整。第二次是2016年，新增了表征创新和信息化的两个指标。

《中国城市绿色发展指数指标体系》总共进行了4次修订。2013年增加了可吸入细颗粒物（PM2.5）浓度年均值这一指标。2014年，因相关统计数据不再公布，“工业环境污染治理投资占地区生产总值比重”被“城市环境基础设施建设投资占全市固定资产投资比重”替代。2015年，因环保部公布相关权威数据，“可吸入细颗粒物（PM2.5）浓度年均值”这一指标开始运用官方权威数据。2016年，新增了“人均互联网宽带接入端口”1个指标。

2. 研究方法的改进及权重的调整

2010—2015年，中国绿色发展指数是以标准差标准化的方法进行测算的，该方法由于标准化后的数值区间较为分散，最大值和最小值的差异较大，且会出现数值大于1或小于-1的情况，不符合普通大众的认知，从2016年开始，中国绿色发展指数是以固定基期的0–1标准化法进行标准化。标准化后的数值区间较为集中，最大值和最小值差异较小；标准化后的结果都聚集在0–1，比较符合大众对指数的认知；固定基期实现了对不同年份指数值的纵向可比，有利于分析测评对象在时间维度上的变化。

2016年，中国省际绿色发展指数指标体系一级指标按30%、40%、30%确定权重，三级指标在一级指标下平均权重，然后"倒推加总"计算出相应的二级指标权重；2016年中国城市绿色发展指数级指标按33%、34%、33%确定权重，三级指标在一级指标下平均权重，然后"倒推加总"计算出相应的二级指标权重。

3. 绿色发展工作满意度的补充

从2012年开始，又增加了"城市绿色发展公众满意度调查"，反映居民对本城市的主观感受和评价，以更加全面地反映城市绿色发展情况。调查通过城市环境满意度、基础设施满意度、政府绿色行动满意度和以上三项的综合满意度，测算出了居民对城市绿色发展的满意情况。这种满意度调查，是客观统计数据分析与主观民意问卷调查分析的结合，是对城市绿色发展指数的补充和完善。

二、中国绿色发展指数测算体系

（一）《中国省际绿色发展指数指标体系》

1. 人均地区生产总值

国内生产总值（GDP）是指按市场价格计算的一个国家（或地区）所有常住单位在一定时期内生产活动的最终成果。对于一个地区来说，称为地区生产总值或地区GDP。计算公式为：人均地区生产总值＝地区生产总值 ÷（上年年末总人口数＋当年年末总人口数）

2. 单位地区生产总值能耗

能源消费总量是指一定时期内全国（地区）各行业和居民生活消费的各种能源的核算能源消费总量指标。能源消费总量分为三部分，即终端能源消费量，能源加工转换损失量和损失量。

单位地区生产总值能耗是指一定时期内该地区能源消费总量与地区生产总值的比值，反映的是该地区每增加“单位地区生产总值所带来的能源使用的增加量”。计算公式为：单位地区生产总值能耗 = 能源消费总量 ÷ 地区生产总值

3. 非化石能源消费量占能源消费量的比重

非化石能源是指除煤炭、石油和天然气之外的其他能源。

非化石能源消费量占能源消费量的比重是指非化石能源消费量在能源消费总量中的百分比。计算公式为：非化石能源消费量占能源消费量的比重 = 非化石能源消费总量 ÷ 能源消费总量 ×100%

4. 单位地区生产总值二氧化碳排放量

单位地区生产总值二氧化碳排放量是指一定时期内某地区二氧化碳排放量与地区生产总值的比值。计算公式为：单位地区生产总值二氧化碳排放量 = 二氧化碳排放量 ÷ 地区生产总值

5. 单位地区生产总值二氧化硫排放量

二氧化硫排放量分为工业二氧化硫排放量和生活及其他二氧化硫排放量。其中工业二氧化硫排放量是指报告期内企业在燃料燃烧和生产工艺过程中排入大气的二氧化硫总量，计算公式为：工业二氧化硫排放量 = 燃料燃烧过程中二氧化硫排放量 + 生产工艺过程中二氧化硫排放量

生活及其他二氧化硫排放量是以生活及其他煤炭消费量和其含硫量为基础，根据以下公式计算：生化及其他二氧化硫排放量 = 生活及其他煤炭消费量 × 含硫量 ×0.8×2

单位地区生产总值二氧化硫排放量是指一定时期内某地区二氧化硫排放量与地区生产总值的比值。计算公式为：单位地区生产总值二氧化硫排放量 = 二氧化硫排放量 ÷ 地区生产总值

6. 单位地区生产总值化学需氧量排放量

化学需氧量（COD）是指用化学氧化剂氧化水中有机污染物时所需的氧

量。COD 值越高，表示水中有机污染物污染越重。化学需氧量排放量主要来自工业废水和生活污水。其中，生活污水中化学需氧量（COD）排放量是指城镇居民每年排放的生活污水中的 COD 的量。用人均系数法测算。计算公式为：城镇生活污水中 COD 排放量 = 城镇生活污水中 COD 产生系数 × 市镇非农业人口 ×365

单位地区生产总值化学需氧量排放量是指一定时期内该地区化学需氧量排放量与地区生产总值的比值。计算公式为：单位地区生产总值化学需氧量排放量 = 化学需氧量排放量 ÷ 地区生产总值

7. 单位地区生产总值氮氧化物排放量

单位地区生产总值氮氧化物排放量是指一定时期内该地区氮氧化物排放量与地区生产总值的比值。计算公式为：单位地区生产总值氮氧化物排放量 = 氮氧化物排放量 ÷ 地区生产总值

8. 单位地区生产总值氨氮排放量

单位地区生产总值氨氮排放量是指一定时期内该地区氨氮排放量与地区生产总值的比值。计算公式为：单位地区生产总值氨氮排放量 = 氨氮排放量 ÷ 地区生产总值

9. 技术市场成交额占 GDP 比重

技术市场成交额占 GDP 比重是指全国技术市场合同成交项目的总金额与全国国内生产总值之比。计算公式为：技术市场成交额占 GDP 比重 = 全国技术市场合同成交项目的总金额 ÷ 全国生产总值 ×100%

10. 人均城镇生活消费用电

人均城镇生活消费用电是指一定时期内某地区城镇居民生活消费用电量与年平均人口的比值。计算公式为：人均城镇生活消费用电 = 城镇生活消费用电 ÷ 城镇年平均人口

11. 第一产业劳动生产率

第一产业劳动生产率是指一定时期内第一产业增加值与第一产业年平均就业人员数的比值。计算公式为：第一产业劳动生产率 = 第一产业增加值 ÷ [（上年年末第一产业就业人员数 + 当年年末第一产业就业人员数）÷2]

12. 土地产出率

土地产出率是指一定时期内该地区种植业产值与农作物播种面积的比值。计算公式为：土地产出率 = 农业总产值 ÷ 农作物播种面积

13. 节水灌溉面积占有效灌溉面积比重

有效灌溉面积是指具有一定的水源，地块比较平整，灌溉工程或设备已经配套，在一般年景下，当年能够进行正常灌溉的耕地面积。在一般情况下，有效灌溉面积应等于灌溉工程或设备已经配备，能够进行正常灌溉的水田和水浇地面积之和。它是反映我国耕地抗旱能力的一个重要指标。

节水灌溉面积占有效灌溉面积的比重计算公式为：节水灌溉面积占有效灌溉面积的比重 = 节水灌溉面积 ÷ 有效灌溉面积 ×100%

14. 有效灌溉面积占耕地面积比重

有效灌溉面积是指具有一定的水源，地块比较平整，灌溉工程或设备已经配套，在一般年景下，当年能够进行正常灌溉的耕地面积。在一般情况下，有效灌溉面积应等于灌溉工程或设备已经配备，能够进行正常灌溉的水田和水浇地面积之和。它是反映我国耕地抗旱能力的一个重要指标。

耕地面积是指经过开垦用以种植农作物并经常进行耕耘的土地面积，包括种有作物的土地面积、休闲地、新开荒地和抛荒未满三年的土地面积。

有效灌溉面积占耕地面积比重的计算公式为：有效灌溉面积占耕地面积比重 = 有效灌溉面积 ÷ 耕地面积 ×100%

15. 第二产业劳动生产率

第二产业劳动生产率是指一定时期内第二产业增加值与第二产业年平均就业人员数的比值。计算公式为：第二产业劳动生产率 = 第二产业增加值 ÷ [（上年年末第二产业就业人员数 + 当年年末第二产业就业人员数）÷2]

16. 单位工业增加值水耗

工业增加值是指工业企业在报告期内以货币表现的工业生产活动的最终成果。

工业用水量是指工矿企业在生产过程中用于制造、加工、冷却、空调、净化、洗涤等方面的用水，按新水取用量计，不包括企业内部的重复利用水量。

单位工业增加值水耗是指一定时期内工业用水量与工业增加值的比值。

计算公式为：单位工业增加值水耗 = 工业用水量 ÷ 工业增加值

17. 规模以上单位工业增加值能耗

规模以上单位工业增加值能耗指的是规模以上工业企业能源使用量与规模以上工业增加值的比值。计算公式为：

规模以上单位工业增加值能耗 = 规模以上工业企业能源使用量 ÷ 规模以上工业增加值

18. 工业固体废物综合利用率

工业固体废物综合利用率是指工业固体废物综合利用量占工业固体废物产生量（包括综合利用往年贮存量）的百分率。计算公式为：工业固体废物综合利用率 = 工业固体废物综合利用率 ÷（工业固体废物产生量 + 综合利用往年贮存量）× 100%

其中，工业固体废物产生量是指报告期内企业在生产过程中产生的固体状、半固体状和高浓度液体状废弃物的总量，包括危险废物、冶炼废渣、粉煤灰、炉渣、煤矸石、尾矿、放射性废物和其他废物等；不包括矿山开采的剥离废石和掘进废石（煤矸石和呈酸性或碱性的废石除外）。酸性或碱性废石是指采掘的废石其流经水、雨淋水的 pH 小于 4 或 pH 大于 10.5 者。工业固体废物综合利用量是指报告期内企业通过回收、加工、循环、交换等方式，从固体废物中提取或者使其转化为可以利用的资源、能源和其他原材料的固体废物量（包括当年利用往年的工业固体废物贮存量），如用作农业肥料、生产建筑材料、筑路等。综合利用量由原产生固体废物的单位统计。

19. 工业用水重复利用率

工业用水重复利用率是指在一定时期内，生产过程中使用的重复利用水量与总用水量之比。计算公式为：工业用水重复利用率 = 重复利用水量 ÷（生产中取用的新水量 + 重复利用水量）× 100%

20. 六大高载能行业产值占工业总产值比重

六大高载能行业产值占工业总产值比重是指规模以上工业中六大高载能行业产值占全部工业总产值的百分比。

工业总产值是指以货币形式表现的，工业企业在一定时期内生产的工业最终产品或提供工业性劳务活动的总价值量。它反映一定时间内工业生产的总规模和总水平。

六大高载能行业产值是指一定时期内石油加工、炼焦及核燃料加工业总产值，化学原料及化学制品制造业总产值，非金属矿物制品业总产值，黑色金属冶炼及压延加工业总产值，有色金属冶炼及压延加工业总产值，电力热力的生产和供应业总产值之和。

六大高载能行业产值占工业总产值比重 = 六大高载能行业产值 ÷ 工业总产值 ×100%

21. 第三产业劳动生产率

第三产业劳动生产率是指一定时期内第三产业增加值与第三产业年平均就业人员数的比值。计算公式为：第三产业劳动生产率 = 第三产业增加值 ÷ [（上年年末第三产业就业人员数 + 当年年末第三产业就业人员数）÷2]

22. 第三产业增加值比重

第三产业增加值比重是指报告期内第三产业增加值占地区生产总值的百分比。计算公式为：第三产业增加值比重 = 第三产业增加值 ÷ 地区生产总值 ×100%

23. 第三产业从业人员比重

第三产业从业人员比重是指报告期内第三产业从业人员占全部产业从业人员的百分比。计算公式为：

第三产业从业人员比重 = 第三产业从业人员 ÷ 全部产业从业人员 ×100%

24. 人均水资源量

水资源总量是指评价区内降水形成的地表和地下产水总量，即地表产流量与降水入渗补给地下水量之和，不包括过境水量。

人均水资源量是指定时期内一个地区个人平均拥有的地表和地下产水总量。计算公式为：人均水资源量 = 该地区的水资源总量 ÷ 该地区总人数

25. 人均森林面积

森林面积是指由乔木树种构成，郁闭度 0.2 以上（含 0.2）的林地或冠幅宽度 10 米以上的林带的面积，即有林地面积。森林面积包括天然起源和人工起源的针叶林面积、阔叶林面积、针阔混交林面积和竹林面积，不包括灌

木林地面积和疏林地面积。

人均森林面积是指一定时期内一个地区个人平均拥有的有林地面积。计算公式为：人均森林面积 = 该地区森林面积 ÷ 该地区总人数

26. 森林覆盖率

森林覆盖率是指一个国家或地区森林面积占土地面积的百分比。在计算森林覆盖率时，森林面积包括郁闭度 0.2 以上的乔木林地面积和竹林地面积、国家特别规定的灌木林地面积、农田林网以及四旁（村旁、路旁、水旁、宅旁）林木的覆盖面积。森林覆盖率表明一个国家或地区森林资源的丰富程度和生态平衡状况，是反映林业生产发展水平的主要指标。

森林覆盖率 =（森林面积 + 灌木林地面积 + 林网树占地面积 + 四旁树占地面积）÷ 土地总面积 ×100%

27. 自然保护区面积占辖区面积比重

自然保护区是指对有代表性的自然生态系统、珍稀濒危野生动植物物种的天然分布区、水源涵养区、有特殊意义的自然历史遗迹等保护对象所在的陆地、陆地水体或海域，依法划出一定面积进行特殊保护和管理的区域。以县及县以上各级人民政府正式批准建立的自然保护区为准（包括“六五”以前由部门或“革委会”批准且现仍存在的自然保护区）。风景名胜区、文物保护区不计在内。

自然保护区面积占辖区面积比重的计算公式为：自然保护区面积占辖区面积比重 = 自然保护区面积 ÷ 辖区面积 ×100%

28. 湿地面积占国土面积比重

湿地是指天然或人工、长久或暂时性的沼泽地、泥炭地或水域地带，包括静止或流动、淡水、半咸水、咸水体，低潮时水深不超过 6 米的水域以及海岸地带地区的珊瑚滩和海草床、滩涂、红树林、河口、河流、淡水沼泽、沼泽森林、湖泊、盐沼及盐湖。计算公式为：湿地面积占国土面积比重 = 湿地面积 ÷ 国土面积 ×100%

29. 人均活立木总蓄积量

活立木总蓄积量是指一定范围内土地上全部树木蓄积的总量，包括森林蓄积、疏林蓄积、散生木蓄积和四旁树蓄积。计算公式为：人均活立木总蓄

积量＝活立木总蓄积量 ÷ 年末总人口

30. 单位土地面积二氧化碳排放量

土地调查面积是指行政区域内的土地调查总面积，包括农用地、建设用地和未利用地。单位土地面积二氧化碳排放量的计算公式为：单位土地面积二氧化碳排放量＝二氧化碳排放量 ÷ 土地调查面积

31. 人均二氧化碳排放量

人均二氧化碳排放量的计算公式为：人均二氧化碳排放量＝当年二氧化碳排放量 ÷ 年平均人口

32. 单位土地面积二氧化硫排放量

单位土地面积二氧化硫排放量的计算公式为：单位土地面积二氧化硫排放量＝二氧化硫排放量 ÷（土地调查面积－沙漠及戈壁总面积）

33. 人均二氧化硫排放量

人均二氧化硫排放量的计算公式为：人均二氧化硫排放量＝当年二氧化硫排放量 ÷［（上年年末总人口数＋当年年末总人口数）÷2］

34. 单位土地面积化学需氧量排放量

单位土地面积化学需氧量排放量的计算公式为：单位土地面积化学需氧量排放量＝化学需氧量排放量 ÷（土地调查面积－沙漠及戈壁总面积）

35. 人均化学需氧量排放量

人均化学需氧量排放量的计算公式为：人均化学需氧量排放量＝当年化学需氧量排放量 ÷［（上年年末总人口数＋当年年末总人口数）÷2］

36. 单位土地面积氮氧化物排放量

单位土地面积氮氧化物排放量的计算公式为；单位土地面积氮氧化物排放量＝氮氧化物排放量 ÷（土地调查面积－沙漠及戈壁总面积）

37. 人均氮氧化物排放量

人均氮氧化物排放量的计算公式为：人均氮氧化物排放量＝当年氮氧化物排放量 ÷［（上年年末总人口数＋当年年末总人口数）÷2］

38. 单位土地面积氨氮排放量

单位土地面积氨氮排放量的计算公式为：单位土地面积氨氮排放量＝氨氮排放量 ÷（土地调查面积－沙漠及戈壁总面积）

39. 人均氨氮排放量

人均氨氮排放量的计算公式为：人均氨氮排放量 = 当年氨氮排放量 ÷ [（上年年末总人口数 + 当年年末总人口数）÷ 2]

40. 单位耕地面积化肥施用量

农用化肥施用量是指本年内实际用于农业生产的化肥数量，包括氮肥、磷肥、钾肥和复合肥。化肥施用量要求按折纯量计算数量。折纯量是指把氮肥、磷肥、钾肥分别按含氮、含五氧化二磷、含氧化钾的百分之百成分进行折算后的数量。复合肥按其所含主要成分折算。计算公式为：折纯量 = 实物量 × 某种化肥有效成分含量的百分比

耕地面积是指经过开垦用以种植农作物并经常进行耕耘的土地面积，包括种有作物的土地面积、休闲地、新开荒地和抛荒未满三年的土地面积。单位耕地面积化肥施用量的计算公式为：单位耕地面积化肥施用量 = 化肥施用量 ÷ 耕地面积

41. 单位耕地面积农药使用量

单位耕地面积农药使用量是指在一定时期内单位耕地面积上的农药使用量。计算公式为：单位耕地面积农药使用量 = 农药使用量 ÷ 耕地面积

42. 人均公路交通氮氧化物排放量

计算公式为：人均公路交通氮氧化物排放量 = 公路机动车氮氧化物排放量 ÷ [（上年年末总人口数 + 当年年末总人口数）÷ 2]

43. 环境保护支出占财政支出比重

环境保护支出是指政府环境保护支出，包括环境保护管理事务支出、环境监测与监察支出、污染治理支出、自然生态保护支出、天然林保护工程支出、退耕还林支出、风沙荒漠治理支出、退牧还草支出、已垦草原退耕还草、能源节约利用、污染减排、可再生能源和资源综合利用等支出。

环境保护支出占财政支出比重是指环境保护支出占财政支出的百分比。计算公式为：环境保护支出占财政支出比重 = 环境保护支出 ÷ 财政支出 × 100%

44. 环境污染治理投资占地区生产总值比重

环境污染治理投资是指在工业污染源治理和城市环境基础设施建设的资

金投入中，用于形成固定资产的资金，包括工业污染源治理投资和“三同时”项目环保投资，以及城市环境基础设施建设所投入的资金。

环境污染治理投资占地区生产总值比重是指环境污染治理投资与地区生产总值的比值。计算公式为：环境污染治理投资占地区生产总值比重＝环境污染治理投资 ÷ 地区生产总值 ×100%

45. 农村人均改水、改厕的政府投资

农村人口是指居住和生活在县城（不含）以下的乡镇、村的人口。计算公式为：农村人均改水、改厕的政府投资＝（农村改水投资＋农村改厕投资）÷［（上年年末乡村总人口数＋当年年末乡村总人口数）÷2］

46. 单位耕地面积退耕还林投资完成额

单位耕地面积退耕还林投资完成额的计算公式为：

单位耕地面积退耕还林投资完成额＝林业投资完成额 ÷ 耕地面积

47. 科教文卫支出占财政支出比重

科学技术支出是指用于科学技术方面的支出，包括科学技术管理事务、基础研究、应用研究、技术研究与开发、科技条件与服务、社会科学、科学技术普及、科技交流与合作等。

教育支出是指政府教育事务支出，包括教育行政管理、学前教育、小学教育、初中教育、普通高中教育、普通高等教育、初等职业教育、中专教育、技校教育、职业高中教育、高等职业教育、广播电视教育、留学生教育、特殊教育、干部继续教育、教育机关服务等。

文化体育与传媒支出是指政府在文化、文物、体育、广播影视、新闻出版等方面的支出。

医疗卫生支出是指政府医疗卫生方面的支出，包括医疗卫生管理事务支出、医疗服务支出、医疗保障支出、疾病预防控制支出、卫生监督支出、妇幼保健支出、农村卫生支出等。

科教文卫支出占财政支出比重的计算公式为：科教文卫支出占财政支出比重＝（科学技术支出＋教育支出＋文化体育与传媒支出＋医疗卫生支出）÷地方财政一般预算内支出 ×100%

48. 城市人均绿地面积

绿地面积是指报告期末用作绿化的各种绿地面积，包括公园绿地、单位附属绿地、居住区绿地、生产绿地、防护绿地和风景林地的总面积。计算公式为：人均绿地面积 = 城市绿地面积 ÷ 城市年平均人口

49. 城市用水普及率

城市用水普及率是指城市用水人口数与城市人口总数的比率。计算公式为：城市用水普及率 = 城市用水人口数 ÷ 城市人口总数 ×100%

50. 城市污水处理率

城市污水处理率是指城市污水处理量占城市污水排放量的比重。计算公式为：城市污水处理率 = 城市污水处理量 ÷ 城市污水排放量 ×100%

51. 城市生活垃圾无害化处理率

城市生活垃圾无害化处理率是指报告期生活垃圾无害化处理量与生活垃圾产生量的比率。在统计上，由于生活垃圾产生量不易取得，可用清运量代替。计算公式为：城市生活垃圾无害化处理率 = 城市生活垃圾无害化处理量 ÷ 城市生活垃圾产生量 ×100%

52. 城市每万人拥有公交车辆

城市每万人拥有公交车辆是指报告期内城市每万人拥有的不同类型的运营车辆按统一的标准折算成的营运车辆数。计算公式为：城市每万人拥有公交车辆 = 公共交通运营车辆数 ÷ 城市人口总数 ×100%

53. 人均城市公共交通运营线路网长度

人均城市公共交通运营线路网长度是指每人拥有的城市公共交通运营线路网长度。计算公式为：人均城市公共交通运营线路网长度 = 城市公共交通运营线路网长度 ÷ 城市年平均人口

54. 农村累计已改水受益人口占农村总人口比重

农村累计已改水受益人口是指各种改水形式的受益人口。农村人口指居住和生活在县城（不含）以下的乡镇、村的人口。计算公式为：农村累计已改水受益人口占农村总人口比重 = 农村累计已改水受益人口 ÷ 农村总人口 ×100%

55. 每百万人口移动互联网接入流量

每百万人口移动互联网接入流量是指城市每百万人口使用移动互联网产生的流量。计算公式为：每百万人口移动互联网接入流量 = 移动互联网接入流量 ÷100 万人口

56. 建成区绿化覆盖率

建成区绿化覆盖率是指城市建成区绿地面积占建成区面积的百分比。

建成区绿地面积是指报告期末建成区用作园林和绿化的各种绿地面积，包括公园绿地、生产绿地、防护绿地、附属绿地和其他绿地的面积。

57. 人均当年新增造林面积

造林是指在宜林荒山荒地、宜林沙荒地，无立木林地、疏林地和退耕地等其他宜林地上通过人工措施形成或恢复森林、林木、灌木林的过程，人均当年新增造林面积的计算公式为：人均当年新增造林面积 = 当年造林总面积 ÷［（上年年末总人口数 + 当年年末总人口数）÷2］

58. 工业二氧化硫去除率

工业二氧化硫排放量是指报告期内企业在燃料燃烧和生产工艺过程中排入大气的二氧化硫总量。工业二氧化硫去除量是指燃料燃烧和生产工艺废气经过各种废气治理设施处理后，去除的二氧化硫量。

工业二氧化硫去除率是指工业二氧化硫去除量占工业二氧化硫排放量和工业二氧化硫去除量总和的比重。计算公式为：工业二氧化硫去除率 = 工业二氧化硫去除量 ÷（工业二氧化硫排放量 + 工业二氧化硫去除量）×100%

59. 工业废水化学需氧量去除率

工业废水化学需氧量去除率是指工业废水化学需氧量去除量占工业废水化学需氧量排放量和工业废水化学需氧量去除量总和的比重。计算公式为：

工业废水化学需氧量去除率 = 工业废水化学需氧量去除量 ÷（工业废水化学需氧量去除量 + 工业废水化学需氧量排放量）×100%

60. 工业氮氧化物去除率

工业氮氧化物排放量是指工业生产过程中排入大气的氮氧化物量。工业氮氧化物去除量是指工业生产过程中的废气经过各种废气治理设施处理后，去除的氮氧化物量。

工业氮氧化物去除率是指工业氮氧化物去除量占工业氮氧化物排放量和工业氮氧化物去除量总和的比重。计算公式为：工业氮氧化物去除率 = 工业氮氧化物去除量 ÷（工业氮氧化物去除量 + 工业氮氧化物排放量）×100%

61. 工业废水氨氮去除率

工业废水氨氮去除率是指工业废水氨氮去除量占工业废水氨氮排放量和工业废水氨氮去除量总和的比重。计算公式为：工业废水氨氮去除率 = 工业废水氨氮去除量 ÷（工业废水氨氮去除量 + 工业废水氨氮排放量）×100%

62. 突发环境事件次数

突发环境事件指由于违反环境保护法规的经济、社会活动与行为，以及意外因素的影响或不可抗拒的自然灾害等原因，致使环境受到污染，国家重点保护的野生动植物、自然保护区受到破坏，人体健康受到危害，社会经济和人民财产受到损失，造成不良社会影响的突发性事件。

（二）《中国城市绿色发展指数指标体系》

1. 人均地区生产总值

地区生产总值（GDP）是指按市场价格计算的一个国家（或地区）所有常住单位在一定时期内生产活动的最终成果。计算公式为：人均地区生产总值 = 地区生产总值 ÷ 年平均人口

2. 单位地区生产总值能耗

能源消费总量是指一定时期内一个国家或地区各行业和居民生活消费的各种能源总和。单位地区生产总值能耗是指一定时期内该地区每生产一个单位的地区生产总值所消耗的能源。计算公式为：单位地区生产总值能耗 = 能源消费总量 ÷ 地区生产总值

3. 人均城镇生活消费用电

人均城镇生活消费用电是指一定时期内某地区城镇居民生活消费用电量与年平均人口的比值。计算公式为：人均城镇生活消费用电 = 城镇生活消费用电 ÷ 年平均人口

4. 单位地区生产总值二氧化碳排放量

单位地区生产总值二氧化碳排放量是指一定时期内某地区二氧化碳排放量与地区生产总值的比值，计算公式为：单位地区生产总值二氧化碳排放量

= 二氧化碳排放量 ÷ 地区生产总值

5. 单位地区生产总值二氧化硫排放量

二氧化硫排放量分为工业二氧化硫排放量和生活及其他二氧化硫排放量。其中工业二氧化硫排放量是指报告期内企业在燃料燃烧和生产工艺过程中排入大气的二氧化硫总量，计算公式为：工业二氧化硫排放量 = 燃料燃烧过程中二氧化硫排放量 + 生产工艺过程中二氧化硫排放量

生活及其他二氧化硫排放量是以生活及其他煤炭消费量和其含硫量为基础，根据以下公式计算：生活及其他二氧化硫排放量 = 生活及其他煤炭消费量 × 含硫量 ×0.8×2

单位地区生产总值二氧化硫排放量是指一定时期内某地区二氧化硫排放量与地区生产总值的比值。计算公式为：单位地区生产总值二氧化硫排放量 = 二氧化硫排放量 ÷ 地区生产总值

6. 单位地区生产总值化学需氧量排放量

化学需氧量（COD）是指用化学氧化剂氧化水中有机污染物时所需的氧量。COD 值越高，表示水中有机污染物污染越重。化学需氧量排放量主要来自工业废水和生活污水。其中，生活污水中化学需氧量（COD）排放量是指城镇居民每年排放的生活污水中的 COD 的量。用人均系数法测算，计算公式为：城镇生活污水中 COD 排放量 = 城镇生活污水中 COD 产生系数 × 市镇非农业人口 ×365

单位地区生产总值化学需氧量排放量是指一定时期内该地区化学需氧量排放量与地区生产总值的比值。计算公式为：

单位地区生产总值化学需氧量排放量 = 化学需氧量排放量 ÷ 地区生产总值

7. 单位地区生产总值氮氧化物排放量

氮氧化物排放量是指报告期内排入大气的氮氧化物量。

单位地区生产总值氮氧化物排放量是指一定时期内该地区氮氧化物排放量与地区生产总值的比值。计算公式为：单位地区生产总值氮氧化物排放量 = 氮氧化物排放量 ÷ 地区生产总值

8. 单位地区生产总值氨氮排放量

氨氮排放量是指报告期内企业排出的工业废水和城镇生活污水中所含氨氮的纯重量。

单位地区生产总值氨氮排放量是指一定时期内该地区氨氮排放量与地区生产总值的比值。计算公式为：单位地区生产总值氨氮排放量 = 氨氮排放量 ÷ 地区生产总值

9. 第一产业劳动生产率

第一产业劳动生产率是指一定时期内第一产业增加值与第一产业年平均就业人员数的比值。计算公式为：第一产业劳动生产率 = 第一产业增加值 ÷［（上年年末第一产业就业人员数 + 当年年末第一产业就业人员数）÷ 2］

10. 第二产业劳动生产率

第二产业劳动生产率是指一定时期内第二产业增加值与第二产业年平均就业人员数的比值。计算公式为：第二产业劳动生产率 = 第二产业增加值 ÷［（上年年末第二产业就业人员数 + 当年年末第二产业就业人员数）÷ 2］

11. 单位工业增加值水耗

单位工业增加值水耗是指一定时期内，一个国家或地区每生产一个单位的工业增加值所消耗的水量。其中，工业增加值是指工业企业在报告期内以货币表现的工业生产活动的最终成果。工业用水量是指报告期内企业厂区内用于生产和生活的水量，它等于新鲜用水量与重复用水量之和。计算公式为：单位工业增加值水耗 = 工业用水量 ÷ 工业增加值

12. 单位工业增加值能耗

单位工业增加值能耗指的是指一定时期内，一个国家或地区每生产一个单位的工业增加值所消耗的能源。计算公式为：单位工业增加值能耗 = 工业能源消费量 ÷ 工业增加值

13. 工业固体废物综合利用率

工业固体废物综合利用率是指工业固体废物综合利用量占工业固体废物产生量（包括综合利用往年贮存量）的百分率。计算公式为：工业固体废物综合利用率 = 工业固体废物综合利用量 ÷（工业固体废物产生量 + 综合利用往年贮存量）× 100%

其中，工业固体废物产生量是指报告期内企业在生产过程中产生的固体状、半固体状和高浓度液体状废弃物的总量，包括危险废物、冶炼废渣、粉煤灰、炉渣、煤矸石、尾矿、放射性废物和其他废物等；不包括矿山开采的剥离废石和掘进废石（煤矸石和呈酸性或碱性的废石除外）。酸性或碱性废石是指采掘的废石其流经水、雨淋水的pH小于4或pH大于10.5者。工业固体废物综合利用量是指报告期内企业通过回收、加工、循环、交换等方式，从固体废物中提取或者使其转化为可以利用的资源、能源和其他原材料的固体废物量（包括当年利用往年的工业固体废物贮存量），如用作农业肥料、生产建筑材料、筑路等。综合利用量由原产生固体废物的单位统计。

14. 工业用水重复利用率

工业用水量指报告期内企业厂区内用于生产和生活的水量，它等于新鲜用水量与重复用水量之和。其中新鲜用水量指报告期内企业厂区用于生产和生活的新鲜水量（生活用水单独计量且生活污水不与生活废水混排的除外），它等于企业从城市自来水取用的水量和企业自备水用量之和。重复用水量指报告期内企业用水中重复再利用水量，包括循环使用、一水多用和串级使用的水量（含经处理后回用量）。

工业用水重复利用率是指在一定时期内，生产过程中使用的重复用水量与工业用水量之比。计算公式为：工业用水重复利用率 = 重复用水量 ÷（新鲜用水量 + 重复用水量）×100%

15. 第三产业劳动生产率

第三产业劳动生产率是指一定时期内某地区第三产业增加值与第三产业年平均就业人员数的比值。计算公式为：第三产业劳动生产率 = 第三产业增加值 ÷［（上年年末第三产业就业人员数 + 当年年末第三产业就业人员数）÷2］

16. 第三产业增加值比重

第三产业增加值比重是指报告期内某地区第三产业增加值占地区生产总值的比重。

17. 第三产业就业人员比重

第三产业就业人员比重是指报告期内第三产业就业人员占全部产业就业

人员的百分比。

18. 人均水资源量

人均水资源量是指一定时期内一个地区个人平均拥有的水资源总量。其中，一定区域水资源总量是指当地降水形成的地表和地下产水量，即地表径流量与降水入渗补给地下水量之和，不包括过境水量。计算公式为：人均水资源量 = 该地区的水资源总量 ÷ 该地区总人数 ×100%

19. 单位土地面积二氧化碳排放量

单位土地面积二氧化碳排放量的计算公式为：单位土地面积二氧化碳排放量 = 二氧化碳排放量 ÷ 行政区域土地面积

20. 人均二氧化碳排放量

人均二氧化碳排放量的计算公式为：人均二氧化碳排放量 = 二氧化碳排放量 ÷ 年平均人口

21. 单位土地面积二氧化硫排放量

行政区域土地面积是指该行政区划内的全部土地面积（包括水面面积）。计算土地面积是以行政区划分为准。

单位土地面积二氧化硫排放量的计算公式为：单位土地面积二氧化硫排放量 = 二氧化硫排放量 ÷ 行政区域土地面积

22. 人均二氧化硫排放量

人均二氧化硫排放量的计算公式为：人均二氧化硫排放量 = 二氧化硫排放量 ÷ 年平均人口

23. 单位土地面积化学需氧量排放量

单位土地面积化学需氧量排放量的计算公式为：单位土地面积化学需氧量排放量 = 化学需氧量排放量 ÷ 行政区域土地面积

24. 人均化学需氧量排放量

人均化学需氧量排放量的计算公式为：人均化学需氧量排放量 = 化学需氧量排放量 ÷ 年平均人口

25. 单位土地面积氮氧化物排放量

单位土地面积氮氧化物排放量的计算公式为：单位土地面积氮氧化物排放量 = 氮氧化物排放量 ÷ 行政区域土地面积

26. 人均氮氧化物排放量

人均氮氧化物排放量的计算公式为：人均氮氧化物排放量 = 氮氧化物排放量 ÷ 年平均人口

27. 单位土地面积氨氮排放量

单位土地面积氨氮排放量的计算公式为：单位土地面积氨氮排放量 = 氨氮排放量 ÷ 行政区域土地面积

28. 人均氨氮排放量

人均氨氮排放量的计算公式为：人均氨氮排放量 = 氨氮排放量 ÷ 年平均人口

29. 空气质量达到二级以上天数占全年比重

空气污染指数是根据环境空气质量标准和各项污染物对人体健康和生态环境的影响来确定污染指数的分级及相应的污染物浓度值。我国目前采用的空气污染指数（API）分为五个等级，API 值小于等于 50，说明空气质量为优，相当于国家空气质量一级标准，符合自然保护区、风景名胜区和其他需要特殊保护地区的空气质量要求；API 值大于 50 且小于等于 100，表明空气质量良好，相当于达到国家质量二级标准；API 值大于 100 且小于等于 200，表明空气质量为轻度污染，相当于国家空气质量三级标准；API 值大于 200 表明空气质量差，称为中度污染，为国家空气质量四级标准；API 大于 300 表明空气质量极差，已严重污染。

空气质量达到二级以上天数占全年比重是指该行政区域内空气污染指数达到二级以上天数与全年总天数的比值。

30. 首要污染物可吸入颗粒物天数占全年比重

首要污染物是指污染最重的污染物，目前在测的三大污染物为二氧化硫、二氧化氮和可吸入颗粒物。可吸入颗粒物是指粒径在 0.1 ～ 100 微米，不易在重力作用下沉降到地面，能在空气中长期飘浮的颗粒物。

首要污染物可吸入颗粒物天数占全年比重是指该行政区域内首要污染物为可吸入颗粒物的天数与全年总天数的比值。

31. 可吸入细颗粒物（PM2.5）浓度年均值

细颗粒物（PM2.5）是指环境空气中空气动力学当量直径小于或等于 2.5

微米的颗粒物。

可吸入细颗粒物（PM2.5）浓度年均值是指一个日历年内各日可吸入细颗粒物（PM2.5）平均浓度的算术平均值。

32. 环境保护支出占财政支出比重

环境保护支出是指政府环境保护支出，包括环境保护管理事务支出、环境监测与监察支出、污染治理支出、自然生态保护支出、天然林保护工程支出、退耕还林支出、风沙荒漠治理支出、退牧还草支出、已垦草原退耕还草、能源节约利用、污染减排、可再生能源和资源综合利用等支出。

环境保护支出占财政支出比重是指环境保护支出占财政支出的百分比。计算公式为：环境保护支出占财政支出比重 = 环境保护支出 ÷ 地方财政一般预算内支出 ×100%

33. 城市环境基础设施建设投资占全市固定资产投资比重

城市环境基础设施建设投资是指用于城市燃气、集中供热、排水、园林绿化、市容环境卫生等环境基础设施建设的投资完成总额。

固定资产投资包含原口径的城镇固定资产投资加上农村企事业组织项目投资，该口径自 2011 年起开始使用。城镇固定资产投资指城镇各种登记注册类型的企业、事业、行政单位及个体户进行的计划总投资 50 万元及 50 万元以上的建设项目投资；农村企事业组织项目投资是指发生在农村区域范围内的非农户固定资产投资项目完成的投资。

城市环境基础设施建设投资占全市固定资产投资比重的计算公式为：城市环境基础设施建设投资占全市固定资产投资比重 = 城市环境基础设施建设投资 ÷ 全市固定资产投资 ×100%

34. 科教文卫支出占财政支出比重

科学技术支出是指用于科学技术方面的支出，包括科学技术管理事务、基础研究、应用研究、技术研究与开发、科技条件与服务、社会科学、科学技术普及、科技交流与合作等。

教育支出是指政府教育事务支出，包括教育行政管理、学前教育、小学教育、初中教育、普通高中教育、普通高等教育、初等职业教育、中专教育、技校教育、职业高中教育、高等职业教育、广播电视教育、留学生教育、特殊教育、干部继续教育、教育机关服务等。

文化体育与传媒支出是指政府在文化、文物、体育、广播影视、新闻出版等方面的支出。

医疗卫生支出是指政府医疗卫生方面的支出，包括医疗卫生管理事务支出、医疗服务支出、医疗保障支出、疾病预防控制支出、卫生监督支出、妇幼保健支出、农村卫生支出等。

科教文卫支出占财政支出比重的计算公式为：科教文卫支出占财政支出比重 =（科学技术支出 + 教育支出 + 文化体育与传媒支出 + 医疗卫生支出）÷ 地方财政一般预算内支出 ×100%

35. 人均绿地面积

绿地面积是指报告期末用作绿化的各种绿地面积，包括公园绿地、单位附属绿地、居住区绿地、生产绿地、防护绿地和风景林地的总面积。计算公式为：人均绿地面积 = 绿地面积 ÷ 市辖区常住人口

36. 建成区绿化覆盖率

建成区绿化覆盖率是指报告区未建成区内绿化覆盖面积与区域面积的比率。计算公式为：建成区绿化覆盖率 = 建成区绿化覆盖面积 ÷ 建成区面积 ×100%

37. 用水普及率

用水普及率是指城市用水人口数与城市人口总数的比率。计算公式为：用水普及率 = 城市用水人口数 ÷ 城市人口总数 ×100%

38. 城市生活污水处理率

城市生活污水处理率是指报告期内城市生活污水处理量占城市生活污水产生量的百分率。计算公式为：

城市生活污水处理率 = 城市生活污水处理量 ÷ 城市生活污水产生量 ×100%

39. 生活垃圾无害化处理率

生活垃圾无害化处理率是指报告期生活垃圾无害化处理量与生活垃圾产生量的比率。在统计上，由于生活垃圾产生量不易取得，可用清运量代替。计算公式为：生活垃圾无害化处理率 = 生活垃圾无害化处理量 ÷ 生活垃圾

产生量 ×100%

40. 互联网宽带接入用户数

互联网宽带接入用户数是指报告期末在电信企业登记注册，通过XDSL、FTTX+LAN、WLAN等方式接入中国互联网的用户数量，主要包括XDSL用户、LAN专线用户、WLAN终端用户及无线接入用户的用户数量。

41. 每万人拥有公共汽车

每万人拥有公共汽车是指报告期末市辖区每万人平均拥有不同类型的运营车辆数。计算公式为：每万人拥有公共汽车 = 公共交通运营车辆数 ÷ 市辖区常住人口数

42. 工业二氧化硫去除率

工业二氧化硫排放量是指报告期内企业在燃料燃烧和生产工艺过程中排入大气的二氧化硫总量。

二氧化硫去除量是指燃料燃烧和生产工艺废气经过各种废气治理设施处理后去除的二氧化硫总量。

工业二氧化硫去除率是指工业二氧化硫去除量占工业二氧化硫排放量和工业二氧化硫去除量总和的比重。计算公式为：工业二氧化硫去除率 = 工业二氧化硫去除量 ÷（工业二氧化硫排放量 + 工业二氧化硫去除量）×100%

43. 工业废水化学需氧量去除率

工业废水化学需氧量去除量是指报告期内企业生产过程中排出的废水，经过各种水治理设施处理后，除去废水中所含化学需氧量的纯重量。

工业废水中化学需氧量排放量是指报告期内企业排出的工业废水中所含污染物本身的纯重量。

工业废水化学需氧量去除率是指工业废水化学需氧量去除量占工业废水化学需氧量排放量和工业废水化学需氧量去除量总和的比重。计算公式为：工业废水化学需氧量去除率 = 工业废水化学需氧量去除量 ÷（工业废水化学需氧量去除量 + 工业废水化学需氧量排放量）×100%

44. 工业氮氧化物去除率

工业氮氧化物排放量是指报告期内企业排入大气的氮氧化物量。

工业氮氧化物去除量是指报告期内企业利用各种废气治理设施去除的氮

氧化物量。

工业氮氧化物去除率是指工业氮氧化物去除量占工业氮氧化物排放量和工业氮氧化物去除量总和的比重。计算公式为：工业氮氧化物去除率 = 工业氮氧化物去除量 ÷（工业氮氧化物去除量 + 工业氮氧化物排放量）× 100%

45. 工业废水氨氮去除率

工业废水中氨氮去除量是指报告期内企业生产过程中排出的废水，经过各种水治理设施处理后，除去废水中所含氨氮本身的纯重量。

工业废水氨氮排放量是指报告期内企业排出的工业废水中所含氨氮本身的纯重量。

工业废水氨氮去除率是指工业废水氨氮去除量占工业废水氨氮排放量和工业废水氨氮去除量总和的比重。计算公式为：工业废水氨氮去除率 = 工业废水氨氮去除量 ÷（工业废水氨氮去除量 + 工业废水氨氮排放量）× 100%①

第四节 区域绿色发展指数评价情况

一、中国省际绿色发展评价

（一）2016 年中国绿色发展指标总体情况

2017 年 12 月，根据《生态文明建设目标评价考核办法》规定，国家统计局、国家发展改革委、环境保护部和中央组织部联合发布《2016 年生态文明建设年度评价结果公报》，公布了 2016 年度各省份（不含香港特别行政区、澳门特别行政区和台湾地区）绿色发展指数和公众满意程度。这是我国首次开展生态文明建设年度评价工作，也是我国官方首次发布绿色发展指数相关数据。湖北绿色发展指数为 80.71，在全国 31 个省（区、市）中排名第 7 位，长江经济带 11 个省份中排名第 4；公众满意程度 78.22%，全国排名第 20 位，长江经济带 11 个省份中排名第 9。

① 北京师范大学经济与资源管理研究院 西南财经大学发展 .2016 中国绿色发展指数报告：区域比较 [M]. 北京师范大学出版社，2017。

表 6-8　　2016 年生态文明建设年度评价结果排序

地区	绿色发展指数	资源利用指数	环境治理指数	环境质量指数	生态保护指数	增长质量指数	绿色生活指数	公众满意程度（%）
北京	1	21	1	28	19	1	1	30
福建	2	1	14	3	5	11	9	4
浙江	3	5	4	12	16	3	5	9
上海	4	9	3	24	28	2	2	23
重庆	5	11	15	9	1	7	20	5
海南	6	14	20	1	14	16	15	3
湖北	7	4	7	13	17	13	17	20
湖南	8	16	11	10	9	8	25	7
江苏	9	2	8	21	31	4	3	17
云南	10	7	25	5	2	25	28	14
吉林	11	3	21	17	8	20	11	19
广西	12	8	28	4	12	29	22	15
广东	13	10	18	15	27	6	6	24
四川	14	12	22	16	3	14	27	8
江西	15	20	24	11	6	15	14	13
甘肃	16	6	23	8	25	24	23	11
贵州	17	26	19	7	7	19	26	2
山东	18	23	5	23	26	10	8	16
安徽	19	19	9	20	22	9	23	21
河北	20	18	2	30	13	25	19	31
黑龙江	21	25	25	14	11	18	12	25
河南	22	15	12	26	24	17	10	26
陕西	23	22	17	22	23	12	21	18
内蒙古	24	28	16	19	15	23	13	22
青海	25	24	30	6	21	30	30	6
山西	26	29	13	29	20	21	4	27
辽宁	27	30	10	18	18	28	29	28
天津	28	12	6	31	30	5	7	29
宁夏	29	17	27	27	29	22	16	10
西藏	30	31	31	2	4	27	31	1
新疆	31	27	29	25	10	31	18	12

注：本表中各省（区、市）按照绿色发展指数值从大到小排序。若存在并列情况，则下一个地区排序向后递延。

表 6–9　　2016 年生态文明建设年度评价结果

地区	绿色发展指数	资源利用指数	环境治理指数	环境质量指数	生态保护指数	增长质量指数	绿色生活指数	公众满意程度（%）
北京	83.71	82.92	98.36	78.75	70.86	93.91	83.15	67.82
天津	76.54	84.40	83.10	67.13	64.81	81.96	75.02	70.58
河北	78.69	83.34	87.49	77.31	72.48	70.45	70.28	62.50
山西	76.78	78.87	80.55	77.51	70.66	71.18	78.34	73.16
内蒙古	77.90	79.99	78.79	84.60	72.35	70.87	72.52	77.53
辽宁	76.58	76.69	81.11	85.01	71.46	68.37	67.79	70.96
吉林	79.60	86.13	76.10	85.05	73.44	71.20	73.05	79.03
黑龙江	78.20	81.30	74.43	86.51	73.21	72.04	72.79	74.25
上海	81.83	84.98	86.87	81.28	66.22	93.20	80.52	76.51
江苏	80.41	86.89	81.64	84.04	62.84	82.10	79.71	80.31
浙江	82.61	85.87	84.84	87.23	72.19	82.33	77.48	83.78
安徽	79.02	83.19	81.13	84.25	70.46	76.03	69.29	78.09
福建	83.58	90.32	80.12	92.84	74.78	74.55	73.65	87.14
江西	79.28	82.95	74.51	88.09	74.61	72.93	72.43	81.96
山东	79.11	82.66	84.36	82.35	68.23	75.68	74.47	81.14
河南	78.10	83.87	80.83	79.60	69.34	72.18	73.22	74.17
湖北	80.71	86.07	82.28	86.86	71.97	73.48	70.73	78.22
湖南	80.48	83.70	80.84	88.27	73.33	77.38	69.10	85.91
广东	79.57	84.72	77.38	86.38	67.23	79.38	75.19	75.44
广西	79.58	85.25	73.73	91.90	72.94	68.31	69.36	81.79
海南	80.85	84.07	76.94	94.95	72.45	72.24	71.71	87.16
重庆	81.67	84.49	79.95	89.31	77.68	78.49	70.05	86.25
四川	79.40	84.40	75.87	86.25	75.48	72.97	68.92	85.62
贵州	79.15	80.64	77.10	90.96	74.57	71.67	69.05	87.82
云南	80.28	85.32	74.43	91.64	75.79	70.45	68.74	81.81
西藏	75.36	75.43	62.91	94.39	75.22	70.08	63.16	88.14
陕西	77.94	82.84	78.69	82.41	69.95	74.41	69.50	79.18
甘肃	79.22	85.74	75.38	90.27	68.83	70.65	69.29	82.18
青海	76.90	82.32	67.90	91.42	70.65	68.23	65.18	85.92
宁夏	76.00	83.37	74.09	79.48	66.13	70.91	71.43	82.61
新疆	75.20	80.27	68.85	80.34	73.27	67.71	70.63	81.99

注：1. 生态文明建设年度评价按照《绿色发展指标体系》实施，绿色发展指数采用综合指数法进行测算。绿色发展指标体系包括资源利用、环境治理、环境质量、生态保护、增长质量、绿色生活、公众满意程度 7 个方面，共 56 项评价指标。其中，前 6 个方面的 55 项评价指标纳入绿

色发展指数的计算；公众满意程度调查结果进行单独评价与分析。

2. 受污染耕地安全利用率、自然岸线保有率和绿色产品市场占有率（高效节能产品市场占有率）3个指标，2016年暂无数据，为了体现公平性，其权数不变，指标的个体指数值赋为最低值60，参与指数计算。

对有些地区没有的地域性指标，相关指标不参与绿色发展指数计算，其权数分摊至其他指标，体现差异化。此外，部分地区由于确实不涉及相关工作而导致数据缺失的指标，经相关负责部门认定后，参照地域性指标进行处理。

3. 计算绿色发展指数所涉及的地区生产总值数据均按照2016年度初步核算数据进行测算。

4. 公众满意程度为主观调查指标，通过国家统计局组织的抽样调查来反映公众对生态环境的满意程度。调查采取分层多阶段抽样调查方法，通过采用计算机辅助电话调查系统，随机抽取城镇和乡村居民进行电话访问，根据调查结果综合计算31个省（区、市）的公众满意程度。

从公布的结果来看，东部地区绿色发展优势明显，公众满意度相对偏低；中部地区绿色发展位居中游，公众满意度总体不高；西部地区绿色发展相对偏弱，公众满意度整体较好。

（二）湖北省各项绿色发展评价（一级）指标结果分析

1. 资源利用指数为86.07，居全国第4位，长江经济带省份中排名第2。“资源利用”重点反映能源、水资源、建设用地的总量与强度双控要求和资源利用效率，目的是引导地区提高资源节约集约循环利用，提高资源利用效益，减少排放。从公布的评价结果来看，2016年，湖北省资源利用指数86.07，低于福建、江苏、吉林市3省。

2. 环境治理指数为82.28居全国第7位，长江经济带省份中排名第3。“环境治理”重点反映主要污染物、危险废物、生活垃圾和污水的治理以及污染治理投资等情况。从公布的评价结果来看，2016年，环境治理指数高于湖北省的分别是北京、河北、上海、浙江、山东、天津6个省市。

3. 环境质量指数为86.86，居全国第13位，长江经济带省份中排名第7。“环境质量”重点反映大气、水、土壤的环境质量状况。从公布的评价结果来看，2016年，环境质量指数高于湖北省的分别是海南、西藏、福建、广西、云南、青海、贵州、甘肃、重庆、湖南、江西、浙江12个省市。

4. 生态保护指数为71.97，居全国第17位，长江经济带省份中排名第8。“生态保护”重点反映森林、草原、湿地、自然保护区、水土流失、土地沙化和矿山恢复等生态系统的保护与治理。从公布的评价结果来看，2016年，生态保护指数高于湖北省的分别是重庆、云南、四川、西藏、福建、江西、贵州、吉林、湖南、新疆、黑龙江、广西、河北、海南、内蒙古、浙江16个省市。

5. 增长质量指数为73.48，居全国第13位，长江经济带省份中排名第7。“增长质量”主要从经济增速、效率、效益、结构和动力等方面反映经济发展的质量，以体现绿色与发展的协调统一。从公布的评价结果来看，2016年，增长质量指数高于湖北省的分别是北京、上海、浙江、江苏、天津、广东、重庆、湖南、安徽、山东、福建、陕西12个省市。

6. 绿色生活指数为70.73，居全国第17位，长江经济带省份中排名第5。“绿色生活”重点从公共机构、绿色产品推广使用、绿色出行、建筑、绿地、农村自来水和卫生厕所等方面反映绿色生活方式的转变以及生活环境的改善，体现绿色生活方式的倡导引领作用。从公布的评价结果来看，2016年，绿色生活指数高于湖北省的分别是北京、上海、江苏、山西、浙江、广东、天津、山东、福建、河南、吉林、黑龙江、内蒙古、江西、海南、宁夏16个省市。

从生态文明建设评价结果看，湖北省位居全国前列，反映出湖北省绿色发展相对较好，省委省政府在污染防治和环境治理等方面开展的工作是值得肯定的，但也存有“短板”问题，比如生态保护治理还需进一步加强、绿色生活方式仍需继续倡导、城镇居民的生活环境有待提高。从公众满意程度排名位居全国第20位可以看出位次较后，所以需要引起省委、省政府的重视，从调整经济结构、加大环境质量投入、严控环境污染等方面，多角度发力，进行长期治理，逐步提高环境质量，进一步加强公众的“获得感”。

二、湖北地市绿色发展评价

（一）2016年湖北省内绿色发展指标评价结果和公众满意程度

2018年3月，湖北省统计局、省发改委、省环保厅和省委组织部联合发布了2016年全省生态文明建设年度评价结果，首次公布了2016年度湖北各市、州、省直管市、神农架林区绿色发展指数和公众满意程度。从评价结果来看，神农架林区在绿色发展方面表现突出，囊括资源利用指数、环境质量指数、生态保护指数、公众满意程度四项第一；宜昌、十堰、神农架林区分列绿色发展指数前三位；荆门、宜昌、孝感环境治理力度最大；武汉、宜昌、襄阳增长质量最好；天门、武汉、仙桃绿色生活指数最高。

据湖北统计局相关负责人介绍，评价结果是根据省委办公厅、省政府办公厅印发的《湖北省生态文明建设目标评价考核办法》和省发改委、省统计局、省环保厅、省委组织部印发的《湖北省绿色发展指标体系》《湖北省生态文明建设考核目标体系》要求（即“一个办法、两个体系”）发布。绿色发展指数采用综合指数法进行测算，指标体系包括资源利用、环境治理、环境质量、生态保护、增长质量、绿色生活、公众满意程度7个方面，共49项评价指标。公众满意程度为主观调查指标，通过湖北省统计局组织的抽样调查来反映公众对生态环境的满意程度。

表6–10　　2016年度全省各市州生态文明建设年度评价结果及排名

地区	绿色发展指数		资源利用指数		环境治理指数		环境质量指数		生态保护指数		增长质量指数		绿色生活指数		公众满意程度（%）	
	指数值	排名	指数值	排名	指数值	排名	指数值	排名	指数值	排名	指数值	排名	指数值	排名	指数值	排名
宜昌市	84.64	1	87.35	2	92.80	2	83.09	12	77.63	5	83.22	2	76.53	8	74.28	3
十堰市	83.44	2	83.15	12	88.89	5	84.01	8	82.59	2	81.62	4	75.65	9	77.13	2
神农架林区	83.11	3	92.15	1	64.89	17	94.17	1	89.09	1	74.56	12	69.80	16	84.94	1
武汉市	82.92	4	87.07	3	89.24	4	82.15	14	64.67	17	86.24	1	85.98	2	67.27	14
仙桃市	82.89	5	83.56	10	88.83	6	83.89	9	76.21	7	78.20	2	83.24	3	66.14	15
天门市	82.26	6	85.47	5	83.05	14	85.48	4	72.73	11	76.34	10	87.04	1	70.70	6
孝感市	82.16	7	85.26	7	90.37	3	85.09	7	71.83	13	79.39	6	70.82	14	63.83	16
鄂州市	81.39	8	83.37	11	88.00	7	81.97	15	72.98	10	77.81	9	78.96	6	71.52	5
潜江市	81.38	9	85.27	6	84.00	13	83.19	11	69.50	14	80.47	5	81.61	4	67.65	13
荆门市	81.05	10	82.43	14	92.92	1	77.32	17	72.27	12	79.06	7	77.36	7	68.20	12
荆州市	80.58	11	83.77	9	84.12	12	78.51	16	77.96	4	73.80	15	79.87	5	69.60	9
襄阳市	80.14	12	81.02	15	87.58	8	83.58	10	67.93	16	82.30	3	73.62	13	69.93	7
黄石市	79.99	13	83.07	13	87.36	9	82.59	13	68.76	15	75.97	11	73.90	12	69.29	10
咸宁市	79.94	14	77.41	17	84.57	11	89.55	2	76.73	6	70.00	17	75.34	10	69.78	8
恩施州	79.81	15	85.71	4	72.62	16	88.73	3	78.74	3	71.77	16	69.31	17	73.97	4
随州市	79.71	16	79.35	16	85.38	10	85.16	6	73.09	8	74.51	14	75.27	11	63.05	17
黄冈市	78.66	17	84.75	8	73.89	15	85.25	5	72.99	9	74.55	13	70.69	15	68.79	11

注：1. 湖北省生态文明建设年度评价按照《湖北省绿色发展指标体系》实施，绿色发展指数采用综合指数法进行测算。绿色发展指标体系包括资源利用、环境治理、环境质量、生态保护、

增长质量、绿色生活、公众满意程度7个方面，共49项评价指标。其中，前6个方面的48项评价指标纳入绿色发展指数的计算；公众满意程度调查结果进行单独评价与分析。

2. 部分市州由于确实不涉及相关工作而导致数据缺失的指标，经相关负责部门认定后，不参与绿色发展指数计算，其权数分摊至其他指标，体现差异化。

3. 计算绿色发展指数所涉及的地区生产总值数据均按照2016年度初步核算数据进行测算。

4. 公众满意程度为主观调查指标，通过湖北省统计局组织的抽样调查来反映公众对生态环境的满意程度。调查采取分层多阶段抽样调查方法，通过采用计算机辅助电话调查系统，随机抽取城镇和乡村居民进行电话访问，根据调查结果综合计算17个市州的公众满意程度。

（二）各项绿色发展评价（一级）指标结果分析

1. 资源利用指数情况分析与比较

资源利用指数主要由“能源消费总量”“单位GDP能源消耗降低”“单位GDP二氧化碳排放降低”“用水总量”“万元GDP用水量下降”“单位工业增加值用水量降低率”“农业灌溉水有效利用系数”“耕地保有量”“新增建设用地规模”“单位GDP建设用地面积降低率”“一般工业固体废物综合利用率”“农作物秸秆综合利用率”12项指标构成。重点反映能源、水资源、建设用地的总量与强度双控要求和资源利用效率，目的是引导地区提高资源节约集约循环利用，提高资源利用效益，减少排放。该指数占“湖北省绿色发展指标体系”的27.83%是权重占比最高的指标。

从全省区域看，神农架林区指数达到92.15，指数超过90，稳居省内第1；宜昌市指数87.35、武汉市指数87.07分别位居第2、3位，这三个地区基本上处于全省资源利用指数前列，值得省内其他城市学习。随州市指数79.35和咸宁市指数77.41，指数未达到80，处于全省最后两位，需要特别重视。同时，根据国家统计局等部委发布的《2016年生态文明建设年度评价结果公报》数据，从全国来看，神农架林区、宜昌市和武汉市资源利用指数值处于较高水平，但随州市和咸宁市资源利用指数处于较低水平。

2. 环境治理指数情况分析与比较

环境治理指数主要由“化学需氧量排放总量减少”“氨氮排放总量减少”“二氧化硫排放总量减少”“ 氮氧化物排放总量减少”“危险废物处置利用率”“生活垃圾无害化处理率”“污水集中处理率”“环境污染治理投资占GDP比重”等8项指标构成。主要从经济增速、效率、效益、结构和动力等方面反映经济发展的质量，以体现绿色与发展的协调统一。该指数权重占“湖北省绿色发展指标体系”的18.56%。

从全省区域看，荆门市、宜昌市和孝感市分别位居全省前三位，且指数值均超过90，这三个地区基本上处于全省环境治理指数前列，值得省内其他城市学习。黄冈、恩施州和神农架林区位列全省后三位，且指数值均未达到75。同时，根据国家统计局等部委发布的《2016年生态文明建设年度评价结果公报》数据，从全国来看，荆门市、宜昌市和孝感市环境治理指数值处于较高水平，黄冈、恩施州和神农架林区环境治理指数值处于较低水平，以上三地政府需改善环境治理的方法与效果。

3. 环境质量指数情况分析与比较

环境质量指数主要由“地级及以上城市空气质量优良天数比率”“细颗粒物（PM2.5）未达标地级及以上城市浓度下降”“地表水达到或好于Ⅲ类水体比例”“地表水劣Ⅴ类水体比例”“重要江河湖泊水功能区水质达标率”“地级及以上城市集中式饮用水水源水质达到或优于Ⅲ类比例”“单位耕地面积化肥使用量”“单位耕地面积农药使用量”等8项指标构成。主要反映大气、水和土壤的环境质量状况。该指数权重占“湖北省绿色发展指标体系”的18.56%。

从全省区域看，神农架林区指数达到94.17，指数超过90，稳居省内第1；咸宁市指数89.55、恩施州指数88.73分别位居第2、3位，这三个地区基本上处于全省环境质量指数前列，值得省内其他城市学习。荆州市指数78.51和荆门市指数77.32，指数未达到80，处于全省最后两位。同时，根据国家统计局等部委发布的《2016年生态文明建设年度评价结果公报》数据，从全国来看，神农架林区环境质量指数值处于较高水平，但荆州市和荆门市环境质量指数处于较低水平，以上两地政府需进一步加大环境治理力度，保持环境治理强度，逐步提高环境质量。

4. 生态保护指数情况分析与比较

生态环保指数主要由“森林覆盖率”“森林蓄积量”“湿地保有量”“湿地保护率”“陆域自然保护区面积”“新增水土流失治理面积”“可治理沙化土地治理率”“新增矿山恢复治理面积”等8项指标构成。主要反映森林、草原、湿地、海洋、自然岸线、自然保护区、水土流失、土地沙化和矿山恢复等生态系统的保护与治理。该指数权重占“湖北省绿色发展指标体系”的15.46%。

从全省区域看，神农架林区指数达到89.09，稳居省内第1；十堰市指数82.59、恩施州指数78.74分别位居第2、3位，这三个地区基本上处于全省生态环保指数前列。潜江市指数69.5、黄石市指数68.76、襄阳市指数67.93和武汉市指数64.67，指数未达到70，处于全省最后四位。同时，根据国家统计局等部委发布的《2016年生态文明建设年度评价结果公报》数据，从全国来看，神农架林区、十堰市和恩施州生态环保指数值位于前列，但潜江市、黄石市、襄阳市和武汉市生态保护指数处于一个较低水平，以上四地政府需进一步加大生态保护力度。

5. 增长质量指数情况分析与比较

增长质量指数主要由“人均GDP增长率”“居民人均可支配收入”“第三产业增加值占GDP比重”“战略性新兴产业增加值占GDP比重”“研究与试验发展经费支出占GDP比重”等5项指标构成。主要反映森林、草原、湿地、海洋、自然岸线、自然保护区、水土流失、土地沙化和矿山恢复等生态系统的保护与治理。该指数权重占“湖北省绿色发展指标体系”的10.31%。

从全省区域看，神农架林区指数达到89.09，稳居省内第1；十堰市指数82.59、恩施州指数78.74分别位居第2、3位，这三个地区基本上处于全省环境质量指数前列。潜江市指数69.5、黄石市指数68.76、襄阳市指数67.93和武汉市指数64.67，指数未达到70，处于全省最后四位。同时，根据国家统计局等部委发布的《2016年生态文明建设年度评价结果公报》数据，从全国来看，神农架林区、十堰市和恩施州生态环境指数值位于前列，但潜江市、黄石市、襄阳市和武汉市生态保护指数处于一个较低水平，以上四地政府需进一步加大生态保护力度。

6. 绿色生活指数情况分析与比较

绿色生活指数主要由“公共机构人均能耗降低率”“新能源汽车保有量增长率”“绿色出行（城镇每万人口公共交通客运量）”“城镇绿色建筑占新建建筑比重”“城市建成区绿地率”“农村自来水普及率”“农村卫生厕

所普及率”等7项指标构成。主要从公共机构、绿色产品推广使用、绿色出行、建筑、绿地、农村自来水和卫生厕所等方面反映绿色生活方式的转变以及生活环境的改善，体现绿色生活方式的倡导引领作用。该指数权重占“湖北省绿色发展指标体系”的9.28%。

从全省区域看，天门市指数达到87.04，稳居省内第1；武汉市指数85.98、仙桃市指数83.24和潜江市指数81.61，分别位居第2、3、4位，指数值均超过80，这四个地区基本上处于全省绿色生活指数前列。神农架林区指数69.8和恩施州市指数69.31，指数未达到70，处于全省最后二位。同时，根据国家统计局等部委发布的《2016年生态文明建设年度评价结果公报》数据，从全国来看，天门市、武汉市、仙桃市和潜江市绿色生活指数值位于前列，但神农架林区和恩施州绿色生活指数处于一个较低水平。

三、湖北区域绿色发展概况

湖北省第九次党代会以来，经济社会发展逐渐由重点突破向多点支撑、协调共进转变。2007年12月，国务院批准武汉城市圈（武汉、黄石、鄂州、黄冈、孝感、咸宁、仙桃、潜江和天门）为全国“两型社会”综合配套改革试验区；2008年底，省委省政府决定打造鄂西生态文化旅游圈；2009年9月，宜昌、襄阳（现襄阳）、荆州、十堰、荆门、荆州、随州、恩施和神农架8个市州（林区）正式签署鄂西生态文化旅游圈合作协议；2013年12月，在省委四次全会暨全省经济工作会议上，省委、省政府高瞻远瞩，做出了推进湖北汉江生态经济带开放开发、实施“两圈两带”发展战略的重大决策。

（一）武汉城市圈：全国“两型”改革发展的龙头

2004年4月，省政府下发《关于武汉城市经济圈建设的若干问题的意见》，明确武汉、黄石、鄂州、黄冈、孝感、咸宁、仙桃、潜江和天门9城一体化建设的发展定位，以推动产业、市场、科技、交通、通信五个一体化为路径，成为湖北经济发展的核心增长极，也是全国改革发展的龙头。

2008年9月，国家批复了《武汉城市圈资源节约型和环境友好型社会建设综合配套改革试验总体方案》；2009年7月，湖北省第十一届人民代表大会常务委员会第十一次会议通过了《武汉城市圈资源节约型和环境友好型社会建设综合配套改革试验促进条例》。青（山）阳（逻）鄂（州）大循环经济示范区，探索跨区域合作、发展循环新模式；大东湖“两型社会”示范区，探索多湖联通的水生态修复和治理新模式；梁子湖生态旅游示范区，探索跨区域保护与开发新模式。绿色、示范、探索、跨越，成为发展的主旋律。2015 年，武汉城市圈实现地区生产总值 18535.51 亿元，占全省的 62.7%；地方公共财政预算收入 1779.17 亿元，占全省比重为 59.2%。

近十年来，武汉综合实力不断增强，地区生产总值连续跨越 3000 亿元、4000 亿元和 5000 亿元，并在 2014 年进入万亿元城市，成为我国中部地区唯一万亿元城市。截至 2016 年，武汉经济总量位居全国城市第 9 位，在 15 个副省级城市中排名第 4。“十二五”期间，武汉国际和地区航线新增 30 条，达到 37 条，中欧（武汉）国际货运班列开通并实现双向常态化运营。2017 年，武汉进一步加快新旧动能的持续转换，高新技术产业增长 13% 以上，突破 9000 亿元。武汉聚焦信息技术、生命健康、智能制造三大领域，重点加快国家存储器基地、航天产业基地、新能源和智能网联汽车基地、国家网络人才培养和产业创新基地建设。

黄石实施生态修复工程，推进环境整治与保护。全市围绕工业污染防治等内容，“治山、治地、治路、治车、治店、治厂”六管齐下，实施生态修复治理工程。大力开展沿江码头集中整治，重点推进重化工及造纸行业企业专项整治，积极推进水环境集中整治等十项行动，“零容忍”推进环境整治与保护。深入开展万家企业节能低碳行动。持续改善矿山地质环境。2015 年，黄石市启动矿山地质环境治理重点工程，治理黄荆山南麓片区等 23 个排土场，治理面积 151.03 公顷。成功申报国家第二批生态文明先行示范区，生态文明建设实现了新的突破。

循环经济示范创建深入推进，完成了《黄石市国家循环经济示范创建实施方案》的中期调整工作。组织实施了一批循环经济重大项目，大冶有色再生资源循环利用产业园获批国家第六批“城市矿产”示范基地。黄石成功争创国家循环经济示范城市、国家工业绿色转型发展试点城市、新能源示范城市、餐厨废弃物资源化利用和无害化处理试点城市、“城市矿产”示范基地、生态文明先行示范区，荣获“全国国土资源节约集约模范城市”等称号。

着力推进产业转型，打造先进制造之都。制订出台振兴“黄石制造”行动计划，设立产业发展基金，整合财政资金1亿元，引导企业实施技改和产业转型项目400余个，先后实施了湖北新冶钢特钢升级改造工程、大冶有色30万吨铜加工清洁生产示范项目等一大批重大改造项目。新冶钢特钢生产能力、实现利润、吨钢利润均位列全国前3位。大冶有色生产能力由“十一五”全国第5位上升到第3位，率先在全国实现了铜冶炼清洁生产。华新水泥集团在保持全国水泥行业综合实力前3名的同时，实现了向节能环保产业的转型。

孝感积极融入大武汉，不断提成承接和融入能力。日本矢崎，意大利马瑞利等汽车零部件企业扎堆落户。“十二五”期间，孝感主要经济指标增幅排名跃升至全省第六位。

黄冈加快革命老区振兴发展，通过市校合作、招商引资、大别山金融工程，整合各方面资源，加快转型升级，实现快速发展。全市游客数量突破3000万人次，在全省率先实现“34证合一”，“五位一体”产业扶贫和“4321”健康扶贫经验向全国推广。

鄂州积极开展自然资源资产改革试点。推行领导干部自然资源资产离任审计全覆盖。出台党政领导干部保护生态环境行为规范、损害自然资源违法行为举报办法等制度，建立生态环境损害举报奖励基金。

随州崛起“专汽走廊”；咸宁打造“香城泉都”和“中三角”重要枢纽城市；仙桃、天门、潜江各自发力，向全国县域经济百强冲刺，建设“三化”协调发展先行区。

武汉城市圈的碳排放权交易成为城市圈内乃至全国的绿色发展亮点。截至2017年12月31日，武汉碳市场累计配额成交量3.12亿吨，成交总额72.31亿元，总成交量和总额都占全国碳市场七成以上份额。

（二）鄂西生态文化旅游圈：探索内生增长绿色发展新路

鄂西生态文化旅游圈主要以旅游为引擎，探索一条内生增长绿色发展新路。

2008年11月，省委、省政府《关于建设鄂西生态文化旅游圈的决定》印发，拉开了鄂西生态文化旅游圈的建设序幕。鄂西生态文化旅游圈8个城市（林区），突出资源优势，以生态为基础、以文化为灵魂、以旅游为切入点，促进圈域经济结构调整和发展方式转变，实现绿色发展、绿色繁荣。2009 年 8 月《鄂西生态文化旅游圈发展总体规划》出台，确定了内生增长型的总体发展思路：借助旅游产业发展平台，发挥特色资源的综合效益。创新管理体制、经营机制、投融资体制和利益机制，优化产业结构，调整和完善经济空间布局，形成内生增长绿色发展新模式，走出一条有别于传统工业化发展的新路子。

党的十八届五中全会提出了“创新、协调、绿色、开放、共享”五大发展理念，坚持绿色发展。在“绿色决定生死”的新形势下，鄂西生态文化旅游圈建设站在了新的制高点。经过发展，尤其是在“十二五”期间，鄂西生态文化旅游圈社会经济快速发展，2015 年实现生产总值 12523 亿元，是“十五”末的两倍。鄂西生态文化旅游圈经济总量已升至全省总量的 42%，比 2008 年增长 4 个百分点。

实施环“一江两山”重点工程，打造鄂西生态文化旅游圈千里风景廊道。鄂西生态文化旅游圈突出交通先行战略和“一江两山”（长江三峡、神农架、武当山）发展重点，实现“两圈一带”呼应互动的发展新格局。以旅游这个关联性极强的产业为切入点，改善交通、改造景区、开发项目相继启动，鄂西地区快速进入绿色发展快车道。十堰至宜昌铁路、武当山至神农架林区高等级生态旅游公路改扩建、神农架机场等十二大重点工程全面启动。“十二五”期间，十二大重点工程建设进展十分顺利。2016 年 2 月，武当山机场成功试航，武汉到武当山乘飞机仅需 40 分钟，为武当山乃至十堰秦巴山贫困区发展插上了腾飞的翅膀。在旅游交通基础设施建设的带动下，项目建设点线相连，“江作青罗带，山如碧玉簪”的情景初现。

十大旅游区发力，旅游成为鄂西生态文化旅游圈支柱产业。鄂西生态文化旅游圈打破行政区域界限，整合区域内的旅游资源，重点打造襄阳古隆中汉江鱼梁洲旅游区、荆州古城旅游区、洪湖岸边是家乡——石首天鹅洲旅游区、三峡大坝——平湖半岛旅游区、清江画廊旅游区、武当山——太极湖旅游区、荆门明显陵——漳河旅游区、恩施大峡谷——腾龙洞旅游区、神农架旅游区、炎帝神农故里大洪山旅游区共十大景区，通过对各种软、硬环境和设施的改造，提升鄂西生态文化旅游圈整体旅游品质。以十大旅游区建设为核心的鄂西生态文化旅游圈生态文化旅游发展迅猛，旅游人次和收入成倍增长。2015 年，圈域旅游接待总人数 23769 万人次，是 2010 年的 2.97 倍；实现旅游总收入 1717 亿元，是 2010 年的 3.68 倍。到 2015 年底，鄂西圈已有 5A 级景区 8 家，旅游业主要指标超出“十二五”规划目标。

让“金饭碗”流金淌银，打造名人文化工程。鄂西生态文化旅游圈丰富的文化底蕴，为生态文化旅游产业的发展奠定了坚实的基础。名人文化是鄂西生态文化旅游圈的一大特色，炎帝神农、王昭君、诸葛亮等都是中华民族家喻户晓的名人。如今，世界华人炎帝故里寻根节、屈原故里端午节暨海峡屈原文化论坛、诸葛亮文化节、世界传统武术节等已成为鄂西生态文化旅游圈文化宣传和旅游发展的重要平台。

资本竞相涌入，共享发展机遇。省委、省政府大力培育市场投资主体：一是资金支持，安排省政府专项资金给予重点支持，配合各地招商引资工作，引导市场投资主体投入鄂西生态文化旅游圈重点项目建设。二是工作推动，适时召开鄂西生态文化旅游圈市场投资主体培育工作现场会，推广经验并系统部署。三是平台助力，通过鄂西生态文化旅游圈投资公司投融资平台，引导市场投资主体加大对鄂西生态文化旅游圈项目的投入。四是宣传造势，省发改委与省直相关部门及圈域内各地方政府加强了对鄂西生态文化旅游圈建设政策、发展前景的宣传，形成了良好的舆论氛围。“十二五”期间，鄂西生态文化旅游圈生态文化旅游市场主体加快成长。2015 年，鄂西生态文化旅游圈在建文化旅游项目达 210 个，总投资 1640.62 亿元，其中过亿元的项目 165 个，10 亿元以上的项目 43 个。

（三）汉江生态经济带：构建长江经济带绿色增长极

2015 年 6 月，省政府公布《湖北汉江生态经济带开放开发总体规划》。这一规划范围涵盖湖北汉江流域 10 个市（林区）的 39 个县（市、区），面积 6.3 万平方千米，占全省总面积的 33.89%。按照规划，汉江生态经济带将建设成为长江经济带的“绿色增长极”。

顶层设计、思路清晰、目标宏远。汉江生态经济带以生态文明建设为主线，以综合开发为主题，以水生态保护和水资源利用为重点，将汉江生态经济带建成为“一极四带”，即长江经济带绿色增长极、全国生态文明先行示范带、全国流域水利现代化示范带、全国生态农业示范带、世界知名生态文化旅游带。到2025年建成“五个汉江”，即“绿色汉江”“富强汉江”“幸福汉江”“安澜汉江”“畅通汉江”。

生态绿色产业如火如荼，打造汉江新优势。汉江生态经济带沿线城市发展生态绿色产业，打造城市新名片。襄阳市所辖南漳、保康、谷城、老河口“三县一市”的相邻区域约1万平方千米范围内，建设了一个集有机农业、生态旅游、休闲养生与科普试验于一体的有机农业综合开发试验区——“中国有机谷”。如今，“中国有机谷”正朝着舌尖安全之谷、绿色发展之谷、田园风光之谷、财源茂盛之谷和小康幸福之谷迈进，为汉江生态经济带开放开发探索了新路径。

积极主动，加快合作，推动汉江生态经济带升级为国家战略。近年来，湖北省委省政府积极争取国家政策扶持，并加快与河南、陕西等地合作，赢得了中央决策部门的关注和重视。2016年3月，国家发布《国民经济和社会发展第十三个五年规划纲要》，将“推进汉江生态经济带建设”纳入其中。2017年2月，汉江生态经济带规划编制工作被纳入《2017年促进中部地区崛起工作要点》。未来，汉江生态经济带将乘势而上，绘就更加美好的蓝图。

第七章 湖北省绿色发展政策建议与实施途径

长江深度地塑造了湖北的地形地貌，决定了湖北的基本地理区位特征，基本圈定了湖北的资源禀赋范畴，更在漫长的历史中为湖北的产业经济的变迁和发展奠定了基调。湖北省提升发展的质量要建立在对长江的作用和影响的深刻的认知基础上；同时，也必须认识到湖北省对长江生态保护和资源开发具备跨区域的影响，这决定了长江综合保护和开发的目标能否实现。因而要有机地将长江的综合保护和开发与湖北省的绿色发展进行全局性的衔接统筹。

第一节 绿色发展支撑因素

一、湖北长江经济带发展的动因和意义

长期以来，党中央、国务院高度重视长江经济带生态环境保护工作。尤其是习近平生态文明思想的提出，为长江经济带生态环境保护工作提供了理论指引。推动长江经济带发展关键在于提出先进的理念，坚持生态优先、绿色发展，一方面长江流域有良好发展的资源基础，另一方面长江流域的生态环境的重要地位无可取代，涉及长江的一切经济活动都要以不破坏生态环境为前提，共抓大保护、不搞大开发。开发思路要明确，建构硬性约束机制，保证长江生态环境只能优化、不能恶化。“随着长江经济带战略重要性不断提高，经济发展与生态保护这一主题始终贯穿其中，平衡好发展与保护之间的关系，促进二者协调发展的现实需求愈加迫切。”[①]

① 成金华．如何破解长江经济带经济发展与生态保护矛盾难题——评《长江经济带：发展与保护》[J]. 生态经济，2022，38（03）：228-229.

长江干流全长6300余千米，是中国第一大河，串联起华中经济区，素有“黄金水道”之称。长江干流及重要支流水运条件优越，形成了产业发展必备的基础区位优势；沿岸线的开发利用提供了长江经济带建设的基础支撑。河道岸线的开发利用与防洪、河势、供水以及水生态、水环境保护密切相关，涉及水利、交通、国土、环保、农业等多个部门。湖北是拥有长江岸线最长的省份，是长江之“腰”。湖北坐拥三峡水利枢纽、南水北调中线水源地，素有“千湖之省”“鱼米之乡”的美誉。湖北省的长江岸线资源全国第一：总长6300千米的长江，有1061千米横贯荆楚大地，滋养了6000余万湖北人民。如何在兼顾不同部门的管理要求、有效保护好岸线生态的同时，合理利用资源，满足国民经济和社会发展不同层次的要求，成为建设长江经济带的主旨。在产业转型升级的背景下，经济社会发展的实际需求也对在流域综合规划的指导方面有着迫切要求：规划需要兼顾各部门、各行业、各地方、上下游、左右岸，反映经济社会发展和相关管理要求的岸线保护和开发利用的总体规划编制，进而将开发保护的范围从长江岸线拓展至包括重要支流在内的流域内的保护、开发利用及管理工作，服务长江经济带建设。

同时，长江不仅是发展产业的重要资源，还是中华民族的母亲河，在这条流经11个省、自治区、直辖市的母亲河周围，历史兴衰延续演绎，文化历史灿烂光辉并在当代以更加迅猛的姿态发展，见证了时代的变迁。在经济社会全面发展的背景下，修复长江生态环境的意义已经不局限于物质层面的生态保护，更重要的是全面恢复长江本身的文化价值，提升长江带来的人文价值和历史价值。

由此，根据贯彻习近平同志关于建设长江经济带的重要指示，湖北省各级确立了“生态优先，绿色发展，共抓大保护、不搞大开发”的行动方针，全面落实党中央和湖北省委关于长江经济带生态保护和绿色发展决策部署。

在推动生态长江建设中，湖北省委、省政府从发展规划编制入手，走生态优先、绿色发展之路，依法治污，保护好生态环境，为长江撑起了一道有力的绿色“保护伞”。长江的生态资源，是自然对湖北人民的馈赠；青山绿水，是湖北独特魅力之所在。在过去，由于人口的增长和产业规模的急速扩张，经济社会的不均衡不健全的发展导致近年来长江生态警钟不时敲响，水质恶化，湿地萎缩，物种告急……有调查表明，长江已形成近600千米的岸边污染带，其中包括300余种有毒污染物。早在2012年，水利部水资源公告数据显示，全国废污水排放总量785亿吨中，有近400亿吨排入长江——几乎相当于一条黄河的水量。曾有专家痛声疾呼："如果不加以重视，长江有可能沦为中国最大的一条排污沟！"长江污染已然成为了建设绿色湖北亟待解决的重大问题，也成为实现中华民族永续发展路上必须攻克的难关。

针对发展与保护这对矛盾的处理，习近平强调"共抓大保护、不搞大开发"，就是针对过去一些地方"重开发，轻保护"的错误做法敲响的警钟：务必要防止一些地方领导干部以开发之名，为了把经济搞上去了，而使当地生态环境遭到不可逆的破坏。作为重要的自然资源聚集地，长江水域的发展在过去也有所偏差，水体遭到严重的污染。为了纠正已有的问题，并且遏制错误思想的影响，势必要以习近平总书记的重要指示为前进方向，解放思想，深抓本质，将依法治国和保护长江生态环境深度融合，实现绿色发展推进工作的中心下移。

加强长江大保护理当从法治入手，加强严格依法治理是关键。全省加强岸线资源管控，组织开展长江大保护行动，先后已关停一批沿江企业和非法码头。全域全方位加强环保督察，2021年1月至11月，湖北省公安机关共立案侦办涉长江大保护违法犯罪案件629起，抓获犯罪嫌疑人2612名，涉案金额超1亿元。为防止长江流域受到破坏和污染提供了有力的保障。在推进长江大保护上，湖北省勇于担当，将"创新、协调、绿色、开放、共享"五大理念应用到具体规划中。要像保护眼睛一样保护环境，像对待生命一样对待生态环境。为把长江建设成国家重要生态廊道、绿色发展横轴做出贡献，湖北人民一直在努力。湖北长江经济带生态保护和绿色发展规划由"1+5+N"组成，以《湖北长江经济带生态保护和绿色发展总体规划》为纲，绿色生态廊道、综合立体交通走廊、产业发展、绿色宜居城镇和文化建设等5个专项规划具体实施，同时对已经发布的、尚在规划实施期内的一批专项规划，按照"生态优先、绿色发展"的要求进行修编。湖北将坚决把长江这条巨龙的"龙腰"保护好，努力挺起长江经济带生态"脊梁"，为把长江建设成国家重要生态廊道、绿色发展横轴做出贡献。"不谋万世者，不足谋一时；不谋全局者，不足谋一域。”“我住长江头，君住长江尾。”为了一江清水向东流，为了让母亲河长江永葆生机活力，推进长江大保护湖北有着担当责任。同时，更需要长江沿线各级政府、各个地区、各个部门、流域机构把思想和行动统一到党中央、国务院的决策部署上来，只有不断强化长江水资源水环境保护和合理利用，法制当“头”的管理治理理念，大力实施创新驱动和产业转型升级，切实顺应自然保育生态，中华民族母亲河才能永葆生机活力。

建设湖北长江经济带正是实现绿色发展工作中心下移的重要举措。长江的生态保护虽然是在全国层面实施的跨行政区的全局性工作，但是长江的保护和开发对湖北的经济社会发展意义重大；且从湖北本地的资源禀赋实际出发，做好长江的开发和保护也是全省发展的核心任务，在此基础上，湖北要着力推动长江经济带的绿色发展，既要实现以长江为纽带的资源整合和产业升级转型，也要在深度认识长江的环境和文化意涵的前提下，深度挖掘长江的发展潜力，响应习近平生态文明思想，做好绿色发展。

建设湖北长江经济带体现湖北贯彻中央重大战略部署的大局意识。长江流域是我国的经济重心、活力所在。党中央高瞻远瞩、审时度势，做出了推动长江经济带发展必须坚持生态优先、绿色发展的战略定位，对于实现“两个一百年”奋斗目标和中华民族伟大复兴的中国梦具有重大现实意义和深远历史意义。习近平总书记做出了“把修复长江生态环境摆在压倒性位置，共抓大保护、不搞大开发”的重要指示，这既是对自然规律的尊重，也是对经济规律、社会规律的尊重。保证党中央重大战略部署和习近平总书记系列重要指示精神的贯彻落实，是全省人民义不容辞的政治责任。省人民代表大会依法就长江经济带生态保护和绿色发展做出决定，是坚持“政治意识、大局意识、核心意识、看齐意识”的思想自觉，是确保习近平总书记重要指示在湖北落地生根的行动自觉。

建设湖北长江经济带体现了湖北人民的责任担当和政治担当。湖北地处长江之腰，拥有长江岸线 1061 千米，是长江干线流经最长的省份。同时，湖北也是世界最大的水利工程三峡工程所在地和南水北调中线工程的水源地，承担着国家生态安全的重任。长江也是荆楚 6000 万人民生产生活用水主要来源。保护一江清水，不仅是整个长江经济带生态保护的必然要求，对于湖北省自身的可持续发展同样意义重大。对此，省委提出要建设生态长江，涵养文化长江，繁荣经济长江，挺起长江经济带的“脊梁”。省人民代表大会依法做出决定，充分体现了湖北人民的重大历史担当和主动作为，是落实湖北责任的重要举措。

建设湖北长江经济带彰显了湖北“支点”先行、负重前行的勇于担当精神。把湖北建设成为中部地区崛起重要战略的支点，是党中央和习近平同志对湖北发展的新定位、新要求。按照国务院通过的促进中部地区崛起“十三五”规划的要求，湖北要把生态环境保护与修复放在优先位置，加快建设“一中心四区”，即成为全国重要先进制造业中心，成为全国新型城镇化重点区、全国现代农业发展核心区、全国生态文明建设示范区、全国现代农业发展核心区。这要求湖北把生态优先、绿色发展作为推进长江经济带建设的首要任务，把转型升级、创新发展摆上发展的重要位置，争取在转变经济发展方式上走在全国前列。同时，湖北面临经济发展、环境保护的双重压力，虽然近些年湖北省各方面做了大量努力，但污染物排放居高不下、水环境污染、水资源保护形势严峻、减灾能力短板突出等问题仍然存在，“千湖之省、碧水长流”任重而道远。就长江经济带生态保护和绿色发展做出决定，彰显了湖北建设支点、负重前行的信心和决心，有利于统一全省人民的思想认识，为加快中部地区崛起、实现中国梦贡献湖北力量。

建设湖北长江经济带为生态保护、绿色发展落地提供了制度引领。习近平总书记讲，只有实行最严格的法治，才能为生态文明建设提供可靠的保障。充分体现了总书记“严”的精神，“严控”“严格”“严禁”“严厉”“坚决”“禁止”“限制”“强化”八个词使用频繁，构筑了保护长江生态环境的“天罗地网”。做出长江经济带生态保护和绿色发展的决定，进一步扎紧长江大保护制度的笼子，有利于引领全社会“共抓大保护、不搞大开发”，形成方方面面的合力，为全省长江经济带生态保护与绿色发展提供强有力的法治保障。

推动长江经济带发展，是党中央、国务院主动适应、把握、引领经济发展新常态，科学谋划中国经济新棋局，做出的既利当前又惠长远的重大决策部署，对于实现“两个一百年”奋斗目标和中华民族伟大复兴的中国梦，具有重大现实意义和深远历史意义。习近平总书记指出：建设生态文明是关系人民福祉、关系民族未来的大计。“生态兴则文明兴，生态衰则文明衰”。经济发展，GDP数字的增长，不是我们追求的全部，我们还要注重社会进步文明兴盛的指标，特别是人文指标，资源指标，环境指标。我们不仅要为今天的发展努力，更要对明天的发展负责，为今后的发展提供良好的基础和可以永续利用的资源和环境。中国明确把生态环境保护摆在更加突出的位置。我们宁要绿水青山，不要金山银山，而且绿水青山就是金山银山。当前，我们不仅要从政治高度来深刻认识绿色发展的重大意义，更要在实践中坚定不移地坚持绿色发展新理念。环境就是民生，青山就是美丽，蓝天也是幸福。为此，要坚持绿水青山就是金山银山这一理念，把党中央、国务院关于生态文明建设的决策部署落到实处。清澈、洁净的江水给人们带来幸福和安康，长江永葆生机活力，才能为长江经济带生态保护和绿色发展做出新的更大贡献，才能真正实现中华民族的伟大复兴和永续发展。

二、建设湖北长江经济带的现实途径

抓落实、见行动，是湖北长江经济带生态保护和绿色发展的主基调。

已有的调研考察和资料收集分析主要目的是贯彻落实习近平同志系列重要讲话精神，为进一步调整认识确定思路。建设长江经济带发展必须坚持把“生态优先、绿色发展”“共抓大保护、不搞大开发”的战略定位真正落到实处、付诸行动。长江经济带生态保护和绿色发展面临许多问题，既有生态环境保护的具体问题，也有长远发展规划的战略问题。

当前，长江之躯伤痕累累，生态环境问题紧急迫切，长江和长江边的人民群众都等不起、耗不起。要乘党中央战略部署的强劲东风，深入领会习近平同志关于长江经济带发展的重要指示精神，把长江经济带生态保护和绿色发展置于最优先、最重要的位置，作为当务之急，坚持问题导向，狠抓工作落实，围绕“率先、进位、升级、奠基”总目标，推动长江经济带在升级中转型，在转型中发展，以良好的生态环境、绿色的发展方式为湖北“十四五”发展和后小康时代奠定坚实基础。

第一，瞄准“水”“源”两个重点。湖北省是长江径流里程最长的省份，是三峡工程库坝区和南水北调中线工程核心水源区，生态环境保护责任重大，任务艰巨。推动长江经济带生态保护和绿色发展，关键要抓住“水”“源”两个字。首先，要瞄准“水”。水是一个关键问题，抓住了长江“水”的治理，就抓住了生态长江、绿色长江的龙头。长江水好了、干净了，一好百好、一净百好。解决长江经济带生态问题，要“把长江流域水环境治理放在突出位置”，按照湖北省委、省政府决策部署，在继续做好细致工作的同时，坚持“行动要快、力度要大、执法要严”，以长江水质保护倒逼各有关部门加大生态环境保护力度，推动长江生态环境整治取得更大成效。其次，要瞄准“源”。“水”清必须“源”清。实现长江“水”清，必须要抓沿江污染排放、抓长江支流水质，这是治水之“源”。如果沿江支流、城市、企业乱排乱放，长江“水”就不会干净。不抓“源”，短期内两岸可以郁郁葱葱，城镇可以绵延发展，项目可以沿江布局，但长远看，长江绝对会被搞臭、搞窄、搞丑，沿江发展模式必将难以为继、陷入绝境。我们要本着对长江负责、对中华民族子孙后代负责的态度，以“水”为龙头，抓住抓好源头，加强督察，严格执法，实现应察尽察全覆盖，当好长江卫士、绿色卫士，确保一江清水绵延后世。

第二，牢固树立“上游意识”。长江干净与否，取决于上游。湖北位居长江中游，但相对于江西、安徽、江苏、上海，又是长江的上游，全省上下特别是沿江地区必须树立“上游意识”，强化“位置上游”意识。位置是相对的，在整个长江流域除长江源外没有绝对的上游，也没有绝对的下游。有些沿江市县在省内处于长江下游，但相对下游省市又处于上游位置。因此，要提高思想认识，转变发展理念，始终恪守“上游”定位，着眼长江全流域，跳出湖北看长江，对长江负责，切实站好保护中华民族母亲河的湖北岗哨。强化“责任上游”意识。位置就是责任，位居上游既要强化“上游意识”，更要担起“上游责任”，要树立源头思维，想问题、做决策、谋发展时要对下游负责，为下游着想。沿江地区不要左顾右盼、不要瞻前顾后，要坚持“谁家的孩子谁来抱”，守好自己的“责任田”，把自己的责任履行好，把自家的问题解决好，把属地环保工作做好。强化“工作标准上游”意识。工作高标准是政治要求，是岗位责任，是历史责任。湖北在长江经济带生态保护方面要走在前列、力争上游，必须正确处理经济发展与生态环境保护的关系，牢固树立保护生态环境就是保护生产力、改善生态环境就是改善生产力的理念，更加自觉地推动绿色发展，决不以牺牲生态环境为代价换取一时的经济增长。对此，省委、省政府态度鲜明，宁可不进位，也不要“带污染的GDP”。

第三，保护长江关键在行动。千条万条，不落实都是“白条”；这路那路，付诸行动才有出路。湖北长江生态修复时间紧迫、任务艰巨，容不得我们坐而论道，左思右想。“共抓大保护、不搞大开发”，不能停留在认识层面、口号上面，必须以雷霆之势，在全省迅速开展“查、关、治、罚、复、退”环保专项整治行动，形成治理污染、保护长江的强大声势。

第四，切实担负起主体责任。推进湖北长江经济带生态保护和绿色发展，是湖北省应尽必尽的政治责任和历史担当。全省各级党委政府和主要负责同志要以对历史、对人民、对子孙后代高度负责的态度，切实担负起主体责任和第一责任。

1. 湖北省党委政府要“一龙当先”

生态环保工作体制覆盖面广，涉及众多职能部门，有人认为，现在是“九龙治水”存在治理困难。“九龙治水”不是长江生态环境问题的根本症结，其根本问题在于主体责任落实不到位。各级党委政府和“关键少数”要切实担起主体责任和第一责任，不能把体制机制不健全、综合治理不到位作为推卸责任的措辞，也不能把希望都寄托在体制机制完善之后，更不能坐等别人先来。只要党委、政府这条龙“舞”起来，“一龙当先”，下定决心，书记、市长真带头、下狠劲，真推动，亲自下手，就能够整合部门资源，形成强大合力，有效解决“九龙治水”等问题，就一定能完成长江生态保护任务。武昌区“不等不靠”“积极作为”“主动治理水源地岸线”的做法值得各地学习借鉴。

2. 责任落实要形成闭环效应

湖北省按照主体责任“牛鼻子”四级递进论，以主要负责同志履职尽责为重点，以严肃追责为关键，强化责任落实的闭环效应。各级党委政府要有高度的政治意识，闻鸡起舞、闻风而动，闻号上阵，从整治非法排污和岸线使用混乱等突出问题入手，迅速部署开展“查、关、治、罚、复、退”环保专项整治行动。每个部门要主动把自己责任担起来，形成环环相扣的责任体系，每个区域要确保把“自己的孩子”抱走，把自己的活干好，形成“共抓大保护”的良好局面。

3. 经济发展要突出绿色导向

绿色发展是一个科学范畴，湖北省为实现绿色发展既不能仅仅强调绿色，也不能单纯追求发展，要走经济发展与生态保护双赢之路。“十三五”时期，湖北省经济要保持一定发展速度，绿色是前提。践行“绿色决定生死”的理念，就必须有坚定的“舍得”思维，就必须有强大的转型定力，顶得住生态治理的压力，也必须付出和承受得住生态治理的代价。遇到的矛盾再尖锐，也要“偏向虎山行”；涉及的利益再复杂，也要壮士断腕把刀砍下去；“有污染的 GDP”再诱人，也要坚决舍弃。湖北省委、省政府在这个问题上态度非常明确，各地不要因为主动关停治理排污企业、影响发展速度而背“政绩包袱”。要充分发挥考核“指挥棒”作用，进一步完善考核指标体系，让绿色发展权重到位，突出“绿色 GDP”，让坚持绿色发展的地方和干部不吃亏，还要获得激励奖励。湖北省委、省政府还将大力开展创建环保模范省、模范市和模范县活动，引领湖北省全省加快形成“共抓大保护、不搞大开发、实现绿色发展”的大格局。习近平总书记在深入推动长江经济带座谈讲话中强调，一是要深刻理解实施区域协调发展战略的要义，各地区要根据主体功能区定位，按照政策精准化、措施精细化、协调机制化的要求，完整准确落实区域协调发展战略，推动实现基本公共服务均等化，基础设施通达程度比较均衡，人民生活水平有较大提高。二是推动湖北长江经济带发展领导小组要更好发挥统领作用，在生态环境、产业空间布局、港口岸线开发利用、水资源综合利用等方面明确要什么、弃什么、禁什么、干什么，在这个基础上统筹沿江各地积极性。三是要完善湖北省际协商合作机制，协调解决跨区域基础设施互联互通、流域管理统筹协调的重大问题，如各种交通运输方式协调发展，降低运输成本、提高综合运输效益，如何优化已有岸线使用效率，破解沿江工业和港口岸线无序发展问题，等等。四是要简政放权，清理阻碍要素合理流动的地方性政策法规，清除市场壁垒，推动劳动力、资本、技术等要素跨区域自由流动和优化配置。要探索一些财税体制创新安排，引入政府间协商议价机制，处理好本地利益和区域利益的关系。

湖北长江经济带生态保护和绿色发展事关国家根本利益，事关民族的长远发展。全省人民要紧密团结在以习近平同志为核心的党中央周围，在湖北省委的坚强领导下，勇于担当、主动作为，求真务实、锐意进取，积极发挥湖北在长江经济带发展中的“支点”地位和“脊梁”作用，为湖北省长江经济带生态保护和绿色发展做出的更大贡献。

第二节　绿色发展路径建构

党的十八大报告对生态文明建设和改革做出重大部署。此后，习近平总书记带领全党和政府，结合中国的现实国情，对生态文明建设做了重大的理论突破和全面的制度建设，大力推进了生态文明建设和体制改革，促进了中国的绿色发展和高质量发展。可以说，是时代造就了习近平生态文明思想。从另一个方面看，也是习近平总书记审时度势，做出科学判断，时机恰当地提出了新时代中国特色社会主义生态文明思想。习近平新时代中国特色社会主义思想是“五位一体”的治国理政思想体系，生态文明思想是其中很重要的一个方面。目前，习近平生态文明思想已经理论化、体系化，成为一套独立的理论体系。在习近平生态文明思想的指导下，国家和地方生态环境保护水平在不断提升，老百姓有了实实在在的获得感。但是目前，中国整体实力和经济实力较之发达国家，差距还是很大的，环境问题因而也具有发展性的特征。习近平生态文明思想对于广大的发展中国家开展生态环境保护、实施绿色发展和高质量发展，具有一定的参考价值。但中国的生态文明建设能力和水平还要应再接再厉，久久为功，环境保护和经济社会发展在双赢的目标下协调共进。下一步，要按照中央经济工作会议的要求，加快生态文明的建设，恢复绿水青山，使绿水青山变成金山银山。“绿水青山就是金山银山”是绿色发展方法论上的科学破题，是绿色发展的一个新挑战，也是习近平生态文明思想在实践中不断升华必须面对的现实问题。

党的十八届五中全会通过的“十三五”规划建议，把绿色发展列为五大发展理念之一，与创新 、协调 、绿色、开放 、共享一起成为“十三五”规划的灵魂，这将重新塑造和引领中国未来的发展格局，意义十分深远。十八届五中全会明确提出的"绿色发展理念"，是中国共产党在新常态下总结经验教训，破解生态危机的重大理论创新，是遵循科学生态实践观念与方法的深刻体现。用实际行动改善生态环境，共建美好家园，推动社会主义生态文明建设。

绿色发展是以节约资源和保护环境为特征的发展进程。发展是本体，绿色为约束。提出绿色发展，就是树立了发展的绿色价值导向，要求绿水青山与金山银山兼得，这是一种很高的价值追求。中国转向绿色发展是一个非常长的历史过程，"十二五"时期已经在绿色发展上取得了很大进展，"十三五"进入快速推进的阶段。与之相比，"十四五"阶段有更为深刻复杂的背景和意义：一方面"十四五"是中国推动实现高质量发展，实现国家治理体系和治理能力现代化的关键期；另一方面，"十四五"阶段的中国必将在全球范围内应对气候变化和保护生物多样性方面有着更为重要的角色，在推动实现联合国可持续发展议程目标等全球环境治理领域将发挥更大作用。因此，绿色发展应形成以下三点共识。一是绿色发展是全方位的发展，绿色发展包括但不限于传统意义上的环境保护或污染治理，还包括绿色消费、绿色生产、绿色流通、绿色创新、绿色金融在内的日趋完善的绿色经济体系的发展。二是绿色发展不是迫于压力的权宜之计，相反绿色发展重新定义了投入与产出、成本与收益的关系，将人类经济活动与自然之间的冲突转化为相互融合促进的关系，以更低成本、更优资源配置提供给人类更好的产品与服务。三是绿色发展是新的消费动力、增长动能和创新动能。不能把绿色发展和经济增长相对立，看成是对经济增长的拖累。实际上，绿色发展已成为完整的生产体系，绿色发展不仅是在做减法，更多的是做加法和乘法。

一、把握绿色发展内在联系

现在，我国经济已由高速增长阶段转向高质量发展阶段。新形势下，推动长江经济带发展，关键是要正确把握整体推进和重点突破、生态环境保护和经济发展、总体谋划和久久为功、破除旧动能和培育新动能、自身发展和协同发展等关系，坚持新发展理念，坚持稳中求进工作总基调，加强改革创新、战略统筹、规划引导，使长江经济带成为引领我国经济高质量发展的生力军。

正确把握整体推进和重点突破的关系，全面做好长江生态环境保护修复工作。推动长江经济带发展，前提是坚持生态优先，把修复长江生态环境摆在压倒性位置，逐步解决长江生态环境透支问题。这就要从生态系统整体性和长江流域系统性着眼，统筹山水林田湖草等生态要素，实施好生态修复和环境保护工程。要坚持整体推进，增强各项措施的关联性和耦合性，防止畸重畸轻、单兵突进、顾此失彼。要坚持重点突破，在整体推进的基础上抓主要矛盾和矛盾的主要方面，采取有针对性的具体措施，努力做到全局和局部相配套、治本和治标相结合、渐进和突破相衔接，实现整体推进和重点突破相统一。

近年来，各有关方面围绕长江生态环境保护修复做了大量工作，但任务仍然十分艰巨。位于嘉陵江上中游分界点的一些城市反映，尽管他们坚持生态优先、加紧防治，但仍饱受防不胜防的输入型污染之痛，城区及沿江城镇几十万人口饮用水安全频频受到威胁。必须看到，目前长江生态环境保护修复工作“谋一域”居多，“被动地”重点突破多；“谋全局”不足，“主动地”整体推进少。这就需要正确把握整体推进和重点突破的关系，立足全局，谋定而后动，力求取得明显成效。将此作为长江经济带共抓大保护、不搞大开发的先手棋。要从生态系统整体性和长江流域系统性出发，开展长江生态环境大普查，系统梳理和掌握各类生态隐患和环境风险，做好资源环境承载能力评价，对母亲河做一次大体检。要针对查找到的各类生态隐患和环境风险，按照山水林田湖草是一个生命共同体的理念，研究从源头上系统开展生态环境修复和保护的整体预案和行动方案，然后分类施策、重点突破，通过祛风驱寒、舒筋活血和调理脏腑、通络经脉，力求药到病除。要按照主体功能区定位，明确优化开发、重点开发、限制开发、禁止开发的空间管控单元，建立健全资源环境承载能力监测预警长效机制，做到“治未病”，让母亲河永葆生机活力。

正确把握生态环境保护和经济发展的关系，探索协同推进生态优先和绿色发展新路子。推动长江经济带探索生态优先、绿色发展的新路子，关键是要处理好绿水青山和金山银山的关系。这不仅是实现可持续发展的内在要求，而且是推进现代化建设的重大原则。生态环境保护和经济发展不是矛盾对立的关系，而是辩证统一的关系。生态环境保护的成败归根到底取决于经济结构和经济发展方式。发展经济不能对资源和生态环境竭泽而渔，生态环境保护也不是舍弃经济发展而缘木求鱼，要坚持在发展中保护、在保护中发展，实现经济社会发展与人口、资源、环境相协调，使绿水青山产生巨大生态效益、经济效益、社会效益。推动长江经济带绿色发展首先要解决思想认识问题，特别是不能把生态环境保护和经济发展割裂开来，更不能对立起来。要坚决摒弃以牺牲环境为代价换取一时经济发展的做法。

有的部门和同志对生态环境保护蕴含的潜在需求认识不清晰，对这些需求可能激发出来的供给、形成的新的增长点认识不到位，对绿水青山转化成金山银山的路径方法探索不深入。一定要从思想认识和具体行动上来一个根本转变。长江经济带应该走出一条生态优先、绿色发展的新路子。一是要深刻理解把握共抓大保护、不搞大开发和生态优先、绿色发展的内涵。共抓大保护和生态优先讲的是生态环境保护问题，是前提；不搞大开发和绿色发展讲的是经济发展问题，是结果；共抓大保护、不搞大开发侧重当前和策略方法；生态优先、绿色发展强调未来和方向路径，彼此是辩证统一的。二是要积极探索推广绿水青山转化为金山银山的路径，选择具备条件的地区开展生态产品价值实现机制试点，探索政府主导、企业和社会各界参与、市场化运作、可持续的生态产品价值实现路径。三是要深入实施乡村振兴战略，打好脱贫攻坚战，发挥农村生态资源丰富的优势，吸引资本、技术、人才等要素向乡村流动，把绿水青山变成金山银山，带动贫困人口增收。

正确把握总体谋划和久久为功的关系，坚定不移将一张蓝图干到底。推动长江经济带发展涉及经济社会发展各领域，是一个系统工程，不可能毕其功于一役。要做好顶层设计，要有“功成不必在我”的境界和“功成必定有我”的担当，一张蓝图干到底，以钉钉子精神，脚踏实地抓成效，积小胜为大胜。当前和今后一个时期，要深入推进《长江经济带发展规划纲要》贯彻落实，结合实施情况及国内外发展环境新变化，组织开展规划纲要中期评估，按照新形势新要求调整完善规划内容。要按照“多规合一”的要求，在开展资源环境承载能力和国土空间开发适宜性评价的基础上，抓紧完成长江经济带生态保护红线、永久基本农田、城镇开发边界三条控制线划定工作，科学谋划国土空间开发保护格局，建立健全国土空间管控机制，以空间规划统领水资源利用、水污染防治、岸线使用、航运发展等方面空间利用，促进经济社会发展格局、城镇空间布局、产业结构调整与资源环境承载能力相适应，做好与负面清单管理制度的衔接协调，确保形成整体顶层合力。要为实现既定目标制定明确的时间表、路线图，稳扎稳打，分步推进。

正确把握破除旧动能和培育新动能的关系，推动长江经济带建设现代化经济体系。发展动力决定发展速度、效能、可持续性。要扎实推进供给侧结构性改革，推动长江经济带发展动力转换，建设现代化经济体系。长江沿岸长期积累的传统落后产能体量很大、风险很多，动能疲软，沿袭传统发展模式和路径的惯性巨大。但是，如果不能积极稳妥化解这些旧动能，变革创新传统发展模式和路径，会挤压和阻滞新动能培育壮大。推动长江经济带高质量发展要以壮士断腕、刮骨疗伤的决心，积极稳妥腾退化解旧动能，破除无效供给，彻底摒弃以投资和要素投入为主导的老路，为新动能发展创造条件、留出空间，进而致力于培育发展先进产能，增加有效供给，加快形成新的产业集群，孕育更多吃得少、产蛋多、飞得远的好“鸟”，实现“腾笼换鸟”“凤凰涅槃”。

推动长江经济带高质量发展，建设现代化经济体系，要坚持质量第一、效益优先的要求，推动质量变革、效率变革、动力变革，加快建设实体经济、科技创新、现代金融、人力资源协同发展的产业体系，构建市场机制有效、微观主体有活力、宏观调控有度的经济体制。其中，实现动力变革、加快动力转换是重要一环。正确把握破除旧动能和培育新动能的辩证关系，既要紧盯经济发展新阶段、科技发展新前沿，毫不动摇把培育发展新动能作为打造竞争新优势的重要抓手，又要坚定不移把破除旧动能作为增添发展新动能、厚植整体实力的重要内容，积极打造新的经济增长极。要着力实施创新驱动发展战略，把长江经济带得天独厚的科研优势、人才优势转化为发展优势。要下大气力抓好落后产能淘汰关停，采取提高环保标准、加大执法力度等多种手段倒逼产业转型升级和高质量发展。要在综合立体交通走廊、新型城镇化、对内对外开放等方面寻找新的突破口，协同增强长江经济带发展动力。长江经济带是“一带一路”在国内的主要交汇地带，应统筹沿海、沿江、沿边和内陆开放，实现同“一带一路”建设有机融合，培育国际经济合作竞争新优势。

正确把握自身发展和协同发展的关系，努力将长江经济带打造成为有机融合的高效经济体。长江经济带作为流域经济，涉及水、路、港、岸、产、城等多个方面，要运用系统论的方法，正确把握自身发展和协同发展的关系。长江经济带的各个地区、每个城市都应该也必须有推动自身发展的意愿，这无可厚非，但在各自发展过程中一定要从整体出发，树立“一盘棋”思想，把自身发展放到协同发展的大局之中，实现错位发展、协调发展、有机融合，形成整体合力。推动一个庞大集合体的发展，一定要处理好自身发展和协同发展的关系，首先要解决思想认识问题，然后再从体制机制和政策举措方面下工夫，做好区域协调发展。

二、绿色发展体制机制建设

着力推动长江经济带的发展，是党中央、国务院主动适应把握引领经济发展新常态，科学谋划中国经济新棋局，做出的既利当前又惠长远的重大决策部署，湖北省推动长江经济带发展的指导思想是按照“五位一体”总体布局和“四个全面”战略布局，牢固树立和贯彻落实创新、协调、绿色、开放、共享的发展理念，坚持生态优先、绿色发展。这对于实现“两个一百年”奋斗目标和中华民族伟大复兴的中国梦，具有重大现实意义和深远历史意义。

2013 年 7 月，习近平总书记在武汉调研时指出，长江流域要加强合作，发挥内河航运作用，把全流域打造成黄金水道。2014 年 12 月，习近平总书记做出重要批示，强调长江通道是我国国土空间开发最重要的东西轴线，在区域发展总体格局中具有重要战略地位，建设长江经济带要坚持一盘棋思想，理顺体制机制，加强统筹协调，更好发挥长江黄金水道作用，为全国统筹发展提供新的支撑。湖北省全面阐述和理解了长江经济带发展战略的重大意义、推进思路和重点任务。此后，湖北省省内多次强调推动长江经济带发展必须走生态优先、绿色发展之路，涉及长江以及汉江的一切经济活动都要以不破坏生态环境为前提，共抓大保护、不搞大开发，共同努力把长江经济带和汉江经济带建成生态更优美、交通更顺畅、经济更协调、市场更统一、机制更科学的黄金经济带。推动长江经济带发展，要遵循5条基本原则。

一是江湖和谐、生态文明。湖北省建立健全最严格的生态环境保护和水资源管理制度，强化长江全流域生态修复，尊重自然规律及河流演变规律，协调处理好江河湖泊、上中下游、干流支流等关系，保护和改善流域生态服务功能，走出一条绿色低碳循环发展的道路。

二是改革引领、创新驱动。湖北省坚持制度创新、科技创新，推动重点领域和关键环节改革先行先试，健全技术创新市场导向机制，增强市场主体创新能力，促进创新资源综合集成。建设统一开放、竞争有序的现代市场体系，不搞“政策洼地”，不搞“拉郎配”。

三是通道支撑、协同发展。湖北省充分发挥各地区比较优势，以沿江综合立体交通走廊为支撑，推动各类要素跨区域有序自由流动和优化配置。建立省内区域联动合作机制，促进产业分工协作和有序转移，防止低水平重复建设。

四是陆海统筹、双向开放。深化向东开放，加快向西开放，统筹沿海内陆开放，扩大沿边开放。

五是统筹规划、整体联动。湖北省着眼长远发展，做好顶层设计，加强规划引导，既要有“快思维”、也要有“慢思维”，既要做加法、也要做减法，统筹推进各地区各领域改革和发展。

为了建设具有全球影响力的内河经济带，战略定位是科学有序推动长江经济带发展的重要前提和基本遵循。长江经济带有四大战略定位：生态文明建设的先行示范带、引领全国转型发展的创新驱动带、具有全球影响力的内河经济带、东中西互动合作的协调发展带。

推动长江经济带发展的目标是：到2020年，生态环境明显改善，水资源得到有效保护和合理利用，河湖、湿地生态功能基本恢复，水质优良（达到或优于Ⅲ类）比例达到75%以上，森林覆盖率达到43%，生态环境保护体制机制进一步完善；水道瓶颈制约有效疏畅、功能显著提升，基本建成衔接高效、安全便捷、绿色低碳的综合立体交通走廊；创新驱动取得重大进展，湖北省研究与试验发展经费投入强度达到2.5%以上，战略性新兴产业形成规模，培育形成一批世界级的企业和产业集群，参与国际竞争的能力显著增强；基本形成陆海统筹、双向开放，与“一带一路”建设深度融合的全方位对外开放新格局；发展的统筹度和整体性、协调性、可持续性进一步增强，湖北省基本建立以城市群为主体形态的城镇化战略格局，城镇化率达到60%以上，人民生活水平显著提升，现行标准下农村贫困人口实现脱贫；重点领域和关键环节改革取得重要进展，协调统一、运行高效的长江流域管理体制全面建立，统一开放的现代市场体系基本建立；经济发展质量和效益大幅提升，基本形成引领全国经济社会发展的战略支撑带。

到2030年，水环境和水生态质量全面改善，生态系统功能显著增强，水脉畅通、功能完备的长江全流域黄金水道全面建成，创新型现代产业体系全面建立，上中下游一体化发展格局全面形成，生态环境更加美好、经济发展更具活力、人民生活更加殷实，在全国经济社会发展中发挥更加重要的示范引领和战略支撑作用。

空间布局是湖北省落实长江经济带功能定位及各项任务的载体，也是长江经济带规划的重点，经反复研究论证，省内形成了“生态优先、流域互动、集约发展”的思路，提出了“一轴、两翼、三极、多点”的格局。“一轴”是指以长江黄金水道为依托，发挥武汉的核心作用，以沿江主要城镇为节点，构建沿江绿色发展轴。突出省内生态环境保护，统筹推进综合立体交通走廊建设、产业和城镇布局优化、对内对外开放合作，引导人口经济要素向资源环境承载能力较强的地区集聚，推动经济由沿海溯江而上梯度发展，实现上中下游协调发展。“两翼”是指发挥长江主轴线的辐射带动作用，向南北两侧腹地延伸拓展，提升南北两翼支撑力。南翼以沪瑞运输通道为依托，北翼以沪蓉运输通道为依托，促进交通互联互通，加强长江重要支流保护，增强省会城市、重要节点城市人口和产业集聚能力，夯实长江经济带的发展基础。“三极”是指以长江三角洲城市群、长江中游城市群为主体，发挥辐射带动作用，加快建立长江三角洲城市群。充分发挥武汉的核心作用，提升武汉市全市国际化水平，以建设世界级城市群为目标，在科技进步、制度创新、产业升级、绿色发展等方面发挥引领作用，加快形成国际竞争新优势长江中游城市群。增强武汉的中心城市功能，促进城市组团之间的资源优势互补、产业分工协作、城市互动合作，加强湖泊、湿地和耕地保护，提升城市群综合竞争力和对外开放水平。提升武汉中心城市功能和国际化水平，发挥双引擎带动和支撑作用，推进资源整合与一体发展，推进经济发展与生态环境相协调。“多点”是指发挥三大城市群以外地级城市的支撑作用，以资源环境承载力为基础，不断完善城市功能，发展优势产业，建设特色城市，湖北省全省加强与中心城市的经济联系与互动，带动地区经济发展。

湖北省推进长江经济带生态保护和绿色发展是一项长期、艰巨的系统工程，必须立足当前、着眼长远，持续发力、久久为功，必须突出问题导向，强化省内统筹协调，创新省内体制机制，狠抓工作落实。奋力争取实现“两个一百年”奋斗目标和中华民族伟大复兴的中国梦。

当前，湖北省正处在抢抓“中部崛起”、加快建设国家中心城市和国际化大都市，全面开启“十四五”发展新征程。经济结构、社会结构和城乡结构的加速转变，资源环境对城市发展的刚性制约，迫切需要树立前瞻意识和绿色发展理念，清晰定位绿色发展重点领域，从而实现城市空间、城市产业、城市生态、城市管理以及城乡形态的全面、协调、可持续发展。加强湖北长江经济带生态保护必须明确在今后若干年，在当前环境状态下，湖北长江经济带环境对人类社会、经济活动的支持能力的限度，按照环境承载力合理配置国土开发空间布局，建设生态保护的空间支撑。湖北长江经济带建设也要在环境承载力的基础上，坚持生态优先，共抓大保护，严保一江清水，提升综合生态服务功能。同时，强化生态约束，严守生态底线，不搞大开发，加强配套制度保障，促进人口、资源、生态、环境要素的和谐统一。

（一）做好顶层设计，加强组织领导

做好绿色发展的顶层设计，进一步编制和实施《湖北关于健全生态保护补偿机制的意见》《湖北建设生态文明城市条例》《湖北经济技术开发区绿色低碳循环发展行动计划》等绿色行政规划和法规，进一步找准绿色发展和生态文明建设方向、目标和路径，强化尊重自然、顺应自然和保护自然理念，科学划定生态功能保障底线、环境质量安全底线和资源利用底线，建立自然资源负债统计、衡量与核算指标体系、自然资源资产产权和用途管制制度以及生态、资源和环境风险监测预警和防控机制，强化刚性约束，确保“划得出、

守得住、建得好”，让生态底线真正成为带电的高压线。建立湖北省推进产业绿色发展领导小组，统筹协调各项工作的开展；建立责任明确、协调有序、监管有力的产业绿色发展工作体系，切实履行相关职责。在制定规划时应当注意与《湖北长江经济带生态保护和绿色发展总体规划》及其他专项规划的衔接，与各地市国民经济和社会发展第十四个五年规划及环保等重大专项规划的衔接，动态调整、优化全省现代产业布局。

构建生态保护共治格局。加强长江经济带生态保护和绿色发展的宣传教育，不断强化各级领导干部和广大人民群众的环保意识、生态理念和法治观念，在全社会确立追求人与自然和谐相处的生态价值观。培育公民绿色文明意识，推行低碳生活方式，形成厉行节约、文明健康的社会风尚。引导和支持公众及社会组织依法开展环境保护活动，倡导环境保护志愿者行动，鼓励和支持公民、法人、新闻媒体和其他组织对生态保护工作进行监督，形成“政府主导、部门协同、社会参与、公众监督”的共治格局，形成“守信激励、失信惩戒”的良好氛围。

（二）强化要素保障，推进绿色制造

推进绿色制造和绿色消费，以产业绿色化为核心，大力倡导集约、绿色、循环、低碳的先进模式和技术，以绿色创新推动电子信息、轨道交通、航空航天、生物医药和新能源、新材料等高技术产业和战略性新兴产业发展。以节能、节水、节材、废弃物资源化、有毒有害物质减量为重点，全面实施工业园区生态化建设与改造，通过技术进步提高能源和资源的利用效率，着力形成结构优化、技术先进、安全清洁的现代产业体系。以促进消费方式和生活方式改变为目标，倡导绿色消费，从生产者、消费者和政府三个层面着手，充分发挥湖北省政府绿色采购制度的带动作用，加强绿色消费教育，提高全社会绿色消费意识，逐步建立符合生态文明的绿色消费市场体系。

第一，强化资金保障，建立健全绿色金融体系和机制，为绿色发展提供融资支持。湖北省进一步完善价格和财税体系，提高企业绿色生产的收益或加大污染成本，增加绿色投资项目的现金流和竞争力。财政政策与绿色金融相结合，通过贷款贴息或风险补偿等方式，发挥“四两拨千斤”的作用，促进资金投向绿色发展项目。绿色信贷与国家节能减排、循环经济专项相结合，优先支持绿色发展项目。积极探索各种绿色金融工具的运用，包括绿色贷款、绿色债券、绿色保险、绿色基金等。

第二，强化智力支撑，充分依托高校、科研机构、企业的智力资源和研究平台，建立湖北产业绿色发展专家咨询库和咨询委员会，为科学制定湖北长江经济带产业绿色发展的重大政策、制度、规划提供决策参考。针对产业绿色发展的重要领域，依托全省重大人才工程，实施“百人计划”、“科技创业领军人才扶持计划”等引智工程，大力引进国内外优秀的行业领军人才和技术团队在鄂创新创业。建立产业领军人才需求库和信息库，加强与人才服务机构的战略合作，靶向引进“高精尖缺”人才，为产业绿色发展提供强有力的人才和智力支持。

第三，完善政策工具，湖北省根据实施和监督的成本效益，选择政策工具，以多种方式分类支持绿色生产和消费。对便于量化监督能耗和污染排放，利用价格、税收和补助等政策，通过阶梯价格调整等工具，引导调整资源消费和生产方式，提高利用效率。对于实施和监督成本较高的领域，则应发挥社会组织和公众的监督作用。完善政府采购法，促进政府优先采购绿色产品和服务。对进入特色产业集群的企业购买土地给予优惠地价，重点项目优先列入全省重点项目库，在用地指标上给予倾斜。

（三）创新体制机制，着力绿色发展

党的十八大报告提出，要加强生态文明制度建设，把资源消耗、环境损害、生态效益纳入经济社会发展评价体系，建立体现生态文明要求的目标体系、考核办法、奖惩机制。全省强调加强生态文明制度建设，充分体现了对生态文明建设意义的深刻认识，准确把握生态文明建设的地位，精心部署生态文明建设路径。生态文明建设是一项庞大的系统工程，必须构建系统完备、科学规范、运行高效的制度体系，用制度推进建设、规范行为、落实目标、惩罚问责，使制度成为保障生态文明建设的重要条件。完善生态补偿机制，加大财政转移支付力度。促进长江经济带的发展是地方与中央的共同利益、共同责任，着力推进由国家作为生态补偿主体，支持长江流域综合协调发展。同时，还应依托重点生态功能区，探索受益地区与生态保护地区进行分类分级的横向生态补偿，横向补偿包括横向财政转移支付补偿、流域水权交易及异地开发等多种形式。科学构建自然资源资产化管理制度。应建立归属清晰、权责明确、监管有效的自然资源资产产权制度，加强能源、水资源、矿产资源按质量分级利用，建立覆盖全部国土空间的用途管制制度。编制自然资源资产负债表，推进自然资源资产领导干部离任审计制度覆盖全省。完善自然资源资产核算制度，建立健全的自然资源统计监测指标体系。建立健全碳排放权、排污权、用水权、用能权初始分配制度，推进市场化交易机制。搭建环保投融资平台，建立覆盖资源环境各类要素的产权交易市场。建设长江跨行政区域上下游、左右岸、干支流河道联动联责治水体系，推进环境保护联防联治。完善区域联防联控机制，探索建立流域建设项目会商机制，建立共同防范、互通信息、联合监测、协同处置的指挥体系，实现指挥“一盘棋”。强化环保信息平台建设，完善企业污染物监测体系，加快建立敏感目标数据库、环境风险源数据库、环境应急能力与应急预案数据库，加强环境基础数据的集成动态管理，构建环保大数据平台。还应强化环境应急队伍建设和物资储备，探索政府、社会、企业多元化参与的环境应急保障力量建设，提高环境应急救援专业化、社会化水平。最后，改革考核考评制度，加强生态环境监管，实现监管执法全覆盖，从而建立健全源头预防、过程管控、责任追究、激励约束并重的生态保护制度体系，用制度约束行为，促进环境保护，减少人为破坏，完善保障机制。

充分发挥省政府主导作用。建立健全有利于湖北长江经济带生态保护和绿色发展的科学决策机制，加大政策支持力度，统筹安排一批生态环境治理、生态环境基础设施建设、产业转型升级、节能减排、城乡环境整治等生态保护和绿色发展重大项目，优先纳入全省经济和社会发展年度计划。建立生态环境保护财政投入保障长效机制，进一步加大生态环境保护投入力度。推进生态保护体制机制创新，建立符合湖北实际的归属清晰、权责明确、监管有效的自然资源产权制度，建立统一的确权登记系统，开展水域和湿地产权确权试点。建立资源总量管理和节约制度，实行能源、水资源、建设用地的开发总量和强度“双控”。建立健全体现生态环境价值、让保护者受益的资源有偿使用和生态补偿机制，加快自然资源及其产品价格改革，激发保护生态环境的内生动力。按照“谁受益谁补偿”的原则，探索建立横向生态补偿试点。

建立跨区域、跨流域的综合协调、治理机制。加强生态保护区域合作，建设三峡生态经济合作区。编制自然资源资产负债表，开展领导干部自然资源资产和环境责任审计，建立统一高效、联防联控、严格问责、终身追责的生态环境监管机制。实行最严格的水质和湖泊保护目标考核，全面落实“河（湖）长制”。积极推进生态文明示范省建设，大力开展生态文明建设示范城市和乡村创建活动，引领全省加快形成“共抓大保护、不搞大开发”、推进绿色发展大格局。

充分发挥市场机制作用。湖北省大力培育和支持各类市场主体做大做强，充分调动企业的积极性，充分利用市场化机制推进长江经济带生态保护和绿色发展。大力培育和完善市场体系，优化市场环境，充分发挥市场对绿色产业发展选择的决定性作用。同时也鼓励社会资本进入生态产业市场，支持开展环境污染第三方治理。建立健全环境资源初始分配制度和交易市场，加强环境资源交易平台建设。开展用能权有偿使用和交易制度试点，推广合同能源管理，加快水权交易试点，推进矿业权市场建设，发展排污权交易市场，深入推进碳排放权交易，大力支持湖北碳排放权交易中心建设。探索碳金融、绿色信贷等多样化的环境保护投融资机制，建立生态保护的科技支撑保障机制。积极推动绿色金融创新，构建绿色金融体系，加大对节能环保、循环经济、防治大气污染领域技术改造等方面的信贷支持，为企业和社会提供更多更好生态产品、绿色产品。

第一，完善绿色标准体系，健全湖北省绿色市场体系，增加绿色产品供给，统一绿色产品内涵和评价方法，建立统一的绿色产品标准、认证、标识体系，创新绿色产品评价标准供给机制。围绕产业链全过程，涵盖原材料选择、产品及工艺设计、生产加工、销售运输、废弃物回收等全生命周期环节，从能源消耗、资源消耗，以及对环境产生影响等维度，制定节能、节水、节地、节材、清洁生产、循环利用、污染物排放、环境监测等强制性标准，通过不断提升节能环保门槛倒逼各级政府、企业转型升级。培育专业的第三方评估机构，完善绿色发展标准，对绿色生产和服务活动的风险和效果开展评估。

第二，构建绿色化的统计制度，加快修订湖北省国民经济行业分类目录，细化节能环保等新兴产业分类；围绕产业链全过程，从能源消耗、资源消耗、对环境产生影响等维度，构建产业发展统计指标体系。建立环境信息的监测和共享机制。加快整合各地区和各部门的环境统计口径，依据主体功能区制定差异化的生态环境监测标准，构建统一的环境数据共享平台，提高负面清单管理的透明性。同时，根据环境监测数据动态调整和优化负面清单项目。

第三，创新生态环保投资运营机制，湖北省积极开展碳排放权、排污权、节能量等交易试点，推进排污权有偿使用和交易试点，建立排污权有偿使用制度，规范排污权交易市场，鼓励社会资本参与污染减排和排污权交易。加快调整主要污染物排污费征收标准，实行差别化排污收费政策。加快碳排放权交易制度试点，探索森林碳汇交易，发展碳排放权交易市场，鼓励和支持社会投资者参与碳配额交易，通过金融市场调动价格的功能，调整不同经济主体利益，有效促进环保和节能减排，逐步建立和完善碳排放权的形成机制、分配机制、交易机制、价格形成机制、登记核查机制和市场监管机制六大机制。

第四，构建绿色化的考核评价制度，进一步强化湖北省绿色发展目标责任评价考核，加强监督检查，保障规划目标和任务的完成。针对不同的功能区域定位，分类建立区域发展成果评价指标体系，加大化石能源消耗、新能源利用、资源节约、清洁生产、环境损害、生态效益等指标权重，合理降低GDP权重；根据不同区域的能源、资源秉性和发展阶段，优化考核评价标准。完善湖北省干部考核评价任用制度，建立湖北省领导干部自然资源资产、环境责任的任期审计和离任审计制度，对造成严重污染环境、严重破坏生态的行为实行终身追责。

第三节　绿色发展制度保障

“十四五”时期是把我国建成富强、民主、文明、和谐、美丽的社会主义现代化强国新征程和实施新“两步走”战略的第一个五年规划期。“十四五”时期生态环境保护与绿色发展是当前主要以及重要的工作方面，也是值得当前需要认真思考的问题。湖北省基于对当前生态环境保护所处阶段和时期的认识和判断，认为湖北省绿色发展工作的主线应该是“巩固、调整、充实、提高”，工作原则应是“分类推进、精准施策、协同治理、社会共治”。

习近平生态文明思想确定了未来追求高质量发展的思想基调，建设湖北长江经济带确定了未来湖北绿色发展的主要内容，在以绿色发展的方式建设湖北长江经济带的过程中，要贯彻习近平生态文明思想，就意味着不仅要对湖北长江经济带构建完整的顶层设计，还要做到切实落实，这就需要提供制度保障和配套的政策监督。

一、完善体制法律法规建设，夯实生态环境保护基础

从党的十九大以来，湖北省为了坚决贯彻落实习近平生态文明思想和习近平全面依法治国新理念新思想新战略，积极推动用最严格制度最严密法治保护生态环境，在这方面取得了新的进展。为推动制定和实施跨部门生态保护政策措施，协调相关部门加大对生态保护的投入，完善法治建设，为实现绿色发展方式和建设湖北长江经济带提供法治保障。加快建立上下联动、沟通顺畅的各级环保部门联系机制。

第一，加快立法步伐，推动完善最严密的法制体系。立法工作分为三个层面，法律、行政法规和部门规章。

习近平生态文明思想是事关国民发展全局的顶层设计和重要指示，必须要有效力高阶的法律在法制框架内进行落实和体现。

在法律层面，涉及几部法律。中国的环境保护领域的法律文件虽然立法早，但是作为法律文件更多的是从原则上为生态环境的保护提供基本框架，在以经济建设为中心和工作重点的时期，环境保护工作的重要性没有得到充分的重视，环境保护相关法律文件的细化、落实和与政策的衔接也存在诸多疏漏和不足。随着 2014 年《中华人民共和国环境保护法》重新修订并于 2015 年颁布实施，习近平生态文明思想正是以法律形式从顶层设计引领中国的环境保护和生态保护工作。但是环境保护法的修订实施绝非习近平生态文明思想战略制度化的终点，而是一个开始，接下来，以环境保护法为主轴，一系列专注于特定资源开发和具体自然环境的法律文件的起草和修订工作将提上日程。习近平生态文明思想将对中国的环境保护制度体系提供具体而深刻的指导。

在这个过程中，湖北省要立足于绿色发展的需要，总结长江开发的经验

和教训，将湖北长江经济带的未来发展规划融入湖北本地对生态保护和环境保护的制度实践中，并积极参与诸如《环境保护法实施细则》等具备法律效力文件的起草和讨论中；长江作为贯穿中国东西的母亲河，其生态意义不言而喻，理应在已经形成的环境保护法律体系和未来将制定实施的法律文件中占有重要的一席之地，相关的权利义务关系应予以明确的、具体的和可落实保障的体现。从自然条件来看，湖北作为参与建设和保护长江的众多省级单位的重要一员，理应积极参与到相关的立法和司法解释的工作中。在环境保护立法工作中突出长江的战略地位，在有关长江保护和开发的立法工作中突出湖北的权利和义务，为以绿色发展建设湖北长江经济带创造制度空间。

湖北省以绿色发展推进湖北长江经济带建设需要地方提供地方层面的法律法规制度保障。行使地方立法权是宪法赋予人大及其常委会的重要职权。湖北省人大及其常委会积极作为，充分发挥地方立法的引领和推动作用，始终将生态领域立法摆在重要位置，强化绿色发展的法治保障。湖北省人民代表大会表决通过一系列重要法规和法规性决定，如《湖北省水污染防治条例》《湖北省土壤污染防治条例》《湖北省人民代表大会关于农作物秸秆露天禁烧和综合利用的决定》，为保护水、土壤等资源提供地方制度性依据；同时湖北省人大常委会制定、修改生态环保方面的地方性法规和法规性决定，使之能够在原本具有的法律效力的基础上进一步与现实需求相匹配，如《湖北省耕地质量保护条例》《湖北省森林资源流转条例》、湖北省实施《中华人民共和国水土保持法》办法、《湖北省林业有害生物防治条例》《湖北省人民代表大会常务委员会关于大力推进绿色发展的决定》等，结合习近平生态文明思想和湖北省推进绿色发展的实际需求，进一步健全了湖北省环境保护的制度基础。在已有的基础上，为了更好地推进湖北长江经济带的建设，还应通过加强相关立法照顾到更大范围更多层次的制度需求。近年来，随着《湖北神农架国家公园管理条例》《湖北省风景名胜区条例》《湖北省气候资源开发利用与保护条例》的出台，湖北长江经济带绿色发展的制度规范已经可以落实到具体区域和具体资源类型领域，保证了湖北省在推行绿色发展过程中有法可依，有法能依；同时，目标明确的立法并收获相应的制度效应有助于形成以制度规范支持绿色发展的正向循环，人大在面向未来的立法规划中会继续加强生态文明法治建设，通过立法切实巩固好湖北省生态优势，促进环境保护与经济社会的协调发展。

法律制度规范不仅要做到地域和层次上全覆盖，更重要的是要做到不同层次之间不同效力范围之间的制度的沟通协调。尤其是长江经济带的建设，必须从长江实际的地理区位和资源分布情况出发，这就决定了长江经济带的法律制度中，必然含有多层次多位阶的法律制度的交叉与结合。《长江保护法》是围绕着长江生态文明建设，事关湖北长江经济带建设和绿色发展推行方式与力度的重大立法事件。

湖北省积极配合开展《长江保护法》中有关生态环保部分条款的调研起草。在 2019 年 3 月十三届全国人大二次会议上，多名湖北代表团代表提出要将立法引导、促进和规范长江流域高质量发展作为重大议题予以推进，并在充分调研地方情况和集中民意的基础上，深化《长江保护法》的立法工作。全国人大代表、中建三局董事长陈华元提出，立法保护长江乃是综合保护措施的制度前提；要从制度层面坚决贯彻总书记提出的“共抓大保护、不搞大开发”的思路；解决长江流域保护面临的诸多问题归根结底要靠切实优化长江流域生态环境、促进经济高质量发展来实现；通过立法落实国家层面的统一规范，打破行政分割对长江流域生态环境保护的阻隔，建立跨区域、跨行业、跨部门的环境保护机制，鼓励绿色产业发展、激发企业环保动力，促进长江流域经济发展的新旧动能转换和动力变革，实现经济发展和环境保护并行不悖、相互促进是实现长江保护与开发并举的高质量开发的必不可少的重要环节。全国人大代表、湖北兴发化工集团有限公司党委书记李国璋提出，《长江保护法》立法工作要注重质量、提高效能；要根治“九龙治水”的困境就要坚决用统一的法律规范和标准统筹实现对地方船舶的监管，依法严格整治污染行为；以法律文本完善和落实长江生态补偿机制；依法划定长江经济带建设区域，在用法律保障长江大保护的前提下，高质量建设长江。

第二，在法规层面，结合湖北和长江的实际情况，深刻理解法规文件的效力位阶，将本地有关绿色发展和长江经济带建设的法规从内容上加以丰富，从涉及范围上予以拓展，为湖北省各级行政部门制定和推行政策提供制度依据，重点要突出以下四部法规：

首先，充分配合国务院原法制办和司法部推动修订生态环保方面的行政法规，虽然《排污许可管理条例》已经进入试运行，但是试运行阶段的条例还存在很多的不合理和不能够完全贴合实际需要的部分，湖北省要充分结合长江目前的排污情况和执法过程中遇到的问题，及时反馈，增减条例中必要的内容，使之能够适合长江排污监管的需要。

其次，配合有关部门做好《环境保护税法实施条例》的相关完善工作。《环境保护税法》是从财经和税收方面呼应和配合《环境保护法》非常重要的一环，同时《环境保护税法实施条例》作为全国性的法规文件，一方面要考虑到全国层面的通盘设计和统筹，另一方面该实施条例本身具有更大的灵活性，其目标是以细化的方式落实贯彻上位法律文本的精神和要求，因此湖北省要积极参与该实施条例的丰富和完善，为今后将湖北长江经济带的建设更好地纳入顶层设计提供经验和借鉴。

再次，要加紧研究和颁布湖北省生态环境监测等方面的行政法规，全面囊括排污许可管理，农用地污染防治，污染场地、建设用地环境管理等内容，使得有关环境生态保护的行政工作能够具有充分的、可操作的制度依据。

二、侧重制度体系整合，优化制度内部架构

在积极推动立法工作的基础上，湖北省要重点关注制度落实，优化制度衔接，基于完善生态保障的目标进行制度整合，形成具有领先意义和示范性的生态法治保障体系。

湖北省要结合建设长江经济带的实际需要，发挥地方立法的引领和保障作用，制定和完善与之相配套的地方性法规、单行条例和政府规章，切实为长江经济带生态保护和绿色发展提供法治保障，开拓制度空间。

各级人大及其常委会要加强法律监督和工作监督，推动水污染防治、大气污染防治、土壤污染防治等法律法规的有效实施。各级行政机关和审判机关、检察机关要严格执法、公正司法，坚决查处和严厉打击各类破坏生态环境的违法犯罪行为。加强环境保护执法队伍建设，完善环境保护执法体制机制，推进环境保护综合行政执法，建立环境保护行政执法与刑事司法衔接机制、加强环境保护公益诉讼。推进生态长江司法建设和司法协作，强化规划

引领保障。

长期以来，在环境保护领域，存在立法和执法脱节的问题。立法机构机械沿用上位法的表述，缺少本地化的制度设计，导致法律法规的本地化只能停留在位阶和效力层面，对实际工作缺少指导意义；执法机构在欠缺具有操作性和针对性的制度规范的情况下，只能宽泛地引用行政法或经济法相关内容进行处理，自由裁量的范围和强度容易引发争议，自由裁量范围太小使得执法行动难以实现目标，自由裁量范围过大则可能导致其他层面矛盾，激化社会运行中的潜在矛盾。习近平生态文明思想则为环境保护领域的法制进程提供了绝佳的历史机遇，通过深入理解和贯彻，湖北省立法机构可以结合本地尤其是长江流域的实际情况，在符合现有立法权限的框架下推进湖北长江经济带建设所需要的制度本地化进程；在督促和支持立法本地化的过程中，湖北省的执法机构也要在符合权力机构要求的前提下，加大执法力度。反馈执法情况，收集执法中遇到的问题，形成围绕湖北长江经济带绿色发展和建设的执法与立法的正向循环，形成具备本地化特质的法治建设体系。

湖北省人民政府作为湖北省的环境保护工作的统领者，要深刻、全面领会习近平生态文明思想，充分认识到以绿色发展带动湖北长江经济带建设对于当代湖北省的社会民生事业发展带来的强大驱动力，认识到长江经济带的运行会为湖北省的经济发展提供更为长远的方向性指导。在对长江流域进行经济和社会发展的整合和统筹的背景下，长江经济带建设能够为湖北的发展谋求更大的空间。

这就要求湖北省各级政府要不断完善长江经济带生态保护和绿色发展总体规划，制定环境保护、绿色宜居城镇建设、岸线资源利用等专项规划，并严格落实，贯彻规划。要进一步完善主体功能区制度，以主体功能区规划为基础统筹各类空间性规划，推进“多规合一”。坚持“对表调校”，对现有涉及长江经济带发展的各类区域规划和行业规划做出修改调整，实现长江经济带自然生态空间的统一规划、有序开发、合理利用。市、县人民政府要坚持以生态保护为前提、以绿色发展为底色，充分考虑自然生态的承载能力，制定相应规划或实施方案。

同时，湖北长江经济带建设的目标是实现绿色发展，继续推动经济社会发展是工作的另一个重点。湖北作为中部地区中富含长江资源最多的省份，必须探索在尊重长江自然资源禀赋前提下，继续推动产业发展和升级，并探索属于湖北的新型城市化和城镇化道路。目前湖北省已经形成了以武汉带动周边城市发展，合理调配产业布局和深度组合资源开发的态势。这一发展态势要在未来契合长江的开发保护，焕发新的意涵。

湖北省要自上而下，坚持贯彻和发展《湖北省城市建设绿色发展三年行动方案》，以 10 个方面的任务为重要抓手。使得全省城市（含各市州城区、直管市城区、神农架林区松柏镇、县城）复杂水环境得到有效治理，大气环境质量得到有效改善，各类废弃物得到收集和处置，海绵城市理念和综合管廊建设在新区建设和老城改造中得到广泛应用，所有城市人均绿地面积全部达标，公共厕所按标准全部布局到位且管理规范，公共文化设施按标准配套并得到合理利用，所有城市历史文化建筑全部实行清单管理，绿色建筑和装配式建筑得到较大面积推广，城市面貌发生重大改观，城市建设走上集约、节约、生态发展的轨道。

要实现湖北的生态友好型城镇化建设，重中之重是强调水体的保护和合理开发使用。因此要将《长江保护修复攻坚战行动计划》（环水体〔2018〕181 号）作为政策实践过程中的底线性文件，确保本省长江保护修复攻坚战明显见效，长江生态功能逐步恢复，环境质量持续改善，结合长江大保护十大标志性战役，制定《湖北省长江保护修复攻坚战工作方案》，将通过实施长江保护修复攻坚战八大任务，在全省范围内，以长江、汉江、清江等 73 条重点河流，洪湖、斧头湖、网湖、汤逊湖等 17 个重点湖泊（21 个水域）和丹江口水库、漳河水库等 11 座水库为重点开展保护修复攻坚行动。

为了保障这些目标实现，湖北省各级政府要在有制度依据的前提下，加大监管力度，认真落实湖北省人大《关于大力推进长江经济带生态保护和绿色发展的决定》等规范性文件精神，强化各级政府部门间协调机制，落实主责部门主体责任，按照“谁主管、谁牵头、谁负责”原则，加强行政监管；针对环境领域既有监管不力的顽疾，总结痛点，建立解决环境问题的渠道，打通行政机关和司法机关之间的联动通道，加快从发现问题到收集证据到依法处置问题的效率和流程，不要让自然生态为执法和司法付出额外代价；完善生态保护行政执法与司法联动机制，联合打击环境违法犯罪行为，定期曝光违反负面清单管理的企业。湖北省建立企业环保信用档案制度，对失信企业要加大处罚和责任追究力度。通过统一的信用信息共享平台严格控制高污染、高排放企业的准入和转移。

强化环保执法是落实习近平生态文明思想和湖北长江经济带绿色发展战略的最后一步。在执法过程中，相关机构要完善环境在线监控硬件设施建设，实施在线超标预警，将所有数据实时地传递数据库系统，进行汇总、分析。加强环境监察的日常监管，做到“人技并举，双管齐下”，杜绝偷排漏排等违法行为，确保环境安全。健全环境信息公布制度，全面推进网格化管理，接受社会监督，形成治理环境保护生态的社会合力。

除此之外，建设湖北长江经济带同时还要相应做到如下方面：

第一，“查”。对于黑码头、黑砂场、乱排污等突出问题，容不得再稳一稳，再缓一缓，容不得再温和了。要全面摸清非法采砂、非法排污、非法采矿等危及长江生态环境的底数，迅速开展环保执法检查、环保隐患排查、违法排污调查。

第二，“关”。全省要立足于长江生态环境保护，痛下决心关闭陈旧落后企业，做到与时俱进、与势俱进；痛下决心关停排污不达标企业，对在建环保不达标的企业，该停的停、该关的关，对已建成投产的非法排污企业特别是对环境影响大的企业，坚决关，决不含糊，决不手软。有的项目过去尽管通过了环评，省里也立了项，投入了大量资金，但是对长江生态环境构成威胁，不符合“大保护”要求，仍要痛下决心，果断关停治理。各地对此类项目都要痛下决心，迅速关停，没有商量余地。

第三，“治”。治水、治岸、治山、治人、治企，最后要把落脚点放在治人、治企上。过去，我们环保工作措施不少，但效果不好，主要原因是治人、治企不到位，违法违规责任没有刚性兑现，导致工作拉不开栓。一些企业和相关人员自以为有“背景”，违法违规排污，甚至对抗执法，把环保法律法规和制度视同儿戏。对此，必须郑重严重讲透：我们更有“背景”，就是党和人民，就是保护长江的历史责任。有党和人民做坚强后盾，环保工作就无所畏惧、所向披靡。要真正严起来，对非法排污企业动真格，依法打击，重拳出手，依法追究涉事企业和相关责任人的法律责任。

第四，“罚”。对于破坏长江生态环境的企业、人员和行为，要加大处罚力度，决不能以罚代刑、决不能以罚代管代治。在实施经济处罚的同时，该关停的必须关停，该追究法律责任的必须追究法律责任。

第五，“复”。要把修复湖北长江生态环境放在压倒性位置，继续坚持生态优先、绿色发展，加大治水、治岸、治山力度，统筹岸上水下，大力推进绿色港口建设发展，促进岸线资源节约集约利用，千方百计恢复自然生态，恢复环境原貌。

第六，“退”。要坚决退出不适宜沿江布局的产业项目。湖北长江沿线地区要根据主体功能区定位和资源环境承载能力，合理确定开发强度，提高招商引资准入门槛，以生态环境为尺子，不符合环保要求的项目，税收再高也不能要。长江沿线化工企业要逐步后靠，大力发展生态替代性产业，形成科学合理的生产力空间布局，腾出空间建设长江生态廊道。

三、深刻领会习近平生态文明思想，提升生态环境社会治理能力

生态优先，强化生态保护与修复，全面启动全省生态保护红线勘界落地工作。积极推进生态保护红线优化工作，建立监管平台，实施红线“一张图管理”。加快建设预警和管控平台建设，构建完善生态保护红线监管措施体系。严守各类保护红线制度。坚守湖泊生态保护红线，强化湖泊生态环境保护目标约束。实施最严格耕地保护制度，保护永久基本农田，严守耕地保护红线。制定实施林地保护红线管理制度，严格划定林地封禁保护区，严守林地保护红线。完善流域生态补偿机制。探索建立上中下游开发地区、收益地区与生态保护区试点横向生态补偿机制，依托重点生态功能区开展生态补偿示范区建设。开展基于农民意愿的生态补偿，了解农民的生态保护行为并深入分析生态补偿意愿的影响因素。在这个过程中，要重点在以下两个方向上有所侧重：

第一，建立健全水权交易制度。进一步加快建立健全水权交易制度，按照水利改革发展“十三五” 安排，推动水权交易制度建设，开展水权交易试

点，鼓励和引导地区间、流域间、上下游、行业间、用户间开展水权交易，探索多种形式的水权流转方式。

第二，完善计量监测与信息制度。加强区域间的重要控制断面、水功能区和地下水水质水量监测能 力建设，提升湖北长江经济带流域监测站网整体功能。充分利用物联网、移动通信、大数据、云计算等现代信息技术，实现流域内水资源保护信息技术与管理业务深度融合，搭建综合管理现代化的信息平台。

建设湖北长江经济带的着眼点不仅有保护生态环境，还有促进高质量发展。而为了实现高质量增长，建立健全宏观管控手段是不可或缺的。强化宏观监管并非是遏制经济活动的活力，而是为了促进市场在寻求增长的同时主动培养生态环境自治能力。

党的十八大明确提出“加强生态文明制度建设，完善最严格的环境保护制度”。习近平总书记在中央政治局第六次集体学习会上强调指出“只有实行最严格的制度、最严密的法治才能为生态文明建设提供可靠保障”。党的十八届三中全会进一步围绕生态环境保护体制改革、加快生态文明制度建设做出了具体的战略部署，提出“建设生态文明，必须建立系统完善的生态文明制度体系。实行最严格的源头保护制度、损害赔偿制度、责任追究制度，完善环境治理和生态修复制度，用制度保护生态环境”。自然资源价值核算既是落实新时期生态文明建设部署，开展绿色国民经济核算体系（绿色GDP）核算的重要组成部分，又是实施自然资源管理严格管理、落实领导干部自然资源资产审计和推行生态补偿与生态环境损害量化的基础工作，目前正值大力推进生态文明建设，推动高质量绿色发展的关键时期，做好自然资源价值核算意义重大，要重点开展绿色国民经济核算体系（绿色GDP）研究工作，为落实科学发展观提供数据支撑；根据数据可获得性研究界定自然资源的核算项目，在自然资源的定价方法与标准赋值，分类、分级构建不同类型区域的自然资源核算体系及自然资源核算与资产负债表的衔接等方面开展关键技术研究，夯实生态系统价值核算的技术基础；尽快启动一批自然资源价值核算试点示范项目；以领导干部自然资源资产审计为抓手，全面推进自然资源资产审计；开展生态补偿创新机制研究与试点工作，切实调动生态保护者主动开展生态保护的积极性。

为了实现这一目标，湖北省除了要做到以严格的法治为基础，更要参照域外发达国家和地区的制度实践，不仅要建立严格的环境法律、司法和执法体系，更要形成主要运用环境损害司法赔偿手段而不是行政处罚手段解决环境问题和纠纷的方式，才能对破坏生态环境的行为实行严格、严厉和公正地执法且同时不给市场造成过度的恐慌，为其进行有序开发长江资源和合理建设湖北地区奠定信心。

湖北省在开展污染物控制工作的同时需要注意，一方面，要非常重视污染控制与质量改善的相应关系，将污染控制的各项制度与环境质量挂钩；另一方面，对影响环境质量的多项污染物因子排放进行全面和严格控制。

但是仅仅严格监控还不够，健全的监管体系还需要一个公开透明的监管标准。湖北省要加紧制定和更新全面、科学、严格的环境标准指标体系。环境标准是制定和评估环境目标和其他政策、决策绩效的直接依据和基础，包括环境质量标准、污染排放标准等。这些标准需要根据对环境问题的科学认识、经济社会发展阶段、社会公众对环境问题的经济和心理承受能力等合理制定。在建立了公开透明的指标体系后，就要加强环境信息的公开、培养社会公众的参与和监督机制。社会主义市场经济的发展，既要靠政府机构不断提升社会治理能力，也要靠健康积极的社会参与。从中国的全局，到地方的实际，多年来随着国家和人民对绿水青山价值的认识日益深刻，社会公共舆论中已培育起强烈而朴素的环境意识，相应的制度也为公众参与提供了通道，如直接或间接参与环境立法、司法和执法的各环节的监督，以及利用其他合法渠道维护所在地的环境生态稳定和自身健康权益。接下来，湖北省要围绕长江经济带继续培育和提高生态环保问题的全社会参与。信息公开是法制健全国家公众参与环境保护的前提条件和必要途径，信息公开透明度的提高，保障了公众的环境知情权、监督权、索赔权等权益。事实上，围绕着环境和生态问题，湖北省在信息公开方面已有诸多举措和实践，其中不仅有本地化的制度经验，也有对中国特色社会主义环保事业的深刻内在的理解。信息公开不仅是指具体资料、数字的公开，更意味着全民基于发展的需求和保护的愿望而进行科学、民主、自由的探讨，在这一过程中实际问题的核心矛盾会得以梳理和总结，行之有效的方法能够集思广益，这是党和国家面对当前环境形势，确保生态环境底线不被逾越，用制度保护环境，从根本上推动生态系统保护和环境质量改善，推动实现生态文明建设和美丽中国宏伟目标的重大决策，也是湖北省以建设长江经济带为契机提升湖北省政治文明和治理水平的历史机遇。

深刻理解和领会最严格环境保护制度的内涵，提出未来的改革思路和方向，有助于决策者更好地构建环境治理体系；通过环境保护顶层设计，推进环境保护制度改革与调整，推动环境管理战略转型，真正发挥环境保护保障生态文明建设的作用和使命，其意义绝不仅限于生态保护领域。实施精准监管和智慧监管，加强数据管理的共建共享。提高环境监管的透明度和准确性。提高环保常态监管的成效。环境保护。加强生态保护基础研究和科技攻关，完善生态调查评估、监测预警、风险防范等管理技术体系，以生态资源资产统筹流域“山水林田湖草”，将流域生态资源资产核算作为衡量生态环境承载力的主要手段，提升精准化管理水平；创新激励约束机制，实施以生态资源资产为核心的生态文明绩效考核和责任追究制度。

必须看到，不管是市场的发展，还是监管能力的提升，湖北长江经济带的绿色发展都和传统的环境保护有本质区别，而人才与科研能力就是实现上述要求和目标的最基础因素。湖北省必须面向长江经济带的发展需求，提高科教人才资源储备，建立高效的科研保障体系。近年来，湖北省加大了对科技创新力推进生态支撑技术、生态修复技术、生态系统监测评价等关键技术的研究，推动加大生态保护科技相关专项支持力度。同时也加强国际科技合作与交流，积极引进国外先进生态保护理念、管理经验及技术手段，健全完善协调机制。重点要做到以下部分：

第一，建立“高端人才特区”。吸引包括技术创新型人才、创业创新型人才、管理创新型人才和风险投资家等在内的各种人才进入以武汉为中心的核心区，进一步深入实施引进海外高层次人才“百人计划”，通过一系列创新政策吸引留住人才。

第二，激发体制内人才的创新创业活力。湖北省允许和鼓励科研人员离岗创业、在职兼职创业，创业期间保留原有身份和待遇，并可获得相应个人收入或股份。允许和鼓励科研人员科研成果向企业转让，所获收益多归团队负责人及其科研人员。

第三，完善创新海外人才引进机制。湖北省培育开放式实践载体和创新文化，完善创新服务体系，强化创新资金保障和制度安排，形成要素完备、支撑有力、开放包容的创新环境。设立湖北省海外市民证制度和技术移民制度。完善境外人才绿卡（永久居留）制度。

除了以人才资源支撑长江经济带建设，还需要在技术创新领域取得突破与跨越。

中国工程院院士刘文清认为，我国在空气质量、水质、土壤环境监测方面取得了阶段性的成果，但是自动化监测、系统监测的项目还相对有限，在应急方面也存在不足，仪器的互联网、物联网包括数据分析的水平都不是很高。从国家发展和生态环境保护的战略布局考虑，必须提高生态环境监测的立体化、自动化和智能化水平，通过大众手段的综合观测来认识复杂的大气过程，通过模型模拟的对比认识大气中污染物排放及复杂的物理、化学过程，包括对空气质量、全球气候的影响。因此，多平台监测技术一体化的实现，将为我国快速治理大气复合污染提供一些关键技术和设备。

按照当前国家设计实施的发展路线图，到 2030 年，不管是区域机载的还是星载的设备都可以进行常规的业务化运行。立足我国生态环境保护的实际需求，对标国际前沿绿色科技水平，加快我国绿色科学技术研发，重点聚焦能源清洁化利用、土壤和地下水污染治理和修复、生态环境智能化监测等领域；吸引国际人才来中国开展环境污染治理与修复研究工作，加强本土生态环境专业人才的培养，重点打造一批高水平创新团队。湖北建设长江经济带的内容丰富，挑战严峻，应主动融入其中，在项目突破和技术应用过程中有所收获，以产学研结合的技术创新体系推动绿色发展道路。

支持产学研用相结合，就需要湖北省加强科研院所和高校开展环保基础科学和应用科学研究，对生态环境治理企业技术研发、推广、应用提供资金及政策支持；强化企业创新主体作用，支持企业参与国家重点科技研发项目，积极引导企业与科研机构加强合作，鼓励科研机构、企业、环保组织合作共建重点实验室、工程技术应用中心和环保智库等科技创新平台，推动环保技术研发、科技成果转移转化和推广应用。实施重点工程，提高生态环境质量在巩固“十三五”重大工程成果的基础之上，针对“十四五”生态环境保护新形势和新问题，组织实施以下生态环境保护重点工程：

新型大气污染物综合治理工程：对污染物协同治理和挥发性有机物、臭氧防治技术开展科技攻关，研发新型污染物防治技术路线和装备，开展二氧化硫、氮氧化物、烟粉尘、挥发性有机物、氨气等多污染物协同控制。

大江大湖重点治理工程：统筹重点流域和湖泊点源、面源污染防治和河湖生态修复，实施流域水环境综合治理工程，完善重点流域产业准入负面清单，调整大江大湖沿岸产业布局，对高污染企业实施搬迁，强化重点湖库水体富营养化防控，将总氮、总磷纳入污染物总量控制指标，实施总磷、总氮与化学需氧量、氨氮协同控制。

近海环境重大保护工程：实施近岸海域污染综合防治，加强入海排污口监管，重点整治汉江口、长江口，加强沿江带生态保护与修复，严格控制生态敏感地区围填江活动，强化实施禁渔、休渔政策。

土壤环境治理攻坚工程：在全国农用地和重点企业用地土壤质量详查的基础上，构建土壤环境基础数据库，建立土壤环境质量监测网络，健全土壤污染防治相关标准和技术规范，持续推进土壤污染防治综合先行区建设和土壤污染治理与修复技术应用试点项目，制定详细的土壤污染治理和修复的时间表与路线图，在重点行业和重点区域分步实施土壤污染治理和修复，加强污染土地安全利用管理，防范人居环境和食品安全风险。

固废减量化、无害化、资源化工程：推进“无废城市”试点建设，及时总结先进经验在全国范围内推广，在农业、工业、服务业、居民生活各领域推进垃圾减量化、资源化和无害化，持续禁止进口洋垃圾，提高国内资源回收产业发展水平，严厉打击固体废物及危险废物非法转移和倾倒行为。

湖北省加快构建生态产品提质增值工程：建立生态产品价值实现机制，推进绿色产业建设；构建以国家公园为主的自然保护地管理体系，在国家公园试点基础上，命名一批国家公园，依托国家公园等开发优质的生态教育、游憩休闲、健康养生养老等生态服务产品；维护修复城市自然生态系统，优化城市生态空间布局，形成蓝绿交织的优质生活空间，构建田园生态系统，优化乡村种植、养殖、居住等功能布局，发挥农田、草原、水域、林地等农业空间的生态功能，有效扩大城乡生态产品供给，发挥科教创新优势，更好促进绿色生态的发展。

在深化理念理解、夯实人才基础、争取技术突破等各方面的发展之上，湖北省要形成制度合力和政策保障，进一步加强对整治行动的组织领导，形成强大合力。各地根据省里的统一部署，越到基层，就越要具体，要找准问题症结，把着力点放在具体的整治点和整治项目上。各相关部门要牢固树立“一盘棋”思想，讲大局、讲配合、讲责任，各司其职，各负其责，齐心协力推进整治工作。建立区域内项目联合审批制度。行政审批制度的改革需要打破部门间、地方政府间的边界限制，需避免基于本地利益的短视行为破坏湖北长江经济带整体绿色发展，建立协调型行政组织，编制联合审批标准并运用网络治理平台，突破碎片式审批体制困境。宣传部门和新闻媒体要把环境整治作为宣传的重要内容。领导干部要旗帜鲜明为那些勇于担当、勇于硬碰，工作在一线的基层干部撑腰、打气。第二，要在解决突出问题的基础上，建立健全生态环保的长效机制。严格落实“多规合一”，尽快把城乡建设中的“五网”、垃圾处理、污水处理、农贸市场、公厕等专项规划完善起来。建立区域内生态监测网络和信息共享平台。可以在湖北省域范围内建立生态监测网络，实现环境质量、重点污染源、生态状况监测全覆盖，量化城市和地区间污染物传输量，明确各地大气污染物排放份额，使生态环境监测能力与生态文明、绿色发展、区域合作的要求相适应。抓监测体系建设，加快构建覆盖全省的水、大气、土壤、林区、湿地、违建、城乡环境等监测体系，实施全天候实时监测，及时定期通报数据，准确界定责任。建立全省“一张网”的举报体系，形成“冒头就打”的防控机制，推动形成环保守法的新常态。坚持标本兼治，疏堵结合，从根子上做好整治。第三，要严格督查考核，强化责任落实。建立实施“六大专项整治”目标考核与问责制度、环境保护督查巡视制度。对破坏环境问题的举报和投诉要有诉必查、快查快结；对重点案件和疑难问题要跟踪问效、一督到底。要充分发挥人大代表、政协委员、新闻媒体及广大人民群众的监督作用，建立健全环境整治投诉处理机制和监督评议机制，及时处理影响破坏环境的违法行为。加大责任追究力度，该通报的通报，该查处的及时查处。在开展督查检查时，可对前期工作开展“回头看”、杀个“回马枪”，重点看问题有没有真正整改，有没有反弹，地方政府责任有没有落实。第四，创新设立有效连接经济与生态的技术系统。应充分利用优势，以生态技术创新为突破口，不断扩大资源利用范围。并将新的技术和手段、新的产业发展模式等投入到生态系统和经济系统的循环中。重点围绕主导的产业关键技术、绿色环保等领域开展技术交流合作与协同创新，促进科技成果在全省范围转化、落户。进一步强化推动绿色发展的责任。牢固树立尊重自然、敬畏自然、顺应自然、保护自然的意识，切实增强责任感、使命感和紧迫感。当前首要任务是要通过改革和试点，强化推动绿色发展的责任，一级抓一级、层层抓落实，切实加强资源环境保护工作，营造保护生态、绿色发展的浓厚氛围。

全面加强目标考核，构建环境保护激励约束机制。一是实行严格的跨界断面水质考核。全面加强长江干流及其主要一级支流的水质目标考核，每月将水质一一通报各地政府并在《湖北日报》公示，对跨界断面年度考核不合格的地方实施通报批评、约谈、限批等措施。二是实行严格的空气质量目标考核。对各市州空气质量改善目标完成情况和大气污染防治重点任务完成情况进行严格考核，对达不到国家和省考核要求、大气污染防治工作滞后的城市，由省人民政府予以预警和约谈，对工作不力、未能完成年度大气质量目标任务、严重影响全省大气质量改善目标的地区，地方党委、政府和相关部门负责同志将被严肃问责。三是建立完善环保市场激励机制。推进生态补偿机制的建立完善，全面开展环境空气质量生态补偿，推动建立地区间横向生态保护补偿机制和跨界断面水环境质量生态补偿机制。继续推进全省排污权有偿使用和交易试点，充分利用市场化机制推进长江生态保护。

总的来说，全省各级各部门要深入贯彻习近平总书记系列重要讲话精神，牢固树立“绿水青山就是金山银山”的基本理念，进一步统一思想，提高认识，深入推进六大专项整治行动，为实现“十四五”的宏伟蓝图不懈努力。推动绿色生产发展，促进共同发展。小康全不全面，生态环境很关键。党的十八届五中全会把“绿色发展”作为五大发展理念之一，注重的是解决人与自然和谐问题。“十三五”时期，湖北省坚持了节约资源和保护环境的基本国策，坚定走生产发展、生活富裕、生态良好的文明发展道路，协同推进人民富裕、国家富强、中国美丽，形成人与自然和谐发展的现代化建设新格局，这些实践中的经验和教训都是接下来以绿色发展思路推进湖北长江经济带建设的重要借鉴和参考。良好生态环境，是最公平的公共产品，是最普惠的民生福祉。当前，湖北省资源约束趋紧，环境污染严重，生态系统退化的问题十分严峻，人民群众对清新空气、干净饮水、安全食品、优美环境的要求越来越强烈，生态环境恶化及其对人民健康的影响已经成为我们的心头之患，成为突出的民生问题。扭转环境恶化、提高环境质量，是事关全面小康、事关发展全局的一项刻不容缓的重要工作。加强湖北省省政府、省企业、省公众生态保护培训，建设湖北省中小学环境教育社会实践基地，提高全省社会内特别是领导干部的生态保护责任意识。依托国家环境保护新闻发布制度，充分利用“12369”环保举报热线等平台，加大湖北省生态环境信息公开力度，定期发布生态保护信息，保障公众生态保护知情权和监督权。发挥湖北省社会组织的引导监督作用，强化企业保护生态的主体责任，形成全省社会共同参与生态保护的合力。

为人民提供更多优质生态产品。为进一步促进人与自然和谐共生、加快建设主体功能区、推动低碳循环发展、全面节约和高效利用资源、加大环境治理力度、筑牢生态安全屏障，五中全会针对这六个方面做出了一系列周密的部署，为绿色发展指明了努力方向。以五中全会描绘的蓝图为引领，湖北省切实把生态文明的理念、原则、目标融入省内经济社会发展各个环节方面，贯彻到各级各类规划和各项工作中，奋力谱写绿色发展的新篇章。推进绿色发展，真抓实干才能见效。全省强调进一步提高绿色指标在“十三五”规划全部指标中的权重，把保障人民健康和改善环境质量作为更具约束性的硬指标，推动绿色发展的政策制度保证。无论是实行最严格的环境保护制度和水资源管理制度，还是实行省内环保机构监测监察执法垂直管理制度，还是深入实施大气、水、土壤污染防治行动计划，实施山水林田湖生态保护和修复工程，都是为了尽快遏止生态环境恶化的势头，筑牢绿色发展的底线。保护与发展并不矛盾。随着对湖北省发展规律认识的不断深化，越来越多的人意识到，绿水青山就是金山银山，保护生态环境就是保护生产力，改善生态环境就是发展生产力。绿色循环低碳发展，是当今时代科技革命和产业变革的方向，是最有前途的发展领域，我国在这方面的潜力相当大，湖北省也要抓住机遇，力求促进形成更多新的经济增长点，为经济转型升级添加强劲的“绿色动力”。抓住绿色转型机遇，推进能源革命，加快能源技术创新，推进传统制造业绿色改造，不断提高我国经济发展绿色水平，以期实现经济发展与生态改善的双赢。良好生态环境是人和社会持续发展的基础，生态环境保护是功在当代、利在千秋的事业。湖北省将牢牢树立绿色发展理念，守住生态文明红线，加快建设资源节约型、环境友好型社会，努力实现“生态环境质量总体改善”的发展目标，给子孙后代留下天蓝、地绿、水清的美好家园，为中华民族赢得永续发展的光明未来。

参考文献

著作论文类

[1] 汪浩，崔为国 . 绿色发展理念的经济学解读 [M]. 北京：人民出版社，2022.

[2] 秦书生 . 中国共产党生态文明思想的历史演进 [M]. 北京：中国社会科学出版社，2019.

[3] 邓纯东 . 生态文明建设思想研究 [M]. 北京：人民日报出版社，2018.

[4] 王雨辰 . 生态文明与绿色发展研究报告 [M]. 中国社会科学出版社，2020.

[5] 北京师范大学经济与资源管理研究院，西南财经大学发展研究院 .2016 中国绿色发展指数报告：区域比较 [M]. 北京师范大学出版社，2017.

[6] 习近平 . 决胜全面建成小康社会 夺取新时代中国特色社会主义伟大胜利——在中国共产党第十九次全国代表大会上的报告 [J]. 党建，2017（11）：15–34.

[7] 洪水峰，张亚 . 长江经济带钢铁工业—生态环境—区域经济耦合协调发展研究 [J]. 华中师范大学学报（自然科学版），2019，53（05）：703–714.

[8] 裴庆冰，谷立静，白泉 . 绿色发展背景下绿色产业内涵探析 [J]. 环境保护，2018，46（Z1）：86–89.

[9] 路日亮，袁一平，康高磊 . 绿色发展的必然性及其发展范式转型 [J]. 北京交通大学学报（社会科学版），2018，17（01）：143–150.

[10] 刘国涛 . 绿色产业与绿色产业法 [J]. 中国人口・资源与环境 .2005（04）：95–99.

[11] 高吉喜，李广宇，张怡，等 . “十四五”生态环境保护目标、任务与实现路径分析 [J]. 环境保护，2021，49（02）：45–51.

[12] 成金华 . 如何破解长江经济带经济发展与生态保护矛盾难题——评《长江经济带：发展与保护》[J]. 生态经济，2022，38（03）：228–229.

[13] 黄爱宝 . 习近平长江黄河生态保护治理系列论述的科学思维 [J]. 南京大学学报（哲学・人文科学・社会科学），2022，59（01）：5–14.

[14] 习近平 . 深入理解新发展理念 [J]. 求是，2019（10）.

[15] 苏利阳，郑红霞，王毅 . 中国省际工业绿色发展评估 [J]. 中国人口 . 资源与环境，2013，23（08）：116–122.

[16] 罗攀，朱红梅，黄春来，等 . 县域土地资源可持续利用评价指标体系研究 [J]. 湖南农业科学，2010（6）：16–17.

[17] 李晓西，刘一萌，宋涛 . 人类绿色发展指数的测算 [J]. 中国社会科学，2014（6）：69–95，207–208.

[18] 杜延军 . 可持续性消费评价指标体系及综合评价模型 [J]. 生态经济，2013（8）：73–76.

[19] 杨多贵，高飞鹏 . “绿色”发展道路的理论解析 [J]. 科学管理研究，2006，24（5）：20–23.

[20] 国家计委宏观经济研究院课题组 . 我国资源型城市的界定与分类 [J]. 宏观经济研究 .2002（11）：37–39.

[21] 安伟 . 绿色金融的内涵、机理和实践初探 . 经济经纬 .2008（05）：156–158.

报纸类

[22] 习近平 . 在深入推动长江经济带发展座谈会上的讲话 [N]. 人民日报，2018–06–14.

[23] 习近平 . 走生态优先绿色发展之路 让中华民族母亲河永葆生机活力 [N]. 人民日报，2016–01–08.

[24] 曾凡银，焦德武 . 早日重现“一江碧水向东流”胜景 [N]. 安徽日报，2020-09-08.

[25] 张定鑫 . 深刻认识绿色发展在新发展理念中的重要地位 [N]，光明日报，2019-12-12.

[26] 湖北发布实施“一江双廊两库四屏一平原”生态修复总体布局 [N]. 湖北日报，2022-02-09.

[27] 奋进支点路绿色新征程——湖北生态环境保护事业发展纪实 [N]. 湖北日报，2021-07-05.

[28] 胡鞍钢 .“十三五”规划——最典型的绿色发展规划 [N]. 光明日报，2016-01-08

[29]“双碳”战略引领绿色发展道路 [N]. 中国经济时报，2021-12-31.

[30] 武汉 CBD 六大绿色专项规划评审通过 [N]. 长江日报，2018-09-19.

[31] 湖北襄阳加快打造流域中心城市——绿色发展舞动汉江生态经济带 [N]. 经济日报，2019-01-16.

电子文献

[32] 平衡生态保护与经济发展，长江经济带面临这些挑战 [EB/OL].（2018-7-27）[2022-06-20].https：//baijiahao.baidu.com/s?id=1607096211611589375&w-fr=spider&for=pc.

[33] 湖北省人民政府 .2021 年湖北省国民经济和社会发展统计公报 [EB/OL].（2022-03-18）[2022-09-23].http：//www.hubei.gov.cn/zwgk/hbyw/hby-wqb/202203/t20220318_4046573.shtml.

[34]2022 年世界野生动植物日——大美湖北，“你”最珍贵 [EB/OL].（2022-03-03）[2022-09-22].http：//lyj.hubei.gov.cn /bmdt/hblx/202203/t20220303_4020666.shtml.

[35] 省生态环境厅 . 环境状况 [EB/OL].（2022-03-25）[2022-05-22].http：//www.hubei.gov.cn /jmct/hbgk/202203/ t20220325_4055923.shtml.

[36] 省人民政府办公厅关于印发湖北省自然资源保护与开发“十四五”规划的通知 .[EB/OL].（2022-03-04）[2022-06-08].http：//lyj.hubei.gov.cn/bmdt/hblx/202203/t20220303_4020666.shtml.

[37] 湖北发布长江经济带绿色发展十大战略 .（2021-08-09）[2022-04-20] http：//www.gov.cn/xinwen/2018-08/09/content_5312729.htm.

[38] 习近平 . 携手推进亚洲绿色发展和可持续发展 .（2010-04-10）[2021-12-10]http：//www.gov.cn/ldhd/2010-04/10/content_1577863.htm.

[39] 习近平 . 坚决打好污染防治攻坚战 推动生态文明建设迈上新台阶 .（2018-05-19）[2022-06-29].http：//news.cnr.cn/native/gd/20180519/t20180519_524239362.shtml.

[40] 关于构建绿色金融体系的指导意见 .（2016-08-31）[2022-07-01]. https：//www.mee.gov.cn/，2016-08-31.

[41] 中华人民共和国国民经济和社会发展第十三个五年规划纲要 [EB/OL].（2016-3-17）[2022-09-15].http：//www.gov.cn/xinwen/2016-03/17/content_5054992.htm.

[42] 国家发展改革委关于印发《汉江生态经济带发展规划》的通知 [EB/OL].（2018-11-12）[2022-08-17] https：//www.ndrc.gov.cn/xxgk/zcfb/ghwb/201811/t20181112_962253.html?code=&state=123.

[43] 汉江生态经济带襄阳沿江发展规划（2018-2035 年）.（2019-3-22）[2022-05-26].http：//fgw.xiangyang.gov.cn/fgyw/fzgh/201904/t20190423_1629263.shtml.